普通高等教育光电信息科学与工程规划教材

光电仪器原理与设计

主 编 郝 群
参 编 胡 摇　赵跃进　朱秋东
主 审 李达成

机械工业出版社

本书从光电仪器总体设计出发，结合现代设计理念，系统、全面地阐述了光电仪器的基本理论和设计方法，详细介绍了仪器的主要部件和关键技术，并结合应用实例讲解了光电仪器设计的思路和过程。

本书分为9章，内容包括：光电仪器设计概论，现代仪器设计方法，仪器精度分析与设计，光源与照明系统，光学元件的选择与调整，光电探测器，标准量与标准器，运动与对准，典型仪器的原理与分析。

本书适用于光电信息科学与工程、测控技术与仪器等高等学校光电类专业的师生，以及光学工程、仪器科学与技术相关学科专业的高年级学生及研究生，还可供从事光电仪器的研究、设计、科研、生产的工程技术人员学习和参考。

图书在版编目（CIP）数据

光电仪器原理与设计/郝群主编 . —北京：机械工业出版社，2013.7
（2022.1 重印）

普通高等教育光电信息科学与工程规划教材

ISBN 978 - 7 - 111 - 42802 - 2

Ⅰ.①光… Ⅱ.①郝… Ⅲ.①光电仪器 Ⅳ.①TH89

中国版本图书馆 CIP 数据核字（2013）第 165584 号

机械工业出版社（北京市百万庄大街22号　邮政编码100037）
策划编辑：王保家　责任编辑：王保家　王小东　吉　玲
版式设计：常天培　责任校对：杜雨霏
封面设计：张　静　责任印制：郜　敏
北京富资园科技发展有限公司印刷
2022 年 1 月第 1 版第 4 次印刷
184mm×260mm · 13.25 印张 · 321 千字
标准书号：ISBN 978 - 7 - 111 - 42802 - 2
定价：39.00 元

电话服务　　　　　　　　网络服务
客服电话：010-88361066　　机　工　官　网：www.cmpbook.com
　　　　　010-88379833　　机　工　官　博：weibo.com/cmp1952
　　　　　010-68326294　　金　　书　　网：www.golden-book.com
封底无防伪标均为盗版　　机工教育服务网：www.cmpedu.com

序

六十年前，当我到北京工业学院（现称北京理工大学）仪器系上学时，"光学仪器理论"和"仪器设计"是（军用）光学仪器专业的重点课程，前者主要讲授几何光学的内容，由马士修教授主讲；后者主要是应用光学的内容，包括仪器设计方法、精度分析及典型光学仪器（如地面和航空瞄准具等）的原理与设计，由连铜淑、樊大钧、李德熊等先生讲授。20世纪50年代，北京工业学院光学仪器专业的师生研制成功的大型天象仪与长春光机所研制成功的光学"八大件"成为当时中国光学工程代表性的成就与贡献。我校毕业的学生分配到各大光学厂和光学研究所大都成为仪器结构设计的主力和行家里手，担任主任设计师、总设计师、总工程师和技术部门的负责人，为我国光学工程事业作出了自己的贡献。

当然，在20世纪五六十年代，"光学仪器"作为一门传统课程，历史悠久，基础理论体系严密，但大都是单纯的光学与精密机械的组合。今天，传统光学仪器发展到现代光电仪器的阶段，其结构具有"光（光学、光子学）、机（机械、精密机械）、电（电子、微电子）、算（计算机、微处理器）、材（材料、理化）、生（生物）"一体化的特征，它实际是当代高技术的综合体。作为仪器仪表和光学工程学科的主干课程的"现代光电仪器"是一门主要以机械学、光学、电子学、计算机和材料科学等学科为基础而形成的相互融合和渗透的综合课程。近年来，自然科学领域的发现、工程技术的发明不断充实和扩展着光电仪器的内涵和外延，使其成为知识高度密集、高度综合的重要的科学和技术分支。

我深深感到，现在学"现代光电仪器"的学生比我那时辛苦多了，也全面多了。学生们需要掌握光电仪器的原理和设计，具有较为全面的机械学、光学、电子学、计算机、物理化学、材料科学、生物学的知识以及熟练使用各种软件的技能，并能把自动传感、微机控制、CCD摄像、智能操作、图像处理等功能融合在一起。但学习条件比我们那时好多了，有各种各样的软件，如光学设计、机械制图、优化设计、有限元等软件支持，能很快实现自己的创意。年轻时，我在工厂搞扁平线圈绕线机的设计，当看到自己的设计的产品由图样变为现实，提高了工作效率时，其喜悦之情难于言表。我很遗憾，大学毕业后转行，没有从事我十分喜爱仪器仪表设计。但我深深感到，对于喜爱仪器设计的人员来说，仪器结构上的新意和设计思想上的创新，确是一项极有魅力的挑战。

由机械工业出版社出版、北京理工大学郝群教授主编的《光电仪器原理与设计》一书，是该书作者们多年来从事光电仪器设计、技术光学等领域的教学实践与科学研究积累的丰富经验与成果的总结，也是他们密切关注光电仪器领域的科技发展，博采众长的优秀成果。

该书的内容与体系翔实丰富，系统完整。其内容不但涉及仪器设计方法学和人机工程学以及优化设计、仪器精度分析等，而且对光电仪器的重要部件——从光源和照明系统、获取信息的光学系统、转换信息的光电探测器或传感器，直到信息的输出，都有详尽的叙述，使学习者能打下坚实、牢固的理论基础。此外，作者十分重视跟踪现代光电领域科技发展的最新动态，全面介绍最具代表性一些典型光电仪器的设计原理以及最新发展与应用。该书在内容的选择上，非常重视培养学生分析与解决问题能力和工程设计实践的能力。在全书的表述上，也注意从初学者的学习规律与效果出发，理论与实际联系，理性与感性结合，重视思维逻辑，深入浅出，循序渐进，图文并茂，例证充实，具有很好的可读性。

我深信，《光电仪器原理与设计》的出版，将为我国高校的仪器仪表、光学工程、光电信息科学与工程、测控技术与仪器等学科（专业）提供一本以本科生为主兼顾研究生教学需求的、方便施教的高质量的光电仪器教材；它也必将成为仪器仪表和光学工程领域从事仪器研发的广大科技工作者的一本内容丰富的实用参考书。

是为序。

周立伟

2013 年 8 月

前　言

光是信息的载体，也是能量的载体，人类在认识世界过程中约有80%的信息是通过视觉获取的。然而人眼作为图像探测器的能力有限，除了受时间、地点的限制外，主要有察觉图像细节能力的限制，以及受入射光的波长和能量大小的限制。因此，人们需要借助各类光电仪器以提高信息获取的能力和效率。自18世纪开始，随着科学的发展，早期的一些传统光学仪器如望远镜、显微镜、干涉仪等应运而生。显微镜促进了近代生物学的发展，望远镜促进了现代天文学的发展，干涉仪促进了光谱学的发展。尽管这些仪器仅是利用可见光波段与精密机械的简单结合，但由此扩展了人类的视野，初步窥探了大自然以及物质世界的面貌。

今天，世界正从工业化、机械化时代进入信息化时代。这个时代的特征是以计算机为核心延伸人的大脑功能，起着扩展人脑力劳动的作用，使人类逐渐走出机械化过程，进入以物质手段扩展人的感官神经系统及脑力智力的时代。这时，仪器仪表的作用主要是获取信息，作为智能行动的依据。仪器仪表是一种信息工具，起着不可或缺的信息源的作用。由于信息源必须准确无误或最大限度地减少失误，因此现代稍具复杂性的光电仪器都无保留地采用多种技术形式综合集成，平常称为光、机、电、算、材等，更是离不了微电子学集成，并且往往与计算机相连。

20世纪是光学大发展的年代，这一百年来，我们可以清晰地看到传统光学仪器向现代光电仪器的演变和转化。随着现代光学的进展，现代光电仪器不但在波段的采用上（由紫外、可见、红外，直至太赫兹波）和光源的应用上（不仅是应用自然光，而是具有高相干性的激光）突飞猛进了，而且在研究内容上（激光、光探测、光测量、光集成）以及应用功能上（技术手段的自动化，数字化，智能化），都大大地扩展了传统光学仪器的内涵。其应用范围也遍及科学技术、国民经济和国防军事的各个领域。

我国光学工程事业的奠基人和开拓者王大珩院士高度评价仪器仪表在当今社会所具有的重要作用和地位。他认为，仪器仪表起着扩展和延伸人的感官神经系统的作用，增强认识世界的能力，而机器则替代和延伸人的体力劳动。重要的是，改造世界是以认识世界为前提的。他精辟地描述仪器仪表是"工业生产的'倍增器'，科学研究的'先行官'，军事上的'战斗力'和社会生活中的'物化法官'"。

作为仪器仪表最具代表性的现代光电仪器在扩展和延伸人的感官神经系统的作用，增强认识世界的能力，有着不可替代的作用。这是由于现代化所促成的必然趋势，因为认识世界已成为有意识的或自然的生活活动的普遍需求。

编写本书的目的旨在使具备光、机、电、算、材、物等知识基础的青年学人，综合利用已有知识，上升提高，掌握现代光电仪器设计的基本原理和普遍规律以及通用的技术。

本书采用总—分—总的结构，从总体设计、现代设计方法、精度设计等光电仪器共性问题出发，给读者一个全局的认识；然后依次介绍信息产生、获取、转换及处理过程中的关键部件和技术，让读者从理论和技术两方面了解光电仪器的单元技术；最后以常见的典型光电仪器为载体，融会贯通地分析了上述共性技术和单元技术如何协同工作、形成丰富多彩的现代光电仪器，并介绍了现代光电仪器在各个领域中不可或缺的功能作用。本书共有九章，分别为光电仪器设计概论、现代仪器设计方法、仪器精度分析与设计、光源与照明系统、光学元件的选择与调整、光电探测器、标准量与标准器、运动与对准、典型仪器原理与分析。

本书由北京理工大学郝群教授主编，第一～三章由郝群执笔，第四章由朱秋东执笔，第五章由赵跃进执笔，第六～九章由胡摇执笔。全书由清华大学李达成教授主审。

本书编写过程中，北京理工大学沙定国教授、王涌天教授、李林教授、赵维谦教授、清华大学张书练教授、曾理江教授、浙江理工大学陈本永教授、中国计量科学研究院徐英莹副研究员等提出了宝贵的意见和建议，在此表示衷心感谢。

作者对李达成教授主审，周立伟教授作序表示深深的感谢。

由于编著者水平有限，书中难免有不妥之处，恳请读者在使用过程中批评指正。

郝 群

目 录

序
前言
第一章 光电仪器设计概论 ... 1
第一节 光电仪器的发展与特点 ... 1
一、光电仪器的发展历程 ... 1
二、光电仪器的特点 ... 3
第二节 光电仪器的分类与组成 ... 3
一、光电仪器的分类 ... 3
二、光电仪器的组成 ... 4
三、光电仪器设计的研究对象 ... 5
第三节 总体设计的基本观点及设计步骤 ... 6
一、总体设计方法 ... 6
二、新仪器的设计步骤 ... 6
三、光电仪器设计的研究方法 ... 9
参考文献 ... 9
第二章 现代仪器设计方法 ... 10
第一节 设计方法学 ... 10
一、设计方法学的发展历程 ... 10
二、设计方法学的研究对象和方法 ... 11
第二节 人机工程学 ... 12
一、仪器参数的设计 ... 13
二、仪器性能的提高 ... 14
三、操作者主观感受的改善 ... 15
第三节 优化设计方法 ... 15
一、优化设计方法及步骤 ... 15
二、优化设计实例 ... 16
第四节 有限元分析 ... 18
一、有限元分析概述 ... 18
二、有限元分析实例 ... 19
第五节 可靠性设计 ... 20
一、可靠性的评价指标 ... 20
二、可靠性的分配方法 ... 21
参考文献 ... 22
第三章 仪器精度分析与设计 ... 23
第一节 仪器的误差与精度 ... 23
一、误差的基本概念 ... 23
二、精度的含义和仪器的精度指标 ... 25
三、仪器误差的来源 ... 27
第二节 仪器误差的分析与计算 ... 28
一、微分法 ... 28
二、几何法 ... 29
三、逐步投影法 ... 30
四、其他方法 ... 30
第三节 仪器误差的合成 ... 31
一、随机误差的合成 ... 31
二、系统误差的合成 ... 31
三、不同性质误差的合成 ... 32
四、仪器误差合成实例 ... 32
第四节 仪器精度的分配 ... 37
一、仪器精度的分配方法 ... 37
二、仪器精度分配实例 ... 37
第五节 提高精度的基本设计原则 ... 39
一、阿贝原则及其扩展 ... 39
二、光学自适应原则 ... 42
三、圆周封闭原则 ... 44
四、其他相关原则 ... 44
第六节 仪器误差的补偿方法 ... 45
参考文献 ... 47
第四章 光源与照明系统 ... 48
第一节 光源的基本特性参数 ... 48
一、有关光源的几个基本概念 ... 48
二、选择光源时要注意的几个问题 ... 51
第二节 光电仪器中常用的光源 ... 52
一、热辐射光源 ... 53
二、气体光源 ... 54
三、发光二极管 ... 59
四、激光光源 ... 61
第三节 目标类型 ... 64
一、点光源 ... 64
二、线光源 ... 66
三、面光源 ... 67
第四节 照明系统 ... 68
一、对照明系统的要求 ... 68
二、设计照明系统时要遵循的原则 ... 68

三、照明方式及其结构尺寸 ………………… 69
　　四、对照明系统像差的考虑 ………………… 72
　参考文献 …………………………………………… 73
第五章　光学元件的选择与调整 ……………… 74
　第一节　几何光学元件 …………………………… 75
　　一、透镜 ……………………………………… 75
　　二、反射镜 …………………………………… 80
　　三、棱镜 ……………………………………… 83
　第二节　物理光学元件 …………………………… 89
　　一、光栅 ……………………………………… 89
　　二、偏振器与波片 …………………………… 91
　第三节　新型光学元件 …………………………… 93
　　一、光纤 ……………………………………… 93
　　二、微小光学元件 …………………………… 97
　第四节　光学元件的误差分配与装配
　　　　　校正 …………………………………… 103
　　一、光学元件的误差分配 ………………… 103
　　二、光学元件的装配校正 ………………… 104
　参考文献 ………………………………………… 107
第六章　光电探测器 …………………………… 108
　第一节　光电探测器的性能参数 ……………… 108
　　一、光学特性参数 ………………………… 109
　　二、光电转换特性参数 …………………… 109
　　三、电学特性参数 ………………………… 112
　第二节　光电探测器的工作原理与分类 ……… 112
　　一、光电探测器的物理效应 ……………… 112
　　二、光电子发射探测器 …………………… 114
　　三、光电导探测器 ………………………… 116
　　四、光伏探测器 …………………………… 119
　　五、热探测器 ……………………………… 124
　第三节　光电探测器应用实例 ………………… 125
　　一、三维坐标测量——PSD ……………… 126
　　二、光强检测——光敏二极管 …………… 128
　　三、光谱分析——线阵 CCD ……………… 129
　参考文献 ………………………………………… 130
第七章　标准量与标准器 ……………………… 131
　第一节　计量标准概述 ………………………… 131
　　一、国际单位制（SI） ……………………… 132
　　二、量值的传递方法 ……………………… 134
　第二节　标尺与度盘 …………………………… 134
　　一、标尺的分类和特点 …………………… 134
　　二、标尺的误差和精度等级 ……………… 135

　　三、度盘及其误差 ………………………… 136
　　四、度盘参数的选择 ……………………… 137
　第三节　计量光栅 ……………………………… 138
　　一、计量光栅及分类 ……………………… 138
　　二、莫尔条纹的形成原理 ………………… 139
　　三、莫尔条纹的种类和特点 ……………… 142
　　四、莫尔条纹的读数原理与绝对测量 …… 144
　　五、计量光栅参数的选择 ………………… 148
　　六、计量光栅误差分析 …………………… 149
　第四节　光学编码度盘 ………………………… 150
　　一、光学编码度盘与编码 ………………… 150
　　二、光学编码度盘的参数选择 …………… 152
　第五节　光波长 ………………………………… 152
　参考文献 ………………………………………… 154
第八章　运动与对准 …………………………… 155
　第一节　结构设计的基本原则 ………………… 155
　　一、运动学原则 …………………………… 155
　　二、变形最小原则 ………………………… 156
　第二节　微位移机构 …………………………… 157
　　一、微位移技术简介 ……………………… 157
　　二、机械式微位移机构 …………………… 158
　　三、压电、电致伸缩器件 ………………… 159
　第三节　光学与光电瞄准 ……………………… 162
　　一、光学瞄准 ……………………………… 163
　　二、光电显微镜 …………………………… 166
　　三、光电自动对准系统 …………………… 169
　第四节　轴向对准 ……………………………… 174
　　一、像散法 ………………………………… 174
　　二、斜光束法 ……………………………… 175
　　三、偏心光束法 …………………………… 176
　　四、临界角法 ……………………………… 177
　　五、精密自动定位器设计实例 …………… 178
　参考文献 ………………………………………… 180
第九章　典型仪器的原理与分析 ……………… 181
　第一节　激光干涉仪 …………………………… 181
　　一、干涉测长的基本原理 ………………… 181
　　二、单元部件分析 ………………………… 182
　　三、干涉仪的发展及应用领域 …………… 183
　第二节　光学轮廓仪 …………………………… 184
　　一、光学轮廓仪的基本原理 ……………… 185
　　二、单元部件分析 ………………………… 187
　　三、光学轮廓仪的发展及应用领域 ……… 187
　第三节　共焦显微镜 …………………………… 187

一、基本原理 …………………… 188
二、单元部件分析 ……………… 189
三、共焦显微镜的应用领域 …… 190
第四节　投影仪 …………………… 191
一、计量投影仪的基本原理 …… 191
二、单元部件分析 ……………… 193
三、投影仪的发展趋势 ………… 194
第五节　光谱仪 …………………… 195
一、光谱仪的基本组成 ………… 195
二、光谱仪的评价指标 ………… 196
三、光谱仪的发展及应用领域 … 198
参考文献 …………………………… 199

第一章 光电仪器设计概论

仪器是用于科学研究或技术测量的设备或装置,是人类认识世界的工具,其作用是信息的获取、信息的处理以及信息的利用。仪器不仅能改善、扩展及补充人类的官能,更能超过人类的能力去记录、计数和计算。工业革命和现代化大规模生产以来,现代化仪器已经成为测量、控制和实现自动化必不可少的技术工具,是知识创新和技术创新的前提,其整体发展水平标志着国家的综合国力。

第一节 光电仪器的发展与特点

一、光电仪器的发展历程

广义来说,光电仪器涵盖所有基于光学原理、采用光电转换技术的仪器。光电仪器最早的功能是辅助提高视觉。人类在认识世界的过程中大约有 80% 的信息是通过视觉获取的。不过人眼能力有限,其极限分辨力约为 $1'$,最小能看清 0.1mm 左右的物体,最远能分辨数千米外的光点。为了进一步分辨物体细节,早在公元前 1 世纪,人们就已发现通过球形透明物体去观察微小物体时可以使其放大成像,并逐渐对球形玻璃表面能使物体放大成像的规律有了认识。直到 17 世纪初,荷兰的眼镜店主利伯希在检验磨制的透镜的质量时,无意中发现凸镜和凹镜共线时能拉近远处的景物,进而发明了望远镜。之后,意大利的伽利略和德国的开普勒在研究望远镜的同时,改变物镜和目镜之间的距离,得出了合理的显微镜光路。望远镜和显微镜作为最早的光电仪器,将人类的视觉范围大大扩展,大至星际的距离,小至生物细胞的尺寸。

光电仪器的发明往往伴随着物理原理的发现,虽然存在偶然的成分,但其发展却是依照人们的需求逐步进行的。

这里仍以传统的望远镜和显微镜为例。早期的望远镜使用透镜做物镜(折射望远镜),透镜所用玻璃材料的色差对成像会造成影响,即使加长透镜镜筒、精密加工透镜也不能消除。牛顿认为色差问题难以解决,于 17 世纪中叶发明了反射望远镜,有效避免了透镜色差的影响。除了无色差的优点,反射望远镜造价低廉且反射镜可以造得很大。二战后,天文观测领域发展很快,人们为了进一步提高望远镜的集光率和信噪比,使用米量级的反射镜,并引入了拼接技术进一步增大了反射镜的口径。例如,著名的哈勃望远镜主镜口径达到 2.4m,当前各国筹建的望远镜口径已达数十米。在显微镜方面,为了方便调焦和对标本的移动,17 世纪中叶,胡克在显微镜中加入粗动和微动调焦机构、照明系统和承载标本片的工作台,这些部件经过不断改进,成为现代显微镜的基本组成部分。为了兼顾高分辨率与大视场范围,人们利用光学或机械扫描的方法制成了扫描显微镜,使成像光束相对于物面在较大视场范围内进行扫描,并用信息处理技术来获得合成的大面积图像信息,这样的扫描显微镜在许多领域得到应用。然而,受到科技水平和制造技术的限制,传统的光电仪器发展缓慢,大多数仪器只是光学零件和精密机械的组合，依靠人眼作为接收器来观察信息，需要手动调节。

直至产业革命以后，特别是20世纪以来，伴随着工业生产自动化程度和制造技术的提高，机械、电子、激光等技术的发展，光电仪器的发展进入了新阶段。新器件、新技术的应用，使光电仪器在保持传统功能的基础上，工作能力得到了提高，功能得到了扩展。例如，新器件的出现是光电仪器发展的有力支持。高质量消色差浸液物镜的出现使显微镜观察微细结构的能力大为提高。为了方便记录和保存显微镜提供的信息，人们在显微镜中加入了摄影装置，初期使用感光胶片，现代普遍采用电视摄像管和电荷耦合器件（CCD）等作为显微镜的接收器，配以计算机构成完整的图像采集、处理系统，提高了信息记录的准确性和实时性。新物理原理的应用更能从质的方面提高光电仪器的工作能力。以显微观察技术为例，除了使用可见光作为照明光源，利用紫外线激发荧光可显示生物标本的结构细节，利用红外线能探查物质的内部结构或缺陷，得到可见光无法获取的信息。利用低相干光的干涉（光学相干层析技术），可提高图像的信噪比，获得生物表面二维或三维的结构图像。利用偏振光原理则可以观测晶体双折射、晶轴方向和偏振面旋转等。

光学显微镜的组成及发展趋势如图1-1所示。

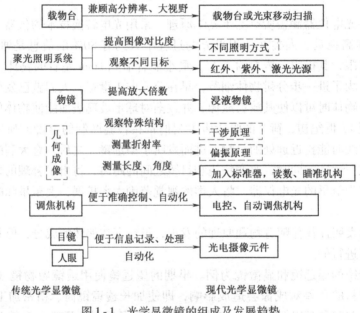

图1-1 光学显微镜的组成及发展趋势

光电仪器发展至今，随着光电探测优势的凸显以及激光优良特性的应用等，许多传统的、以机械或电气手段实现功能的传统仪器逐步被现代光电仪器取代。例如，由于光电探测具有非破坏、精度高的特点，传统使用机械手段实现的长度、距离、表面形貌测量大都能用光电仪器实现；便携式激光测距仪可在室内、建筑工地、野外等多场合测距或丈量；光学三维测量系统可在反求工程中快速而精确地完成形貌测量等。光纤通信较传统电通信具有容量大、保密性能好、抗干扰性强等优点，已被广泛应用于电信、电视、网络信号的传输。光盘存储更是因其存储量大、成本低、不怕磁和热以及寿命长等优点成为与磁存储并存的重要信息存储手段。

综上所述，人类在科学研究和生产生活中的需求是光电仪器发展的直接动力，而新器件、新技术的应用则是光电仪器发展的有效手段。光电仪器的发展与相关学科的发展相辅相成，互相促进。现代光电仪器已经从最初辅助观察的简单工具，逐步发展成人们科研、生产及社会生活中不可或缺的重要仪器，成为人类认识世界、改造世界的有力助手。

二、光电仪器的特点

在人们各方面需求的驱动和科技水平发展的支持下，光电仪器发展到现代，已具有多功能、高精度、高速度等特点。

由于光信号本身具有波长、振幅、相位、偏振态等属性，能够充分反映被测物的几何形状、位置、温度、化学成分或其他性质，因此，利用光电仪器能完成多参量测量。例如，现代光学显微镜不仅可以用于生物组织的形貌观察，还可以用于金属组织的金相测量、工件内部探伤、长度测量等；各种类型的激光干涉仪更是能完成长度、位移、面形、粗糙度等多种几何量的测量，以及折射率、波面分布等光学量的测量等；红外体温测量仪、测温仪能够实现对体温或工件温度的测量。

光探测具有非接触、非破坏等传统机械探测方法所不具备的优势，适用于远距离、物质内部以及危险、环境恶劣的场合。医学上的眼底检查、胸腔透视，天文学的星体观测，地质学的遥感与测绘等，离开了光学的方法基本无法实现。除了探测，通过光信号与其他元件的相互作用，光电仪器还能进行加工、控制、信息存储等多功能操作。

从测量的精度来看，传统的、基于机械接触的测量方法往往以实物为基准，其精度有限；而光电测量可以光波长为基准、并直接与时间测量挂钩，通过光电信号的转换，可达到纳米量级的长度测量精度。以位移测量为例，机械接触式的精密螺旋测微仪依靠精密螺旋传动，测量精度为 $10\mu m$ 左右，测量范围仅几厘米；电感测微仪结合电学参量测量，精度为 $0.1\mu m$ 左右，测量范围仅数十微米；而双频激光干涉仪能在数十米的测量范围内达到 10^{-7} 量级的相对精度，对应测量1cm位移时，精度可达1nm。光电仪器的测量精度很高，对环境的相应要求也比机械测量手段要高，更适用于相对洁净，温度稳定，无气流、无振动的场合。

在测量和处理速度方面，无论光的传播速度、光电转换速度还是现代大规模集成电路的处理速度，都使得实时测量和控制成为可能。

光电仪器的优良工作性能一方面由光波的特殊属性决定，另一方面是光电探测技术与其他技术紧密结合的结果。现代光电仪器是光学、机械、电子、计算机、材料、化学、生物等先进技术高度结合的产物，除了传统的工业、国防等领域，光电仪器在医疗、信息、文教、家庭生活的各方面也发挥着越来越重要的作用。

第二节 光电仪器的分类与组成

一、光电仪器的分类

光电仪器种类繁多，按照其工作原理可以分为利用几何成像原理的望远、投影、显微、照相类仪器，利用物理光学原理的干涉、衍射、偏振类仪器，利用多普勒效应的流速仪、激光陀螺和基于导波光学原理的光纤光学类仪器等。按照光电仪器的功能，可以分为观测记录仪器，包括各类显微镜、摄像机、光盘驱动器等（见图1-2a）；控制分析仪器，包括生物芯片、手持光谱仪（见图1-2b）、色谱仪等；计量仪器，包括测距仪、万能工具显微镜（见图1-2c）等。

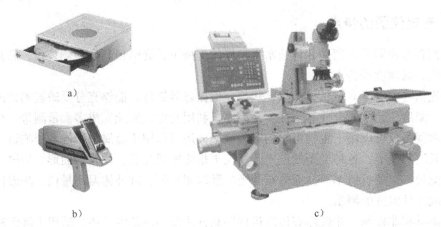

图1-2 常用光电仪器
a) 光盘驱动器 b) 手持光谱仪 c) 万能工具显微镜

计量是光电仪器的重要应用领域。所谓计量，是计量学（Metrology）的简称。计量不同于测量（Measurement），后者是以确定量值为目的的操作，而计量包括基准（标准）的建立、复现、保存和传递，测量方法及其精度估计，测量仪器精度检验等。计量涵盖与测量有关的一切理论实际问题，是实现单位统一、量值准确可靠的活动；计量本身就是科学研究的重要领域，其水平高低直接影响人们认识世界的深度和准确性。同时，计量也是现代化工业生产的基础，是产品质量的保证。由于计量类光电仪器能实现非接触、非破坏、高精度、多参数的测量，在计量领域有着广泛的应用，因此，本书对光电仪器的许多分析，大部分将围绕计量类光电仪器展开。

二、光电仪器的组成

无论光电仪器使用怎样的原理，功能如何，其主体部分都包括信息获取、信息处理显示和控制等单元。下面以计量类光电仪器——万能工具显微镜为例进行具体说明。

万能工具显微镜（以下简称万工显）主要用于精确测量各种工件尺寸、角度、形状和位置等几何量，以及螺纹制件的各种参数等。其主要结构是在目视光学显微镜的基础上加入各种几何量测量用的标准器、瞄准机构等，通过对标准器与待测工件的比较进行测量。万工显是一种传统的计量类光电仪器，其结构较为完整和典型，框图如图1-3所示。

1. 信息获取单元

万工显可以测量不同的几何量，其待测信息一般是标准器与待测工件比较产生的图像或光强分布信号，如标尺的像、莫尔条纹等。所谓标准器是指测量的基准，常用的标准器包括标尺、计量光栅、角度编码器、精密螺纹等。关于标准器与标准量本书第七章有详细说明。万工显的待测信息可由人眼直接目视观察，或者投在投影屏上以减轻人眼观察的疲劳，也可以由光敏元件接收，或者利用CCD探测器进行拍摄。

万工显的信息获取单元一般由待测工件、标准器、显微成像光路（包括照明光源、棱镜、透镜、偏振片等光学元件）和光电转换探测器（包括光敏元件、CCD 探测器等）或目视观察（包括双筒目视观察口、投影屏等）系统组成。信息获取单元往往涉及仪器的工作原理和光电转换方案，是光电仪器设计较核心的部分。

2. 信息处理显示单元

信息处理显示单元一般包括信号处理电路、信号采集设备、计算机或微处理器和显示元件等。根据万工显测量的目标量不同，获得的测量信号各不相同，其中图像信息可以通过图像采集卡送入计算机进行进一步的存储、处理、分析，光电信号可以通过信号处理电路送入计算机或微处理器进行计算求解。最终测量结果或图像通过显示器或机械表头等显示元件展示出来。信息处理显示单元涉及图像及信号处理技术，关系到最终测量信号的获得、存储或显示，其处理速度和质量同样影响仪器最终能达到的功能指标。

3. 控制单元

万工显的控制单元的主要功能是依照操作人员的设定完成工件台的精密移动、显微镜的调焦等。一般自动控制的万工显是由计算机发出控制信号，通过控制电路驱动工件夹持及驱动装置或调焦机构完成上述功能。控制单元一般包括粗动、微动、扫描等功能对应的定位和驱动机械结构，以及计算机或微处理器、控制电路等电气控制部分。控制单元功能的完成主要依靠控制技术，是光电仪器正常工作的基础，有时移动的分辨率等指标也会影响到最终的测量精度。

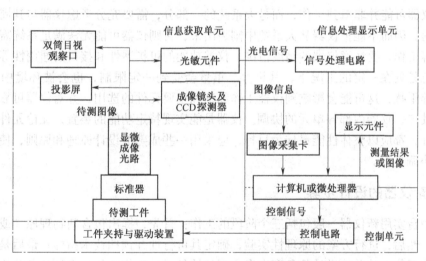

图 1-3 万工显一般组成结构框图

除了以上功能单元外，光电仪器还应包括机械支撑等基本部件。

以上单元在光电仪器中的有机结合，将使仪器的复杂功能得以实现。依照仪器的功能、结构、自动化水平的不同，其组成及各单元之间的关系可能稍有差异，具体仪器的组成应根据其功能需求细心选取和设计。

三、光电仪器设计的研究对象

光电仪器种类繁多，结构复杂，因此，想要完成光电仪器的设计工作，设计人员需要在一定使用需求的基础上，掌握光电仪器的工作原理，了解仪器当前发展水平，并参考相关技术的发展状况。光电仪器设计的研究对象涵盖基于所有光学原理、采用光电转换技术的仪器，其研究内容既包括仪器的总体设计原则和方法，也涵盖单一元件的功能、性质，以及元件间相互作用的原理和元件组合的基本原则。具体来说，总体设计以仪器能满足应用需求为目标，包括光学系统原理、机械结构、光电探测系统、信息处理系统原理设计，以及精度分析、可靠性经济性评价等内容。而元件设计主要包括元件的选型等内容。

第三节　总体设计的基本观点及设计步骤

一、总体设计方法

光电仪器设计的首要工作是总体设计。所谓总体设计，是指在进行仪器具体单元设计或者元件的选型之前，从使用功能、技术指标、检测与控制系统框架及仪器应用的环境和条件等总体角度出发，对仪器设计中的全局问题进行全面设想和规划，使仪器的原理、技术指标建立在科学基础上，以便寻求经济高效的最佳方案。另外，总体设计也是贯穿仪器设计始终的理念，它要求仪器设计全过程都能从整体的角度分析和解决问题，是单元设计和元件选型的基本出发点。

总体设计需要考虑两个层面的问题。其一，仪器与大工作环境的关系。从信息传递的角度来说，仪器可能并非单独工作，而是大系统的一部分，需要充分考虑仪器与其周边设备的协调和通信，因而不能把仪器从大系统中割裂出来，否则仪器可能无法满足系统需求或无法与系统兼容工作，要注意仪器的精度范围、仪器功能的可扩展性和接口的通用性等问题。另外，仪器总是处在一定的工况下，其尺寸、重量会受到一定限制，也会被环境中的电磁辐射、振动等干扰，这可能会影响到仪器工作原理和主要元件的选用，并对仪器可靠性提出一定要求。其二，仪器内部各单元的协调。仪器是能实现特定功能的装置，无论元件选择、还是布局设计，都应以整体性能最佳为目标，应采用一些成熟的设计原理和原则，使各元件性能均衡、协调良好。

二、新仪器的设计步骤

设计一台实用新仪器一般包括三个阶段的工作：首先，提出包含新物理原理或新型元件的新方案；然后，进行方案的原理性实验，确定其可行性并预期技术指标；最后是复杂而实际的仪器化工作。从总体设计的角度出发，新仪器的设计工作往往分设计任务分析、原理方案制定、原理性实验、仪器化设计及仪器性能检测等几个步骤进行。

1. 设计任务分析

为了设计好仪器，首先必须对设计任务有详细的了解和分析，以便确定仪器设计的要求和限制。通常，设计任务分析包括：了解仪器的功能要求、使用条件；了解被测参数的特点；了解国内外同类产品的类型、原理、技术水平和特点；了解国内有关方面的加工工艺水平和关键元件销售情况等。

2. 原理方案制定

在明确了设计任务之后，需要选定适当的工作原理，制定相应的原理方案。工作原理的选定主要由仪器精度指标、工作环境和生产成本等因素决定。光电仪器主要的工作原理有以下几类：

(1) 几何成像原理

利用透镜组等成像元件，将被测物的几何像成在探测器上，便于后续分析处理或记录。该原理主要应用于投影成像类光电仪器及计量类光电仪器的瞄准读数机构中。典型的投影成像类光电仪器包括投影仪、照相机、各类成像分析用显微镜、夜视仪等。典型的计量类光电仪器有工具显微镜、测长机、水准仪等。

也可以利用光线的直线传播和简单的反射来进行微小角度、位移测量。

微小角度测量用到的原理称为自准直原理。简单来说，自准直设置的入射光经光学元件反射将由原路返回，当光学元件发生 θ 的角度偏转时，反射光的出射方向会偏转 2θ，如果利用焦距为 f 的透镜则能把该偏转转化为 $2\theta f$ 的线性位移。如果光学元件 A 的角度偏转是由于另一元件 B 的微小位移引起的，那么这一机构就能将 B 的微小位移转化为 A 出射光点的位移并进行放大。这一原理也称为光学杠杆原理。

运用自准直原理的自准直仪可测量微小角度、直线度或平面度；运用光学杠杆的各类光学比较仪（光学计）可结合量块进行长度测量。

还可以利用几何成像时离焦造成的像点光能下降、形状变化等现象，进行光轴方向的定位或高度提取，典型的仪器有共焦显微镜。本书第九章将对投影仪和共焦显微镜作详细说明。

(2) 物理光学原理

光电仪器中使用较多的物理光学原理包括干涉原理、衍射原理和偏振原理。

利用相干光之间的干涉，可以将几何光程、折射率等的变化转换为光波振幅的变化，该原理在计量类仪器中被广泛应用。如果从探测测量范围划分，单点探测常用于长度测量、折射率测量，而多点或者面探测可用于角度、变形以及平面度、粗糙度测量等。从干涉原理来看，基本的单频光干涉因其对环境要求高、长度测量存在周期不确定性等局限，应用场合已不多；在其基础上发展起来的双频干涉、外差干涉、低相干光干涉等方法，能有效扩大测量范围，提高测量信号的信噪比，具有更加广泛的应用前景。利用干涉原理还能有效提取弱信号，用于显微镜系统中提高信噪比和图像对比度，典型仪器有光学相干层析显微镜等。本书第九章将给出典型干涉仪的原理和设计方法。

小孔或单缝衍射原理能直接应用于孔径、细丝直径等方面的测量。巴俾特（Babinet）原理，即互补衍射原理表明，形状相同的细丝（颗粒）或狭缝（小孔）具有相同的衍射光强图样。因此，通过比较待测细丝（颗粒）与标准狭缝（小孔）的衍射光强图像（一般为远场夫琅和费衍射），可方便地测定待测物的直径。使用衍射原理最重要的光学元件是衍射光栅，该元件被广泛应用于长度、角度测量，以及光谱分析等领域。本书第九章将就光谱仪的原理和设计方法给出说明。

偏振光的偏振态在经薄膜反射、晶体透射后会发生改变，利用这一原理可以测量薄膜的厚度、折射率，以及晶体的双折射、光轴方向、偏振面旋转等性质，也可以测量某些微小周期结构（如光栅、光盘）的面形参数等。典型仪器有椭圆偏振光谱仪（椭偏仪）、偏光显微镜等。

(3) 多普勒效应

多普勒效应指出，波在波源相对移向观察者时接收频率变高，而在波源相对远离观察者时接收频率变低。利用这一原理,在天文学上可以测量恒星相对地球的移动速度;在医学等领域,可通过流体中悬浮粒子的散射光相对入射光线的频移测量流体的速度。典型仪器有流速仪、彩色多普勒超声仪等。

(4) 导波光学原理

导波光学主要研究耦合到薄膜或光纤中的光波的传输特性。利用这些性质可以测量薄膜的厚度或折射率;光纤因为轻巧、抗电磁干扰等优点,成为研制传感器的重要领域,可用来测量温度、压力、应变、溶液化学成分等。

以上简要介绍了光电仪器中使用的主要的工作原理和相应典型仪器。除此之外,散射等其他原理也被有效应用于精密计量等领域。值得注意的是,光电仪器往往不只使用一种原理,而是根据其功能需要,灵活选用多种原理,并使其有机结合。

工作原理选定之后,整体方案的确定应该遵循人们在光电仪器设计的发展过程中总结并形成的有普遍意义的一系列基本设计原则。这些原则或者有助于提高光电仪器精度,包括阿贝原则、光学自适应原则、圆周封闭原则、基准统一原则等;或者在增大仪器机械强度的基础上提高精度,包括运动学原则、变形最小原则等。具体内容将在本书第三章及第八章相应章节给出。

3. 原理性实验

仪器的原理性方案确定后,需要进行原理性实验,验证可行性并提出初步的预计工作参数。由于原理性实验的侧重点在于工作原理本身的性质,因此其参数可以与最终仪器的工作参数不同,但两者的差别需在量变的范围之内,不能引起工作原理质的变化。这样,原理性实验的研究者可以根据自身的条件,选定合适的元件和布局进行实验。光电仪器所用典型元件,包括光源、光学元件、光电探测器和标准器(量)的原理和性能,将在第四章至第七章介绍。

对于计量类仪器,原理性实验主要关注与仪器的测量能力有关的功能指标,除了静态的灵敏度、测量范围、分辨率、重复精度以外,对于存在随时间变化物理量的仪器,还应测定响应时间、响应函数等动态参数。部分常用静态指标的确切定义如下:

1) 分辨率:仪器能感受、识别或探测的输入量的最小值。例如,光学成像系统的分辨率是指可分清的两物点间的最小间距。

2) 测量范围:在允许误差极限内仪器所能测出的最大被测量与最小被测量之间的范围。测量范围不完全等同于示值范围。示值范围是指读数装置上最大被测量与最小被测量之间的范围,相对测量的仪器测量范围往往大于示值范围。

3) 重复精度:在同一测量方法和测试条件下,在不太长的时间间隔内,连续多次测量同一物理参数所得到的数据分散程度。重复精度反映的是仪器固有随机误差的大小,是仪器精度指标之一。如果更换测试者、仪器个体、实验环境,在较长时间间隔对同一物理参数做多次测量,得到数据的分散程度是另一精度指标——复现精度。这一指标不仅反映随机误差的大小,也反映测量方法本身的准确性。仪器的分辨率高是精度高的必要条件,一般分辨率应取精度的 $1/3 \sim 1/5$,视仪器精度高低而定。关于仪器精度的详细分析将在本书第三章给出。

原理性实验的目标是解决方案中的科学性问题,而不过分关注工艺、经济、美观等方面。通过原理性实验,研究者应该得到当前实验参数对应的功能指标,并保证这些指标在只考虑科学原理的情况下能推广到采用实际工作参数的仪器中。

4. 仪器化设计

当仪器的工作方案经原理性实验验证，并且仪器工作指标与元件参数之间的定量关系也明确之后，下一步工作是仪器化设计。也就是从总体设计的两个层面出发，将实验室内小规模的相对理想的实验方案移植到实际工作环境中，充分考虑仪器的稳定性、可靠性、工艺性、通用性、标准化和成本，并从方便人们使用的角度进行多方位的细节设计。仪器化设计的过程中可能用到许多现代设计的方法和理念，这在第二章中有详细介绍。

5. 仪器性能检测

依照仪器化设计方案制造样机并检测其性能是仪器设计的最后一步。如果各项指标均达到设计值且成本等经济指标也合格，则可以考虑批量生产；否则需要返工，从仪器化设计上溯到工作原理的各个环节，针对检测结果反映的缺陷进行再设计。

由于实际仪器设计可能有多种不同的类型，包括根据市场需要进行创新设计，在保留原理方案的基础上进行适应性设计，或者基本保留原产品的功能、原理和方案只是改变尺寸或者布局的变型设计等，因此，这些设计的侧重点不一样。以上几项工作的详略不同，大都可遵循上述设计步骤。

三、光电仪器设计的研究方法

无论创新设计、适应性设计还是变型设计，仪器化设计的工作都占据主要的工作量，也是仪器最终能否正常高效工作的重要因素。但仪器是否新颖、能否实现指定功能并达到工作指标主要由原理性实验及之前的工作决定。因此全面、充分的调研和实验是仪器设计主要的研究方法。另外，从整体上分析问题，综合运用光学、机械、电子等各学科的知识和技术，理论紧密联系实际，灵活地分析、解决实际问题是成功完成仪器设计的必要前提。

参 考 文 献

[1] 殷纯永. 光电精密仪器设计 [M]. 北京：机械工业出版社, 1996.
[2] 浦昭邦, 王宝光. 测控仪器设计 [M]. 北京：机械工业出版社, 2004.
[3] 李庆祥, 王东生, 李玉和. 现代精密仪器设计 [M]. 北京：清华大学出版社, 2004.
[4] 高明, 刘缠牢. 光电仪器设计 [M]. 西安：西北工业大学出版社, 2005.
[5] 《中国大百科全书》图文数据光盘 [M]. 北京：中国大百科全书出版社, 1999.
[6] Sirohi R S, Mahendra P Kothiyal. Optical Components, Systems and Measurement Techniques [M]. New York: Marcel Dekker Inc., 1990.

第二章 现代仪器设计方法

现代光电仪器除了能完成特定的功能外，还需要稳定可靠、易于操作、高效而低价，因此在设计过程中，应从光电探测的技术层面完善方案，并借鉴现代仪器设计的方法。

从广义上说，设计是指对发展过程的安排，包括发展的方向、程序、细节及需要达到的目标；而狭义的设计，是指客观需求转化为满足该需求的技术系统的活动。光电仪器设计属于工业产品设计的范畴。作为设计工作的一种，工业产品设计也历经了从直觉设计、经验设计，半理论半经验设计，到现代设计的几个阶段。传统设计是一种以静态分析、近似计算、经验设计、手工劳动为特征的设计方法，难以满足日渐发展的科技和生产力水平的要求。20世纪70年代以后，随着计算方法、控制理论、系统工程、价值工程、创造工程等学科理论的发展，以及计算机的广泛应用，许多跨学科的现代设计方法相继出现，如优化设计、可靠性设计、设计方法学、计算机辅助设计、有限元法、工艺艺术造型设计、人机工程、反求工程设计和虚拟设计等。本章着重介绍设计方法学的设计理念，以及与光电仪器设计紧密相关的现代设计方法。

第一节 设计方法学

设计方法学（Design Methodology）是一门正在发展和形成的新兴学科，是在深入研究设计过程的本质的基础上，以系统的观点研究设计的一般进程，安排和解决具体设计问题的方法的科学。

一、设计方法学的发展历程

最早涉及设计方法学研究的学者应该提到德国的 F. Reuleaux。1875 年，他在"理论运动学"一书中第一次提出了"进程规划"的模型，即对很多机械技术现象中本质上统一的东西进行抽象，并在此基础上形成一套综合的步骤。这是最早对程式化设计的探讨，因而有人称他为设计方法学的奠基人。

20 世纪 60 年代初期以来，由于各国经济的高速发展，特别是竞争的加剧，主要工业国家都大力采取措施，加强设计工作，开展设计方法学研究，使得设计方法学研究在这一时期取得了飞速发展。到了 20 世纪 70 年代末，欧洲出现了欧洲设计研究组织（WDK）。此后，WDK 发起组织了一系列国际工程设计会议（ICED），组织出版了有关设计方法学的 WDK 丛书，除各次会议论文集以外，还包括有关设计方法学的基本理论、名词术语、专家评论和有选择的专著。

1981 年，中国机械工程学会机械设计学会首次派代表参加了 ICED81 罗马会议，此后即在国内宣传，并于 1983 年 5 月在杭州召开了全国设计方法学讨论会，探讨开展设计方法学研究活动，同时成立了设计方法学研究组。和其他国家一样，设计方法学的研究在我国也正在蓬勃开展。

二、设计方法学的研究对象和方法

设计方法学的研究对象涵盖设计的各方面和全过程，主要包括：

1）设计对象：设计对象是一个能实现特定技术过程的技术系统。对于一定的生产或生活需要来说，能满足这个需要的技术过程不是唯一的，能实现某个一定的技术过程的技术系统也不是唯一的。影响技术过程和技术系统的因素很多，要全面系统地考虑，研究确定最优技术系统，即设计对象。

2）设计进程：设定技术过程及划定技术系统的边界，确定技术系统的总功能，包括物质功能和精神功能。总功能可分解为不同层次的分功能。分功能继续分解到不宜再分时，就构成功能元。功能元求解就是寻求实现某功能元的多种实体结构即功能载体。利用形态学矩阵来组合分功能解，可得若干个整体方案，从中寻求最优整体方案。

3）设计评价：优选多个设计方案的方法是，先根据一定的准则和方法对各方案做出评价，然后按正确的原则和步骤进行决策，逐步求得最优方案。

4）设计思维：设计是一种创新，设计思维应是创造性思维。创造性思维有其本身的特点和规律，并可通过一定的创造技法来激发人们的创造性思维。

5）设计工具：把分散在不同学科领域的大量设计信息集中起来，按设计方法学的系统程式分类列表，建立各种设计信息库，通过计算机等先进设备方便快速地调用参考。

6）现代设计理论与方法的应用：把成批涌现且不断发展的各种现代设计理论与方法应用到设计进程中来，使设计方法学日臻完善。

下面以设计进程为例，分三步描述设计方案的产生过程。这个过程也被称为功能分析设计法。

1. 功能分析和总功能分解

功能是对技术系统中输入和输出的转换所作的抽象化描述。功能还可表述为：功能＝条件×属性。其含义是在不同的条件下利用不同的属性，同一物体可实现不同的功能。只有用抽象的概念来表述系统的功能，才能深入识别需求的本质，辨明主题，发散思维，启发创新。例如，"车床加工工件"抽象为"把多余材料从毛坯上分离出去"，再抽象为"获得合格表面"，思维就从"车削"发散到"强力磨削"、"激光加工"再到"成型挤压"、"冷轧"，不但防止了设计人员知识经验的局限和过早地进入具体方案，而且是从技术系统的功能出发进行功能原理设计。总功能逐步分解为比较简单的分功能，一直分解到能直接找到解法的功能元，形成功能树。

2. 功能元求解

功能元求解的过程是选择实用的科技工作原理、构思实现工作原理的技术结构即功能载体。

（1）选择工作原理

设计人员在选择工作原理时，思维发散是关键。选择先进的工作原理时，必须分析工作条件是常规的还是非常规的，功能载体在不同的工作条件下表现出来的特性是一般的显特性，还是某种内在的潜特性。

（2）构思功能载体

构思完成某个功能元的功能载体，一般采取以下方法：

1) 检索：在各种设计目录、信息库、手册等设计工具中进行检索，寻求最优功能载体。

2) 集成：把不同的特性、功能、技法等综合集成，产生创新功能载体。

3) 缩放：由于材料、集成电路及其工艺等的发展，机器人已可缩小到从血管进入心脏完成手术，这只是缩小的微机械的一例。相反的例子有放大到数百平方米的电视屏幕。

4) 变换：弹簧质量系统变换为压电晶体，电阻丝变换为半导体，使传感器和应变片的性能大大提高。相反，利用永磁材料的特性，用大惯量转子变换小惯量转子，大大提高了伺服电动机的特性，是逆向变换的成功实例。

3. 方案综合

功能原理方案综合常用形态学矩阵。矩阵的行数 n 为功能元数，矩阵列数为实现一个功能元的不同功能载体数中最多的载体数 m，见表 2-1。

表 2-1 功能原理方案的形态学矩阵

功能元	功能载体						
a	a_1	a_2	...	a_k			
b	b_1	b_2	...	b_k	...	b_l	
...							
n	n_1	n_2	...	n_k	...	n_l	...	n_m

$n×m$ 的形态学矩阵名义上有 $n×m$ 个解即 $n×m$ 个方案，实际有 $a_k×b_l×…×n_m$ 个方案。方案数太大难以寻优，一般先按以下方法淘汰大部分一般方案：各功能元解必须相容，不相容者淘汰；淘汰与国家政策、民族习性有矛盾的、经济效益差的解；优先选择主要功能元的技术先进的解。寻求组合方案时，重视创新的先进技术的应用。经过筛选淘汰组合成少数方案供评价决策，最后得 1~2 个可行的功能原理方案作为技术设计方案。

由此可见，与传统设计方法不同的是，设计方法学力求从诸多方案中选取最优方案，并且注重充分利用计算机等先进设备，发挥设计者的主观能动性和创造性，使设计成为一项协调多学科方法完成的工作。除了上述设计进程中注重不同方案的有机结合，借以产生新思路新方法以外，在设计评价方法上也强调建立评价目标树、利用加权系数将各类目标有机结合，采用专家评价名次计分的方法，充分发挥设计者团队的主观能动性。设计思路的激发、设计信息库的建立，更是注重发挥团队的力量。因此，设计方法学的主要理念是：将设计过程分解成若干相对独立的步骤，每一步骤都提出富有针对性的、事实证明有效的方法，充分调动设计者的积极性和创造性，将传统孤立的、经验性的设计变为整合的、程式化却又利于创新的设计，以寻求最优方案为目标。设计方法学体现了系统工程的思想，有利于设计主体创新思维的发挥，值得光电仪器设计借鉴。

第二节 人机工程学

如果说设计方法学主要强调人是仪器设计的主体，应该充分激发人的创新思维，并运用丰富的现代科技手段，那么人机工程学则强调人是仪器操作的主体，一切设计都应以方便操作者使用为前提。人机工程学（Man-Machine Engineering）是研究人、机械及其工作环境之间相互作用的一门边缘学科。因为其发源学科和地域的不同，人机工程学的学科名称长期多样并存，在英语中，主要有欧洲的 Ergonomics（人类工效学）、美国的 Human Factors Engineering（人因工程学）等。虽然这些名称强调的重点略有差别，但这一学科主要的目的是通过心理学、生理学、医学、人体测量学、美学和工程技术等各学科知识的应用，来指导工作器具、工作方式和工作环境的设计和改造，使得作业在效率、安全、健康、舒适等几个方面的特性得以提高。

光电仪器同样需要"人"作为操作的主体，因此其设计必须遵循人机工程学的原则。除了仪器尺寸需要参考人体尺寸进行合理设计，便于操作者使用、有利于缓解疲劳以外，大多数光电仪器还与人类的视觉挂钩，因此，应充分考虑人眼的视觉特性，使人类这一操作主体在舒适的工作环境下将能力发挥到最大。对于目视光电仪器来说，这方面的设计工作尤其重要。

一、仪器参数的设计

由于目视光电仪器包含人眼作为探测器，人眼的视野、分辨能力等如同探测器的性能指标一样，直接影响测量的精度或者仪器功能的发挥，因此，在这类仪器的设计过程中应充分考虑到人眼的光学属性。

1. 基本光学参数

人眼的焦距一般为 $f = -16.68$ mm，$f' = 22.29$ mm。瞳孔直径为 $2 \sim 8$ mm，且随视场的亮度而变化。瞳孔到角膜顶点的距离为 4mm，到眼睫毛约为 8mm，所以目视仪器的出瞳距至少要 5 mm。根据瞳间距，双目仪器两个目视镜头之间距离必须在 $55 \sim 74$ mm 内可调。

2. 视野

当头部和眼球不动时，正常人眼的视野范围，水平方向为 120°，垂直方向为 130°。如图 2-1 所示。这其中，较好和极限的视区范围如下：

1）最佳视线：水平线下方 10°的方向上（表示为 -10°）。

2）最佳视区：±5°[±(1.5°~3°)为最优区]。水平方向从眼轴算起，垂直方向从最佳视线算起。

3）良好视区：水平方向为 30°，垂直方向为 +10° ~ -30°。

4）最大视区：水平方向为 120°（头不动），在头转动的情况下可达 220°；垂直的方向为 +60° ~ -70°。人眼的视区分布如图 2-1 所示。

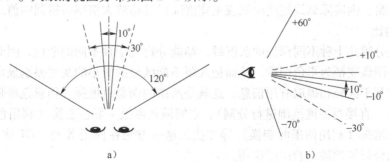

图 2-1 人眼的视区分布
a）水平方向 b）垂直方向

仪器设计时，应充分考虑到人类的视野特点，利用最佳视区提高工作精度和效率，避开较差的视区，缓解疲劳。

3. 视度调节

人眼的明视近点是 250 mm，明视远点为无穷远，正常视度调节范围为 4 个光焦度，但实际调节能力因人而异。为了适应不同操作者的需要，一般目视仪器应有 ±5 个光焦度的调节范围。

4. 视觉暂留

人眼在观察景物时，光信号传入大脑神经，需经过一段短暂的时间，光的作用结束后，视觉形象并不立即消失，这种残留的视觉称"后像"，视觉的这一现象则被称为"视觉暂留"。后像残留的时间大约为 0.1~0.4s，这是电影、电视、显示器等显示设备决定刷新频率的依据。传统的电影、电视刷新频率为每秒 24~25 帧，CRT 显示器一般为 60~85 Hz。

二、仪器性能的提高

充分考虑人眼的光学性能可以保证人眼正常接收探测信号，如果想要达到较高的探测精度和效果，还需要选用合适的瞄准方式、颜色方案等，以提高仪器的性能。

1. 分辨力和瞄准精度

人眼可以分清的两点对人眼的张角称为人眼的分辨力，正常的分辨力为 1′ 左右。瞄准精度是指人眼判断标志物与被测物是否对准的能力。瞄准精度与瞄准方式有密切的关系，见表 2-2。

表 2-2 瞄准方式与瞄准精度

瞄准方式	单实线重合	虚线对实线	单线线端对准	双线线端对准	双线对称跨单线
图示	|||||	▨	┼───	╎╎	╎
瞄准精度	±60″	±20″	±(10″~20″)	±(5″~10″)	±5″

为了方便人眼观察，目视瞄准机构需要精心设计刻线的宽度，便于人眼观察。刻线的宽度应按对人眼的张角为 1′~2′ 确定，即在明视距离上线宽应为 0.075~0.15 mm。这一线宽是指人的视见宽度，如果该刻线直接供人眼观察，则刻线本身宽度应等于视见宽度；如果是通过目镜观察，则实际刻线宽度应取视见宽度除以目镜放大倍率后得到的值。

2. 颜色对比

人眼只能分辨几十种不同深浅的灰度级，却能分辨几千种不同的颜色，因此将一个波段或单一的黑白图像变换为彩色图像，从而把人眼不能区分的微小的灰度差别显示为明显的色彩差异，更有利于区分和提取有用信息，这就是所谓的伪彩色增强。伪彩色增强的方法主要有密度分割法（直接对亮度范围进行分割）、空间域灰度级-彩色变换（利用色度学原理）、频率域伪彩色增强（利用傅里叶变换）等方法。这一方法在使用 X 光、CT 成像等的医学、地质学、金相分析等领域有着广泛应用。

在其他需要清晰分辨的工作场合，适当采用工作对象和背景的颜色对比有助于提高工作效率，减少或避免差错，提高人对信号、标志的辨别速度。较好的对比色包括：蓝—白，黑—黄，绿—白，黑—白，绿—红，红—黄，红—白，橙—黑，橙—白等。

三、操作者主观感受的改善

如果说上述两项设计原则是从人眼的"硬指标"上保证或者改善仪器性能，那么通过改善操作者的主观感受，进而提高工作的效率则更能体现人机工程学设计的理念。一般来说，工作环境的采光和色彩将直接影响操作者的心理状态。

1. 光环境

分为天然采光和人工照明两种。天然光光线均匀，光质好，照度大，应当尽量利用。采用人工照明时，一方面要保证采光照度满足工作精确度的要求，因为人眼识别的细节尺寸越小时，所需的光照度越高；另一方面整个工作场所的照度不能变化太大，否则操作者容易疲劳，也会引起主观上的不适。

2. 色彩的心理效应

人类在漫长的生活实践中获得和形成了大量有关色彩的感受和联想，并赋予不同的情感和象征。这些情感和象征虽因人的年龄、性别、经历、民族和习惯等有所差异，但共同的社会条件和生活环境也必然使其具有一般的共性，因此在色视觉传达设计中，应根据一般人对色彩感知的感情效果去选择和运用色彩。例如，不同色彩会给人造成冷暖、轻重、胀缩、远近、软硬等不同的感受，设计仪器的色彩布局时，应根据不同部分的作用灵活选择、搭配。

以上着重介绍的是人机工程学中涉及人类视觉、主要影响目视光电仪器性能的设计方法，实际还有许多仪器设计通用的理论和方法，这里不再赘述。总之，现代仪器的质量不仅仅由功能指标衡量，更应从是否为操作主体人类服务来衡量。采用人机工程学的方法设计光电仪器将有助于提高仪器的易操作性和友善度，进而提升仪器的整体质量。

第三节　优化设计方法

优化设计是从 20 世纪 60 年代发展起来的，将最优化原理与计算机技术应用于设计领域的科学设计方法，其目的是获得较理想的设计参数，同时提高设计质量和速度。优化设计已在机械、航天、化工、建筑、轻工等各个行业得到广泛的应用，获得显著的经济效益。

一、优化设计方法及步骤

优化设计是对设计问题的高度数学抽象，一般包括建立数学模型和求解数学问题两步。数学模型的建立包括设计变量的提取、目标函数的确定、约束函数的形成等。其中，设计变量是在优化过程中不确定的、希望获得最佳取值的仪器参数；目标函数或评价函数是指将方案的优劣量化后得到的衡量指标，包括精度、成本、效率等；将设计变量所受的局限、仪器固定的参数以及参数之间的相互关系表示成各类函数，就构成这个优化问题的约束函数。从数学上来说，约束函数一般以等式或不等式的形式表现。建立起数学模型后，优化问题则转换为使用科学计算软件、求解在约束函数的条件下目标函数的极值问题。

随着设计问题的不同，人们建立起来的数学模型可能多种多样，为了便于数学问题的求解，需要对不同的数学模型进行转化和归纳，找到最基本的问题。首先，人们优化设计的目标是多元的，比如想要性能最佳而成本最低，此时目标函数是个多元函数；其次，设计变量也不可能无限制的取值，比如元件的分辨率、响应时间总是有限的；再次，不同的参数之间可能存在一定制约关系，所以实际的优化问题往往最初是一个多目标有约束问题。针对这些问题，就需要采用一定的数学手段将问题转化为单目标无约束问题。其中，存在约束条件时可使用惩罚函数等方法构造包含约束的新函数；多目标可使用主目标函数法、加权求和法等方法，把目标函数降为约束，或建立加权平均的新函数，降为单目标问题。这样，无约束极小化问题成了优化设计中最基本的问题。

无约束目标函数的极值问题可以借助数学工具圆满完成。对于多元函数极值问题，按照确定极值搜索方向的信息和方法的不同分为解析法和直接法两类。前者需要利用函数的一阶偏导数甚至二阶偏导数来构造搜索方向，如梯度法、共轭梯度法、牛顿法和变尺度法等，计算工作量大，可靠性较低，但由于充分利用了函数的解析性质，收敛速度快；后者仅利用迭代点的函数值来构造搜索方向，如坐标轮换法、单纯形法、共轭方向法、鲍威尔法等，对于函数解析性质较差时非常有利，可靠性较高，但是收敛速度较慢。对于不同的极值问题可以选用不同的数学方法求解。

二、优化设计实例

例2-1 光学镜头优化设计。

光学镜头在光学成像系统乃至光电仪器中占有十分重要的地位，一定程度上直接决定光学系统的性能。光学透镜的设计既是科学又是艺术和技巧。它是科学，是因为设计者们在用数学和科学定律（几何光学和物理光学）来度量和量化设计；它是艺术与技巧，是因为各种有效结果常常取决于设计者的个人选择。虽然光学镜头的设计在初学者看来难以模仿，难以学习，但其基本的设计步骤是有章可循的。

第一步，根据仪器总体性能设计要求，确定光学镜头的性能指标，主要包括镜头的焦距、视场范围、相对孔径或数值孔径，同时应确定镜头的成像质量要求。

第二步，根据这些具体的指标初步选择镜头的结构形式，并给出一个初始结构。常见的设计问题包括照相物镜和显微物镜等。初始结构的确定有多种途径，最常用的是在公开的专利中或学术期刊论文中找一个光学特性雷同的镜头，通过焦距缩放作为初始结构；或者以初级像差理论为依据，通过解像差方程得到一个初始结构；有光学设计经验者常试探性地确定各镜片或镜头中组件的偏角负担、分配光焦度，并依据它们在光路中的位置和对像差有利的弯曲状况来确定出它们各自的形状，依此给出一个初始结构。

第三步，进行像差校正，即通过改变镜头诸面的面形参数、透镜的厚度及透镜之间的间隔、更换透镜材料等来使得镜头的像差逐步减小。在现代光学设计中，这一步工作是在计算机上借助于光学镜头的优化设计程序完成的，即所谓的光学镜头的优化设计。在把镜头的像差校正到一定程度后转入下一步。

第四步，进行像质评价，即按照仪器总体性能指标要求的成像质量对镜头的像差值和像差状况进行评价，评价后如果没有达到要求，则转回第三步，分析原因，继续像差校正直至镜头的成像质量符合要求。对于常见的常规镜头，容易做到正确的选型；如果是针对新型的系统，则要在选型上花一番功夫，选型不好，在第三步和第四步之间多次校正仍达不到要求，则要转回第二步重新进行结构设计。

第五步，计算、分配、制定镜头诸元件、组件的加工公差和装配公差。

第六步,绘制光学系统图、光学组件和零件图并作规范的各项标注。

在上述六个步骤中,第三步像差校正工作量较大、艺术性较强,也最重要。总的来说,光学镜头优化设计的目标(评价函数)是像质最佳、像差最小;设计参数包括透镜的面形、厚度、间隔、材料,甚至镜头的整体结构等;约束条件除了折射定律以外,还包括镜头在物理上必须存在所限定的结构参数,如透镜之间的空气间隔不能为负值等边界条件;最后,镜头优化极值问题的数学求解一般采用适应法和阻尼最小二乘法来实现。

例2-2 平场全息凹面光栅光谱仪使用参数与光栅制作参数优化设计。

平场全息凹面光栅(下简称凹面光栅)是指加工在凹面镜上的光栅,这样的光栅除了分光作用以外,还可以把不同光谱分量的像成在一个平面上,同时具有分光和成像作用。因此,这种光栅被广泛应用于各类小型、便携光谱仪中,是该类光谱仪唯一的光学元件。凹面光栅与待测光源、狭缝、线阵探测器(一般是线阵CCD)一同构成成像系统,即信息获取单元。为了保证一定的光谱分辨率、光谱探测范围,同时尽量减小仪器尺寸,这类光谱仪对凹面光栅的要求是:能产生合适的角色散,使得在一定尺寸的线阵探测器上,光谱探测范围内不同波长的光分得足够开,同时全谱成像长度不超过探测器的尺寸;凹面光栅对从狭缝射出的不同波长的光成像都要细,这样才能使角色散的需求量更小,有利于仪器的进一步小型化。

为了达到以上的使用需求,凹面光栅的使用参数需要满足一定的条件。凹面光栅在小型光谱仪中的使用结构图如图2-2a所示。图中,O 为凹面光栅中心顶点,X 轴为 O 点处法线方向,A 为狭缝,即待成像分析光源,B_1B_2 为成像光谱面,即CCD探测器所在位置,H 为 O 到 B_1B_2 的垂足。这样,使用参数包括 A 点的极径 r_A,极角 θ_A;H 的极径 r_H,极角 θ_H。

另一方面,凹面光栅一般不是通用光学元件,而是针对特定的光谱仪结构设计制作的,因此,其制作参数同样需要满足一定条件。图2-2b所示凹面光栅全息曝光制作结构图坐标系与图2-2a类似,C 和 D 分别是两个点光源(也叫记录光源)所在位置,它们发出的球面波在凹面光栅表面均匀平整的光刻胶上干涉,形成一定的干涉条纹对光刻胶进行曝光。暗条纹的位置不会曝光,光刻胶保留,亮条纹位置的光刻胶在显影时被洗去,这样就形成了由光刻胶构成的光栅。因此,制作参数包括点光源的极径 r_C、r_D 和极角 θ_C、θ_D,以及光栅基底的球面半径 R、记录波长 λ 等。

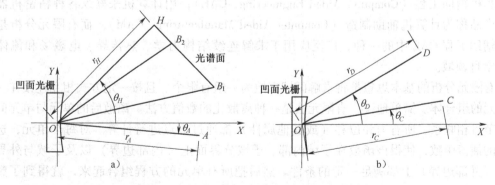

图2-2 平场全息凹面光栅使用参数和制作参数
a) 小型光谱仪使用结构图　b) 全息曝光制作结构图

以上十个参数构成了平场全息凹面光栅光谱仪优化设计的设计参数。要形成完整的优化问题，还要将方案优劣定量化，形成目标函数。回顾光谱仪的使用要求，角色散与线阵探测器上线色散的关系是明确的，应作为约束条件；而光谱成像足够细，应作为优化的目标。因此，选取成像时各类像差函数为目标函数，这是一个多元目标的优化问题。约束条件同时包括：记录光源所在方位与光栅周期的关系，光栅周期与不同波长的衍射方向的关系（即光栅方程），光栅角色散与光谱面上线色散的关系，线阵探测器的尺寸，仪器的最大尺寸，仪器的光谱成像范围，待测光源 A 的方位等。

至此，完整的优化问题已经提出。注意到，这是一个多设计参数、多目标的优化问题，无法直接求解，需要对其进行化简和转化。首先，设计参数众多，不妨考虑将其中一些参数转化为约束，如根据制作条件选定记录波长 λ，根据仪器尺寸确定狭缝 A 的极角极径等。然后，对目标函数进行分析，对像差评价函数进行有机的合并，截取目标函数中分别与使用结构和制作结构相关的部分，分别优化以降低极值问题的维度，同时有效避免陷入局部极小值。最终，利用数学软件进行优化问题的求解，得到适当的凹面光栅使用参数和制造参数。

优化设计是仪器设计的重要方法，它从整体着眼，为得到最佳目标函数，可协调诸多设计参数，比传统的经验公式更科学，适用面更广。优化设计的难点主要在于如何转换并化简目标函数、设计变量、约束条件的关系，并选取适当的数学算法，得到合理的优化解。这方面需要一定的经验和大量的尝试。数学工具和计算机技术的进步有利于优化设计的发展，并将扩充这一方法的适用领域和工作效率。在光学设计领域使用最多的优化设计软件主要有 Zemax、CODE V、OSLO 等。

第四节 有限元分析

一、有限元分析概述

有限元法（Finite Element Method，FEM），也称为有限单元法或有限元素法，是随着计算机的发展而迅速发展起来的一种现代计算方法。计算机辅助设计、分析、制造是现代设计方法中很重要的一部分，其中用计算机软件直接绘制产品结构，称为计算机辅助设计（Computer Aided Design，CAD）；用计算机来对设计产品实时或者进行随后的分析称为计算机辅助工程（Computer Aided Engineering，CAE）；用计算机来操纵各种精密机器以生产产品称为计算机辅助制造（Computer Aided Manufacturing，CAM）。而有限元分析是计算机辅助工程 CAE 中的一种，广泛应用于求解连续结构力学、热传导、电磁场和流体力学等学科领域。

有限元分析的基本思想是将求解区域离散为一组有限个、且按一定方式相互连接在一起的单元的组合体。简单地说，有限元法是一种离散化的数值方法。离散后的单元与单元间只通过节点相联系，所有力和位移（或其他属性）都通过节点进行计算。对每个单元，选取适当的插值函数，使得该函数在子域内部、子域分界面上（内部边界）以及子域与外界分界面（外部边界）上都满足一定的条件。然后把所有单元的方程组合起来，就得到了整个结构的方程组。求解该方程组，就可以得到结构的近似解。离散化是有限元方法的基础，必须依据结构的实际情况，决定单元的类型、数目、形状、大小以及排列方式。这样做的目的是：将结构分割成足够小的单元，使得简单位移模型能足够近似地表示精确解。同时，又不能太小，否则计算量很大。

有限元分析应用的软件很多，其中有代表性的大型通用软件包括：线性结构有限元分析通用程序库 SAP 系列，非线性结构有限元分析通用程序库 ADINA，工程分析通用有限元分析程序库 ANSYS 等。上述软件的分析功能和结构模型化功能较强、解题规模大、计算效率高，能适应广泛的工程领域，而且经过长期使用和维护，比较可靠。

二、有限元分析实例

对于光电仪器设计来说，利用有限元方法可以进行光学元件的受力分析，在仪器的结构设计及元件设计上发挥重要作用。

例 2-3 大型望远镜 2m 主镜自重变形分析。

自从伽利略发明第一台天文用光学望远镜开始，各种工作原理、不同口径的光学望远镜不断被制造出来。到了现代，随着天文学的发展，口径为 2m、5m 甚至 10m、20m 的光学望远镜的建造标志着人类不断拥有探索宇宙奥秘的先进工具。在开发这些大型科学仪器的过程中，大量科学思想、数学算法以及先进加工方法也产生巨大进步，有限元方法就是其中重要的分析方法。

地面光学望远镜的结构研究主要包括静力学、动力学、热分析和望远镜周围流体分析几个方面。其中主镜的自重变形和支撑方法、镜体的受热、镜体周围流体分布都需要利用有限元方法进行有效分析，进而对望远镜的结构进行合理设计。此处以主镜水平放置时的自重变形为目标，简要说明利用 ANSYS 软件分析主镜的受力和变形的过程。

利用有限元法对结构进行静力学分析，需要用到相应的数学模型即系统平衡方程。该方程涉及系统的总体刚度、节点位移、作用在节点上的力矢量、总体及单元的质量等参数，是有限元软件进行计算的基本依据。对于 ANSYS 软件来说，静力学、动力学分析均已发展成熟，对流体力学也能进行较直观准确的分析。选择正确的、符合待解决问题的模型是进行有限元分析的第一步。此处选择静力学分析。

ANSYS 软件的静力学分析过程可分为三个步骤：前处理、施加载荷及求解和后处理。其中，前处理包括设置待分析元件几何参数、划分网格、设置材料力学特性等步骤。网格单元结构的选取、节点数量的设置，对有限元分析结果精确程度以及数值运算收敛性、计算时间、内存消耗量有很大影响，有时甚至决定计算结果的质量。想要划分适当的网格单元需要准确把握问题的本质，同时需要一定的设计经验。此处输入直径 2.057m 主镜的几何形状之后，选择 20 节点六面体结构单元，并对镜体进行网格划分，共得到将近 7 万个单元和 10 万余个节点。设置材料力学性质包括弹性模量、泊松比、密度等。这样就建立起待分析对象的几何和力学结构模型。划分好网格的主镜如图 2-3a 所示。

施加载荷及求解步骤是有限元分析过程的主体，包括施加载荷、设置边界条件和数值求解等步骤。在本问题中，载荷是主镜的自重，因此在每个节点上施加竖直向下的重力分量。设置边界条件是指根据受力对象的支撑情况，设置对象上位移自由度为零的点。此处主镜的轴向支撑是由半径 0.9m 处相间 120°分布的三个突起完成，因此设置这三个点的轴向位移自由度为零。完成所有设置后，开始数值计算。一般情况下，依照模型（主要是网格划分）与问题的契合程度和问题本身的特点，算法的收敛性和收敛时间不一。此处网格划分较合适，最终计算结果为：镜面自重变形最大位移为 70.7 nm，最小位移为 38.1 nm。主镜自重变形分布如图 2-3b 所示，不同灰度区域表征不同变形量。可见，变形基本以三个轴向支撑点与镜面中心连线为对称轴分布。

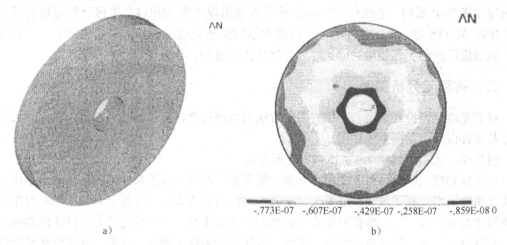

图 2-3 利用有限元方法分析大型望远镜主镜自重变形
a) 网格划分 b) 自重变形分析

利用该变形分布可以结合光学设计软件换算出使用该主镜成像时引入的像差，从而完成主镜自重变形的全部分析。为了优化主镜支撑结构，可以选用不同的轴向支撑方式，根据其对应的变形分布以及成像像差，进行主镜支撑结构优化设计，找到性价比较高的支撑方案。

大型望远镜系统中的结构分析只是有限元方法的应用之一，光电仪器结构中凡是对力学特性有要求的部分都可以使用有限元方法进行分析，确保设计可靠性和高精度。

第五节 可靠性设计

可靠性表示系统、设备、元件的功能在时间上的稳定程度的特性。可靠性设计就是事先考虑可靠性的一种设计方法。二次大战前，可靠性技术发展相当缓慢。二战中，由于元件、设备和自动化系统的日益复杂，带来了设计和维护问题，特别是电子管的失效给战争造成了巨大的损失。二战后的许多研究单位都加入了设备和零部件的故障研究，1950 年，美国国防部成立了"电子设备可靠性顾问团"（AGREE）。1957 年 AGREE 首次发表了一些关于可靠特征及可靠性试验的报告。从此，可靠性技术的研究和应用在世界各国得到迅速发展，如今已经成为一门完整的综合学科。

本节的目的是介绍可靠性设计的基本概念、主要数量特征及一些计算方法，以便在光电仪器总体设计中考虑可靠性这一重要的质量指标。

一、可靠性的评价指标

评定可靠性的数量指标包括以下几个：

1）可靠度（Reliability）：产品在规定的条件下和规定的时间内，完成规定功能的概率。可靠度是可靠性的定量化名词。

2）失效率（Failure Rate）：工作到某时刻尚未失效的产品，在该时刻后单位时间内发生失效的概率。

3）平均寿命（Mean Life）：该指标是最为常用的寿命特征指标。对于不修产品，平均寿命是产品发生失效前的工作时间或贮存时间的平均值，或叫平均失效前时间，记为 MTTF（Mean Time To Failure）；对于可修产品，平均寿命指相邻两次故障间的平均工作时间，通常称平均无故障工作时间，记为 MTBF（Mean Time Between Failure）。对于可修或不修产品，平均寿命在理论上的意义是一样的。

4）可靠寿命（Useful Life）：当产品的可靠度下降到给定的可靠度所需要的时间称为可靠寿命，这个给定的可靠度称为相应的可靠水平。当平均寿命已知时，可求任意可靠度下指数分布的可靠寿命。

常用的产品寿命分布有指数分布、正态分布或者威布尔（Weibull）分布等。其中，指数分布一般指某种元件的寿命受到环境影响，当服从泊松分布的环境因素出现时，元件必然失效。此时，失效率与时间无关。正态分布是最基本而且应用很广的分布，材料强度、磨损寿命、疲劳强度、测量误差、产品强度等都可近似看作正态分布。威布尔分布常用来研究疲劳失效、真空失效、轴承失效等寿命问题。

由于系统是由多个零部件组成，因此计算系统可靠度时需要分析元件之间的连接关系。对于串联系统，即组成系统的所有单元中，只要任一单元的失效就可以导致整个系统失效的系统，可靠度等于单元可靠度的乘积；系统可靠度小于或最多等于系统内最小的单元可靠度；系统元件数量增多，系统 MTTF 降低，即一个串联系统串联的单元越多，系统的可靠度越低。对于并联系统，即组成系统的所有单元都失效时系统才失效的系统，并联单元数越多，系统可靠度越大。

二、可靠性的分配方法

无论大系统是由若干小系统组成，还是小系统由若干元件组成，完成可靠性设计都需要在子系统或元件间分配可靠度。采用等同分配法，即每个单元可靠度相等，则运算简单，但忽略了各子系统的属性，对于复杂的系统来说是不合理的。可以根据现有可靠度水平，使每个单元分配到的容许失效率和现有的失效率成正比，这称为按相对失效率比分配。另外还有 AGREE 分配法，该法分配每个单元的失效率与系统规定失效率之比，与该单元的复杂性（即单元组件数与系统总组件数之比）成正比，与该单元的重要度（即该单元失效对整个系统可靠性的影响程度大小）成反比。可见，单元的重要度越高、组件数越少、工作时间越长，所分配的失效率也就越小。该法考虑到了个单元的复杂性、重要度以及工作时间的差别，比较完善。不过，AGREE 法要求各单元在工作期间的失效率为常数，且作为相互独立的串联系统进行计算。

以上介绍的是根据系统的连接方式进行可靠性分析和设计的一般方法。目前光电仪器已经是光学、机械、电子技术的综合系统，在军事、宇航等领域发挥重要作用，此时要求光电仪器不仅满足某些精度指标，更应保持长时间的稳定和可靠，否则无法完成相应的任务，造成巨大的损失。利用可靠性分析的方法适当分配可靠度，甄选合适元件，是光电仪器总体设计的重要步骤。

本章所述现代设计方法除了有限元分析多用于单个元件的设计以外，其他方法都是着眼于仪器整体的精度、可靠性、易操作性等性能,或是以全局的眼光科学安排仪器设计的各个环节。这些设计内容结合第三章仪器精度分析,构成了光电仪器总体设计的主要内容。

参 考 文 献

[1] 殷纯永．光电精密仪器设计［M］．北京：机械工业出版社,1996.
[2] 毛文炜．光学镜头的优化设计［M］．北京：清华大学出版社,2009.
[3] 赵罡．基于有限元的地面望远镜的结构优化研究（博士学位论文）［D］．北京：北京理工大学,2006.
[4] 周倩．平场全息凹面光栅的优化设计与制作工艺（博士学位论文）［D］．北京：清华大学,2008.

第三章 仪器精度分析与设计

精度是光电仪器的一项重要技术指标，在一定程度上决定了仪器的用途和价值。尤其对于计量类光电仪器，精度是功能指标中最重要的一项。随着科技的发展，计量类光电仪器需要达到的精度指标越来越高，以半导体工业为例，目前个人计算机 CPU 线宽已达 32nm，这就要求半导体的光刻设备和测量仪器本身的精度至少达到纳米量级。毫不夸张地说，仪器测量精度的提高是制造技术发展的前提。

为了设计和实现这样高精度的光电仪器，首先要对现有仪器进行精度分析，找出误差产生的根源和规律，分析误差对仪器设备精度的影响，评价该仪器的精度。精度分析一方面是确定已有仪器指标不可缺少的步骤，另一方面也有助于提出改进措施，进一步优化仪器设计，提高精度指标。

对于新仪器设计来说，精度设计或者精度分配更是重要的内容。精度分配是在精度分析的基础上，针对系统总精度指标，对各个子单元的精度进行分配，遵循一定的设计原则选择合理的仪器方案，完成元件选型，设计正确的补偿方式，在保证经济性的基础上达到高的精度。

本章主要从精度分析和精度设计两方面阐述仪器精度理论与方法，主要内容包括：各项误差的来源与特性，误差的评定和估计方法，误差的传递、转化和合成的规律；误差分配的原则和方法，提高仪器精度的设计原则，误差补偿的思路和方法等。由于仪器精度分析和设计都是实用性很强的理论方法，因此本章结合若干光电仪器的实例，对其理论方法进行具体说明，便于读者理解和掌握。

第一节 仪器的误差与精度

一、误差的基本概念

1. 误差的定义

测量误差 Δ_i 是指测得值 x_i 与标称值（或真值）x_0 之间的差。即

$$\Delta_i = x_i - x_0, (i = 1 \sim n) \tag{3-1}$$

式中，i 为测量次数。

误差的大小反映了测量值对于标称值的偏离程度。误差是客观存在的，无论测量手段精度多高，误差都不会为零。多次重复测量某物理量时，各次测定值并不相同，这是误差不确定性的表现。真实的误差值是未知的，因为通常真值是未知的。为了能正确表达误差，人们根据对误差认知的准确度和可信度的要求，确定了以下方法来获得真值：

1) 理论真值（即名义值）：设计时给定的或是用数学、物理公式计算的理论值，例如零件的名义尺寸等。

2) 约定真值：世界各国公认的一些几何量和物理量的最高基准的量值，如作为长度基

准的单位米,其定义为光在真空中 1/299792458s 时间间隔内所经路径的长度。

3) 相对真值:当仪器与准确度高一个等级的仪器比较时,可将该准确度高一个等级的仪器标的测量值视为"真值",或称其为相对真值或标准值。

2. 误差的表示方法

误差可以用绝对误差和相对误差两种方式表达。绝对误差是指测得值 x 与被测量真值 x_0 之差。绝对误差具有量纲,能反映出误差的大小和方向,但不能反映出测量的精细程度。绝对误差 Δ 可表示为

$$\Delta = x - x_0 \tag{3-2}$$

绝对误差与被测量真值的比值称为相对误差。相对误差无量纲,但它能反映测量工作的精细程度。相对误差 δ 可以表示为

$$\delta = \Delta / x_0 \tag{3-3}$$

3. 误差分类

按照误差的数学特征可以分为:

1) 系统误差(Systematic Error):系统误差的大小和方向在测量过程中恒定不变,或按一定的规律变化。一般来说,系统误差是可以用理论计算或实验方法求得,可预测它的出现,并可以进行调节和修正的。

2) 随机误差(Random Error):随机误差是由一些独立因素的微量变化综合影响造成的。其数值的大小和方向往往没有确定性规律,不可预见,但就其总体来说服从统计规律。常见的大多数随机误差服从正态分布。

3) 粗大误差(Gross Error):粗大误差指明显超出统计规律预期的误差。其产生的原因主要是由于某些突发性的异常因素或疏忽所致。由于该误差的数值一般较大,所以按照一定的准则进行判别,就可以将含有粗大误差的测量数据剔除。

按照被测参数的时间特性,误差可以分为:

1) 静态参数误差:不随时间变化或随时间缓慢变化的被测参数称为静态参数,测定静态参数所产生的误差称为静态参数误差。

2) 动态参数误差:被测参数是时间的函数,这样的参数称为动态参数。测定动态参数所产生的误差称为动态参数误差。

按照误差间的关系可分为:

1) 独立误差:彼此相互独立、互不相关、互不影响的误差称为独立误差。

2) 非独立误差(或相关误差):一种误差的出现与其他的误差相关联,这种彼此相关联的误差称为非独立误差。在进行误差间的关联计算时,其相关系数不为零。

4. 多次重复测量数据的处理

利用仪器进行物理量的测量时,多次测量的结果往往不一致,这就是因为每次测量的数据中都含有误差的缘故。在满足正态分布的重复测量条件下,假设进行了 n 次测量,其结果分别为 x_i($i=1, 2, \cdots, n$)。为了合理表示该重复测量的结果,通常按以下步骤进行:

1) 算术平均值 $\bar{x}$:即所有测量值的算术平均值,常用来作为该多次测量的最佳估计。算术平均值 $\bar{x}$ 表示为

$$\bar{x} = \sum_{i=1}^{n} x_i / n \tag{3-4}$$

2) 残余误差 $x_i - \bar{x}$：每个测量值与算术平均值的差值，反映当次测量与平均结果的偏差。

3) 单次测量的标准差 σ：反映多次测量结果的分散程度，用来衡量随机误差的大小。单次测量的标准差 σ 表示为

$$\sigma = \sqrt{\frac{\sum_{i=1}^{n}(x_i - \bar{x})^2}{n-1}} \tag{3-5}$$

得到单次测量的标准差之后，对测量中出现的粗大误差可以按统计准则判断并剔除其中该含有粗大误差的异常数据。例如，在大样本测量的基础上，如果随机误差服从正态分布，残余误差分布在 $\pm 3\sigma$ 以外的概率仅为 0.3%，就可依据 3σ 准则对粗大误差进行剔除。当 $|x_i - \bar{x}| > 3\sigma$ 时，认为该次测量 x_i 出现粗大误差，拟从测量结果中舍去该次测量的数据。不过这一准则是基于样本数大于 50 的正态样本数据的统计推理的结果，在测量次数小于 10 时，按式 (3-5)，可以得知，一个异常数据无论如何远离其他 $(n-1)$ 个数据，都不会出现 $|x_i - \bar{x}| > 3\sigma$。对于通常样本数小于 10 的情形，可按误差理论介绍的诸如格拉布斯准则和狄克逊准则来进行统计判断。

剔除粗大误差后按照式 (3-5) 重新计算标准差 σ，得到合理的单次测量均方误差。

4) 算术平均值的均方误差 σ_p：得到剔除粗大误差后的单次测量均方误差后，再进行 m 次测量，取算术平均值，对应的随机误差将减小至原来的 $1/\sqrt{m}$。这反映的是，多次测量可以减小测量结果包含的随机误差。需要注意的是，系统误差并不能通过多次测量消除。算术平均值的均方误差 σ_p 表示为

$$\sigma_p = \sigma/\sqrt{m} \tag{3-6}$$

5) 重复测量结果的极限误差 Δ_{max}：根据误差分布接近正态的数学性质，按高的置信概率，测量结果的极限误差 Δ_{max} 常取为

$$\Delta_{max} = \pm 3\sigma_p \tag{3-7}$$

6) 重复测量的结果 $\bar{x} \pm 3\sigma_p$：由两部分组成，算术平均值可视为该测量结果接近真值的一种最佳估计，极限误差则反映了该测量结果的随机误差大小。

二、精度的含义和仪器的精度指标

精度（不确定度）是误差的反义词，精度的高低是用误差来衡量的。误差大则精度低，误差小则精度高。精度是指观测结果、计算值或估计值与真值（或被认为是真值）之间的接近程度。精度一词，在我国工程领域中长期沿用至今。精度一词的含义，与国际上相对应比较全面而确切的一词应是准确度，其英文名词 Accuracy。当然，以下几个名词也都在不同程度上与精度的含义密切相关。

1) 正确度（Trueness 或 Correctness，前者是新的 ISO 计量名词标准中采用的）：系统误差的大小，表征测量结果稳定地接近真值的程度。

2) 精密度（Precision）：随机误差的大小，表征规定条件下测量结果的一致性。

3) 准确度（Accuracy）：系统误差与随机误差大小的综合指标，表征测量结果与真值之间的一致程度。在某些场合，也把准确度称为精确度。

4）不确定度（Uncertainty）：完整表征赋予被测量值分散性的非负参数。

以上仪器正确度的定量指标，国际上常采用名词偏移（Bias）来描述，即指统计得到的多次测量的算术平均值与标准值之差。特别地，对于单次测量的情况，偏移又称偏差。

仪器精密度的定量指标，通常用统计得到其规定条件下测量结果的标准差来表征。该规定条件可以是重复性条件、复现性条件等。

为表征仪器的完整精度指标，原则上应把在仪器规定测量条件下影响仪器测量结果的影响源都估计进去。除要对本次测量结果的数据进行统计处理外，还应收集和估计该仪器的校准不确定度有多大，或者与其他仪器比对或比较的不确定度有多大，还包括规定测量范围或量程，以及规定操作人员、规定环境条件等测量条件的影响等。在此基础上合理地进行测量不确定度的评定和合成，最终获得该仪器测量的标准差估计（称为标准不确定度）、区间估计（称为扩展不确定度或者包含区间）。特别地，结合我国工程领域的习惯，在仪器校准不确定度远小于仪器自身测量误差的大小，以及测量分布可近似为对称且正态的情况下，测量样本又较大的场合，可简单地采用上述式(3-4)～式(3-7)的公式来对仪器的测量结果进行简化处理。

关于上述四个名词与精度的联系，可以通过图3-1所示的四种情况来描述。

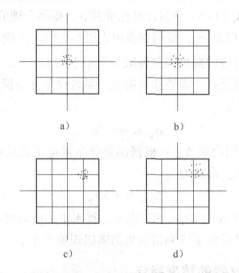

图 3-1 仪器精度的含义
a）准确度高，精密度高　b）准确度高，精密度低
c）准确度低，精密度高　d）准确度低，精密度低

可见，精密度高未必正确度一定高，反之亦然。只有正确度与精密度都高才表明测量的准确度高，从而表示测量结果的不确定度才会小。本书侧重就仪器设计、制造和使用中的误差分析和误差分配与控制的问题进行讨论，而不涉及讨论仪器精度如何采用测量不确定度来评定与表示的问题。至于如何衡量仪器的精度指标，则仅简单地讨论如下：

仪器的精度是指其本身固有的精度，它是由于仪器的原理、结构或制造、装调等方面的不完善造成的。衡量仪器精度的指标通常有两种：重复精度和复现精度。

1）重复精度：重复精度是指该多次测量满足重复性条件，即指在相同测量程序、相同操作者、相同测量系统、相同操作条件和相同地点的情况下，通常是在短时间内对同一个或相类似的被测对象多次测量所得数据的接近程度。重复精度通常用对同一个量进行多次测量所得结果的分散性来表示，最常用的是标准差。该标准差主要反映的是满足重复性条件下的测量过程中随机误差的大小，它表征的是仪器在重复性条件下的精密度指标。

2）复现精度：又称再现精度。它是指该多次测量满足复现性条件，即指在不同地点、不同操作者、不同测量系统的情况下，通常是在较长时间间隔内对同一个或相类似的被测对象多次测量所得数据的接近程度。复现精度通常也用对同一个量进行多次测量所得结果的分散性来表示，最常用的也是标准差。该标准差反映的是满足复现性条件下的测量过程中随机误差的大小，尚未计入系统误差。它表征的是仪器在复现性条件下的精密度指标。

此外，一些涉及仪器精度指标的名称，如仪器分辨力、灵敏度、示值误差、基值误差（零值误差、零漂）、引用误差、固有误差、偏移（系统误差）、最大允许误差，以及仪器测量的重复性、再现性和稳定性等，可在今后结合对仪器检定、校准或验收，以及对仪器进行质量保证控制、推行计量保证方案等计量设备认证等工作中再加以细化了解，本书不作讨论。

三、仪器误差的来源

造成仪器误差的原因是多方面的。在仪器的设计、制造和使用的各个阶段都可能产生误差，因此，仪器误差的来源主要是原理误差、制造误差和运行误差。这三类误差产生于不同阶段，故而性质不同，从数学特征上看，原理误差多为系统误差，制造误差和运行误差多为随机误差。

1. 原理误差

原理误差的产生是因为仪器设计中采用了近似的理论和方法，包括近似的数学模型、光路、机构等。例如，激光测长系统的小数有理化、光学系统的畸变误差等都属于原理误差。原理误差与制造精度和使用方法无关，完全由设计决定。在计量仪器中，这类误差多表现为非线性刻度特性的线性化。

例 3-1 自准直仪测角原理误差分析。

如图 3-2 所示，诸如包括自准直仪在内的一类通过测量望远镜的物镜焦距及分划刻线值来测得对准目标角度指示值的仪器，其物镜入射光的角度偏转 α 由分划板上刻度 Z 来反映，满足

$$Z = f'\tan\alpha \qquad (3-8)$$

即刻度与角度偏转之间是非线性的关系。这样，分划板上的刻线应按照式（3-8）的关系呈不等间隔。但为加工方便，分划板刻线往往是等间隔刻制的，即近似认为

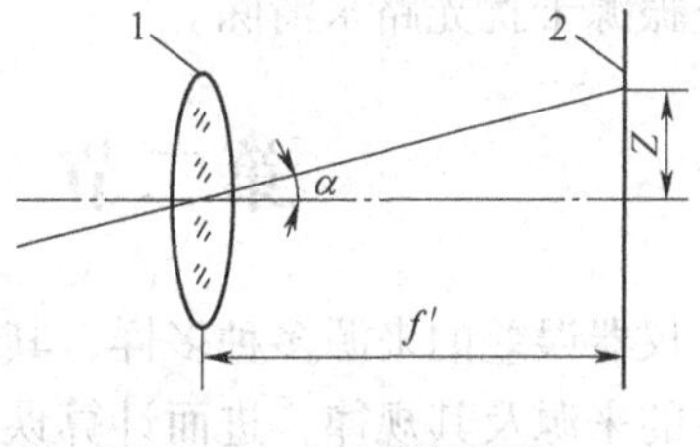

图 3-2 自准直仪测角 α
与分划刻线指示的几何关系
1—物镜 2—分划板

$$Z' = f'\alpha \qquad (3-9)$$

这样，就不可避免的造成了原理误差 $\Delta Z = Z' - Z$。利用多项式展开可得

$$\Delta Z \approx -f'\alpha^3/3 \qquad (3-10)$$

或者

$$\Delta\alpha \approx -\alpha^3/3 \qquad (3-11)$$

通过计算可知，如果自准直仪的测角精度要求达到 ±1″ 的话，其测角范围就不可大于 ±2°。

减小或消除原理误差影响的方法主要是采用更为精确、符合实际的理论和公式进行设计和参数计算，同时可以采用误差补偿的措施。例如，可在例 3-1 中采用在近似的计算式（3-9）的基础上，再加上计算式（3-11）补偿值的方法，来获取消除了 3 阶原理误差的测角值。

2. 制造误差

制造误差是指由于仪器的零件、元件、部件等的尺寸、形状、相对位置以及其他参量方面的制造及装调不完善所引起的误差。例如，透镜和棱镜因制造引起的畸变，运行机构端面不平度和粗糙度导致直线运动的平稳性误差等，都是制造误差。不过，不是所有的制造误差都会影响仪器精度，起主要作用的是构成测量链的零部件的误差。

仪器的制造误差是难以避免的，除了在制造过程中提高加工精度和装配精度外，在设计过程中应采取适当的措施对其进行控制。例如，合理地分配误差和确定制造公差；正确应用仪器设计的原理和设计原则，包括后面将提到的基面统一原则、测量链最短原则等；合理地确定仪器的结构参数和结构工艺性；设置适当的调整和补偿环节等。

3. 运行误差

仪器运行过程中产生的误差称为运行误差。运行误差的主要来源包括力变形、磨损、间隙、温度变化、振动等。

力变形误差是指由于载荷、接触变形、自重等原因而产生弹性形变引起的误差。减小该误差的方法主要包括选择合适的结构以减小变形，选择弹性模量较大的材料，尽量避免材料受到弯矩、扭矩的作用，尽量保持测量过程中受力恒定等。减小磨损的方法包括摩擦副选用合适的材料，降低表面粗糙度，使用有效的润滑方式，采取预磨措施等。配合零件之间的间隙会造成空程，影响精度，可使用弹性力封闭的方法消除。

温度变化和振动对光学系统影响较大。其中，温度变化可能引起光学元件折射率变化，在成像系统或干涉测量中造成误差。减小温度误差影响的方法包括：隔离热源，比如将光源移出仪器；建立热平衡，比如将激光器封闭起来，有时比通气散热更好；使用膨胀系数小的玻璃材料等。对于振动引起的误差，可以通过设计合适的结构避免共振，或者采取隔离措施防止振源干扰光路来清除。

第二节　仪器误差的分析与计算

仪器误差的来源多种多样，其性质也各不相同。为了确定仪器的总精度，需要掌握各类误差的来源及其规律，进而计算误差的大小。仪器误差的分析一般按以下三个步骤进行：寻找仪器误差源；计算分析各个误差对仪器精度的影响；各项误差的合成。其中，第一步可以根据上节给出的仪器误差来源逐项分析寻找，第二步的方法在本节讲述，第三步的方法将在下一节给出。

一、微分法

仪器的输出和各元件特性参数、结构参数之间的关系如果能用数学关系表达，那么这种关系式就称为作用方程式或仪器方程式。若此时误差源为上述元件特性参数或结构参数，则可以对作用方程式做全微分，进行误差分析与计算。

例 3-2 自准直仪制造误差分析。

例 3-1 给出了自准直仪原理误差的分析,这是基于各元件参数理想情况。如果存在制造误差,哪些零件的误差会影响测角精度呢?由式 (3-9) 有

$$\alpha = Z'/f' \tag{3-12}$$

这就是自准直仪的作用方程式。对式 (3-12) 进行微分,有

$$d\alpha = \frac{\partial \alpha}{\partial Z'}dZ' + \frac{\partial \alpha}{\partial f'}df' = \frac{1}{f'}dZ' - \frac{Z'}{f'^2}df' \tag{3-13}$$

式 (3-13) 两边同除以 α,得到相对误差关系式

$$\frac{d\alpha}{\alpha} = \frac{dZ'}{Z'} - \frac{df'}{f'} \tag{3-14}$$

式 (3-14) 右边第一项是分划板刻线的相对误差,第二项是物镜焦距的相对误差。可见测角误差与这两个元件的制造误差有关;同时这两项误差的贡献符号相反,可考虑在制定零件公差时,一个给正偏差一个给负偏差,使它们对仪器测角误差的影响起到某种程度的抵消作用。

微分法的优点是利用微分运算解决误差计算问题,简单快速。其局限性是无法分析不能列入仪器作用方程式的误差源,如度盘安装偏心等。此类误差通常产生于装配调整环节,与仪器作用方程式无关。

二、几何法

利用仪器输出误差与局部误差的几何关系,同样可以进行仪器精度分析。具体步骤是,画出仪器工作过程中某一瞬间的作用原理图,依据其中的几何关系写出系统输出与误差源的关系,将误差代入即可得到仪器误差。例 3-1 举出的自准直仪的原理误差即是用几何法求得的。下面再举一个例子。

例 3-3 度盘安装偏心所引起的读数误差。

如图 3-3 所示,O_1 是度盘的几何中心,O 是主轴的回转中心,度盘的安装偏心量为 e。当主轴的回转角度为 α 时,度盘几何中心从 O_1 移至 O_2 处,这时读数头的实际读数为度盘从 A 点到 B 点弧上刻度对应的角度 $\alpha + \Delta\alpha$,但实际转角为 α,因此读数误差为 $\Delta\alpha$。为了得到该误差与系统参数之间的关系,根据正弦定理有 $\frac{\sin\alpha}{O_2A} = \frac{\sin\Delta\alpha}{O_2O}$,即 $\frac{\sin\alpha}{R} = \frac{\sin\Delta\alpha}{e}$。式中,$R$ 为刻度盘刻划半径,e 为偏心量。利用小角度近似有

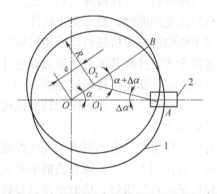

图 3-3 偏心误差引起的读数误差分析示意图
1—度盘 2—读数头

$$\Delta\alpha = \frac{e}{R}\sin\alpha \tag{3-15}$$

而 $|\sin\alpha| \leq 1$,故度盘安装偏心引起的最大读数误差为

$$\Delta\alpha_{max} = \pm\frac{e}{R} \tag{3-16}$$

与微分法相比,几何法非常直观,适用于求解无法列入作用方程式的误差源引起的仪器

输出误差。不过，几何法在分析计算复杂机构运行误差时较为困难。

三、逐步投影法

逐步投影法是几何法的拓展，适用于机构误差分析。其基本原理是将主动件的原始误差先投影到其相关的中间构件上，再从该中间构件投影到下一个与其相关的中间构件上，最终投影到机构从动件上，依次求出机构位置误差。

例 3-4 平行四边形机构误差分析。

图 3-4 所示为最基本的平行四边形机构，该机构可用于角度及角速度的等值传递。当 AB 与 CD 杆长相等时，AD 发生严格的平移。由于制造或装配误差造成 $AB \ne CD$，杆长误差 $\Delta a = |a_1 - a|$，因此可用逐步投影法求出从动件 CD 转角误差 $\Delta \varphi = \varphi_1 - \varphi$。

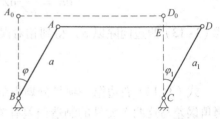

图 3-4 平行四边形机构误差计算

由图 3-4 可知，Δa 在 AD 上的逐步投影值 $\Delta_{AD} = \Delta a \cos(90° - \varphi) = \Delta a \sin\varphi$。而从动件 CD 转动的作用臂是 C 点到 AD 的垂直距离 $CE = CD\cos\varphi_1 = a_1\cos\varphi_1 \approx a\cos\varphi$。则从动杆 CD 的转角误差 $\Delta \varphi = \Delta AD / CE$，满足

$$\Delta \varphi \approx \frac{\Delta a}{a} \tan\varphi \tag{3-17}$$

四、其他方法

误差分析还有其他方法，如作用线与瞬时臂法、转换机构法、矢量法、经验估算法、实验测试法等，具体方法参见误差分析书籍，以下仅给出简要介绍。

某些原始误差对仪器误差的影响不能直接求出，例如传动系统的齿轮的周节误差、齿形误差等，这时需要分析原始误差作用的中间过程，研究机构传递运动，结合力和运动传递的作用线与瞬时臂，求得最终误差。这一方法比逐步投影法更深刻地描述误差的传递，在求解空间机构误差问题时，具有突出的优越之处。

对于机构误差分析还可以使用转换机构法，即将产生误差的构件看成主动件，转换构件间的连接方式，并将其他构件看成理想件，给出等效机构，即转换机构。转换机构的形式由误差性质决定，如逐步投影法的例 3-4 中研究杆长误差的影响，可将铰链替换成直线运动副，如连杆滑块机构。之后按照转换机构的速度方向和位移量，画出小位移图，根据几何关系求的输出误差。

光学元件引起光束出射方向变化的精度分析一般比较复杂，如分析反射镜和棱镜的转像作用时，宜使用矢量法。该方法的主要思路是将光束和光学元件的特征方向用矢量表示，之后利用矢量形式的折射、反射定律以及棱镜的作用矩阵进行矢量运算，分析光束出射方向的误差。

经验估算法和实验测试法也是误差分析中常用的方法。仪器中有许多误差是无法分析计算的，但在设计阶段需要知道其变化范围，如果这样的误差有据可查，或有前人做过可信的测试，则可以直接引用。例如估读误差一般取分度值的 1/10，这是因为仪器的刻度间距一般为 1mm 左右，人眼的分辨线值大约为 0.075mm。对于一些不能分析计算而又难以估计的误差，通常采用实验测试或仿真实验对其进行测试。

第三节 仪器误差的合成

一台完整的光电仪器一般包括信息获取单元、信息处理显示单元和控制单元。在仪器工作过程中，不同的环节可能引入不同的误差，这些误差共同作用，影响仪器的最终精度。仪器精度分析即在单项误差分析的基础上，采用合理的方式得到仪器的总精度。由于各误差源的性质各不相同，因此误差合成方法也各不相同，本节主要从数学特征方面对误差进行分类，并介绍各自的合成方法，之后利用立式光学计的例子说明误差分析的步骤、方法的选用，以及误差合成方法的实际应用。

一、随机误差的合成

设有 n 个单项随机性误差源，它们的标准差分别是 σ_1，σ_2，$\cdots$，σ_n。这些误差单独作用时，对应仪器输出的误差标准差为 $p_i\sigma_i$，其中 p_i 为标准差为 σ_i 的误差对仪器误差的影响系数。由误差理论可知，全部随机误差所引起的仪器合成标准差为

$$\sigma_{\text{random}} = \sqrt{\sum_{i=1}^{n}(p_i\sigma_i)^2 + 2\sum_{1 \leq i < j \leq n}\rho_{ij}(p_i\sigma_i)(p_j\sigma_j)} \quad (3-18)$$

式中，ρ_{ij} 为第 i、j 两个相关随机误差的相关系数，其取值范围在 $-1 \sim 1$ 之间，若 $\rho_{ij}=0$，则表明两随机误差不相关，互相独立。

当仪器的各个随机误差互相独立时，式 (3-18) 可简化成

$$\sigma_{\text{random}} = \sqrt{\sum_{i=1}^{n}(p_i\sigma_i)^2} \quad (3-19)$$

在各误差分量都接近正态分布，且各分量独立的前提下，合成的该随机误差的极限误差可写成

$$\delta_{\text{random}} = \pm t\sigma_{\text{random}} = \pm t\sqrt{\sum_{i=1}^{n}(p_i\sigma_i)^2} \quad (3-20)$$

式中，t 为置信系数，一般认为多项随机误差合成的总随机误差服从正态分布，即当置信概率为 99.7% 时，$t=3$；置信概率为 95% 时，$t=2$。可见，在实际进行误差合成时常用的极限误差分量合成方和根法，只有在认为各误差分量都接近正态分布的前提下才成立。

二、系统误差的合成

对于符号和大小均为已知的已定系统误差，采用代数和进行合成。设仪器中有 m 个已定系统误差，分别为 Δ_1，Δ_2，$\cdots$，Δ_m，则仪器的合成系统误差为

$$\delta_{\text{system}} = \sum_{i=1}^{m}p_i\Delta_i \quad (3-21)$$

式中，p_i 为系统误差 Δ_i 对仪器误差的影响系数，如果是原理误差，则 $p_i=1$。

由于未定系统误差的大小和方向或变化规律未被确切掌握，因此只能估计出其极限范围 $\pm e_i$。而未定系统误差的取值在极限范围内具有随机性，对仪器精度影响上又具有系统性，故常用以下两种方法合成：

1) 绝对和法（又称最大最小法）：设仪器有 s 个未定系统误差，则合成未定系统误差

按绝对值相加，即

$$\delta_{\text{system}} = \sum_{i=1}^{s} |p_i e_i| \qquad (3-22)$$

式中，p_i 为极限范围 $\pm e_i$ 的误差对仪器误差的影响系数。

这种合成方法是对未定系统误差最保守的估计，一般并不合理，但因为简单直观，所以可在误差数值较小或选择设计方案时采用。

2) 方和根法：考虑到未定系统误差的随机性，可用随机误差合成的方法合成未定系统误差。设仪器有 s 个未定系统误差源，各自的极限范围为 $\pm e_1$，$\pm e_2$，…，$\pm e_s$，当各单项未定系统误差互相独立时，合成未定系统误差为

$$\delta_{\text{system}} = \pm t \sqrt{\sum_{i=1}^{s} \left(\frac{p_i e_i}{t_i}\right)^2} \qquad (3-23)$$

式中，p_i 为极限范围 $\pm e_i$ 的误差对仪器误差的影响系数；t 为合成后未定系统误差的置信系数；t_i 为各单项未定系统误差的置信系数。

三、不同性质误差的合成

若一台仪器中各误差互相独立，而未定系统误差数量又很少，则未定系统误差随机性大为减小，可采用绝对和法按系统误差来处理。采用与前述类似的变量表述方式，仪器合成的极限误差

$$U = \sum_{i=1}^{m} p_i \Delta_i + \sum_{i=1}^{s} |p_i e_i| \pm t \sqrt{\sum_{i=1}^{n} (p_i \sigma_i)^2} \qquad (3-24)$$

若一台仪器中未定系统误差数量较多，在仪器误差合成时，既考虑未定系统误差的系统性，又强调其随机性，则按方和根法计算未定系统误差。合成的仪器极限误差

$$U = \sum_{i=1}^{m} p_i \Delta_i \pm t \sqrt{\sum_{i=1}^{s} \left(\frac{p_i e_i}{t_i}\right)^2 + \sum_{i=1}^{n} (p_i \sigma_i)^2} \qquad (3-25)$$

四、仪器误差合成实例

例 3-5 立式光学计误差分析。

第一章曾提到光学杠杆原理，立式光学计即为利用该原理将微小位移放大，用于比较待测物与量块等标准器的长度，进而得到待测物长度的测微光电仪器。传统立式光学计通过物镜在分划板上进行读数，其原理如图 3-5 所示。

1. 立式光学计的工作原理

透明的目镜分划板 1 位于物镜 2 的焦面上，被光源照明的目镜分划板上各点发出的光线，经物镜 2 成为平行光，经平面反射镜 3 反射后再经物镜 2 成像在其焦平面（即目

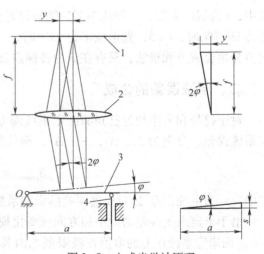

图 3-5 立式光学计原理
1—目镜分划板 2—物镜 3—平面反射镜 4—量杆

镜分划板 1) 上。当量杆 4 发生微小位移 s 时，平面反射镜绕其支点 O 摆动 φ 角，量杆的中心线到 O 的距离为 a，由图 3 - 5 右下角所示几何关系有

$$\tan\varphi = \frac{s}{a} \tag{3-26}$$

由于平面反射镜 3 摆动 φ 角，其反射光线与其入射光线之间偏转 2φ 角，对应目镜分划板上的刻线影像偏移 y，由图 3 - 5 右上的几何关系有

$$y = f\tan 2\varphi \tag{3-27}$$

f 为透镜焦距，比值 y/s 称为光学杠杆的放大倍数 k。由于 φ 角很小，故放大倍数 k 可以做以下的近似计算：

$$k = \frac{y}{s} = \frac{f\tan 2\varphi}{a\tan\varphi} \approx \frac{2f}{a} \tag{3-28}$$

一般光学计中，取 $f = 203.5\mathrm{mm}$，$a = 5.0875\mathrm{mm}$，则有

$$k \approx \frac{2 \times 203.5}{5.0875} = 80 \tag{3-29}$$

也即量杆位移为 0.001mm，目镜分划板上刻线影像偏移为 0.08mm。如果再通过 12 倍的物镜观察，则仪器的总放大倍数为 $80 \times 12 = 960$ 倍。

影响立式光学计测量误差的因素很多，以下针对较典型的误差因素，分析分度值为 0.0001mm，示值范围为 ±0.1mm，测量范围为 180mm 的立式光学计的测量误差。其中，仪器的未定系统误差从分划板线性刻度引入的原理误差、分划板刻划误差、物镜畸变引起的局部误差等方面分析；而随机误差主要包括量杆配合间隙引起的局部误差、读数误差等。除了以上仪器本身的结构或使用造成的误差以外，测量误差还包括标准件的误差、测量力引起的误差等。

2. 立式光学计的未定系统误差

（1）原理误差

立式光学计的原理误差可用几何法求得。由仪器原理可知，量杆位移 s 与目镜分划板上刻线的偏移 y 的关系为

$$y = f\tan 2\varphi = 2f\frac{\tan\varphi}{1 - \tan^2\varphi} \tag{3-30}$$

将 $\tan\varphi = s/a$ 代入式 (3 - 30)，得到方程 $(s/a)^2 + (2f/y)(s/a) - 1 = 0$，解该方程式得到

$$\frac{s}{a} = \frac{f}{y}\left(-1 + \sqrt{1 + \left(\frac{y}{f}\right)^2}\right) \tag{3-31}$$

考虑到 y/f 的值很小，利用级数展开并取近似，有 $\sqrt{1 + (y/f)^2} \approx 1 + (y/f)^2/2 - (y/f)^4/8$，代入式 (3 - 31) 得到

$$s = a\left[\frac{y}{2f} - \left(\frac{y}{2f}\right)^3\right] \tag{3-32}$$

式 (3 - 32) 就是仪器的机构传动特性表达式。显见，输入量 s 与输出量 y 之间不是线性的关系，但目镜分划板总是按等分度刻划的

$$s_0 = a\frac{y}{2f} \tag{3-33}$$

于是，由于仪器非线性传动特性与目镜分划板等分刻划的矛盾所引起的原理误差为

$$\Delta = s_0 - s = a\left(\frac{y}{2f}\right)^3 \tag{3-34}$$

如果仪器示值范围为 $s_{max} = \pm 0.1\text{mm}$，当 $f = 203.5\text{mm}$，$a = 5.0875\text{mm}$ 时，最大原理误差为

$$\Delta_{max} = \pm 0.039\mu\text{m} \tag{3-35}$$

实际上，在仪器结构中已经设计了综合调整环节来补偿该误差，其补偿原理为通过调整杠杆短臂的长度 a，从而改变仪器实际传动关系来实现。设将杠杆短臂长度 a 调整为 a_1，则仪器原理误差的表达式为

$$\Delta = s_0 - s = a\frac{y}{2f} - a_1\left[\frac{y}{2f} - \left(\frac{y}{2f}\right)^3\right] = (a - a_1)\frac{y}{2f} + a_1\left(\frac{y}{2f}\right)^3 \tag{3-36}$$

此时，为了减小原理误差，可调整杠杆短臂的长度使原理误差在 $y = 0$ 及最大指示 $y = \pm y_{max}$ 处都为零，而在 $y = \pm y_1$ 处原理误差为最大。此时立式光学计的原理误差分布如图 3-6 所示。

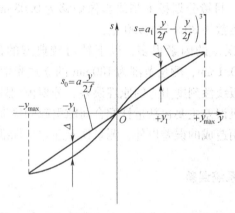

图 3-6 经调整后立式光学计的原理误差分布

为了求得此时的最大原理误差，有 $\Delta|_{y=0} = \Delta|_{y=\pm y_{max}} = 0$；$d\Delta/dy|_{y=\pm y_1} = 0$。联立可得 $(a - a_1) = -3a_1[y_1/(2f)]^2$，$y_1 = y_{max}/\sqrt{3}$。代入式 (3-33) 并由 $y_1 \ll 2f$ 有

$$\Delta_{max} = \Delta|_{y=y_1} = -2a_1\left(\frac{y_1}{2f}\right)^3 \approx -\frac{2}{3\sqrt{3}}a\left(\frac{y_{max}}{2f}\right)^3 \tag{3-37}$$

将最大示值 $y_{max} = ks_{max} = 8\text{mm}$，$f = 203.5\text{mm}$，$a = 5.0875\text{mm}$ 代入式 (3-37)，得到补偿后的立式光学计最大原理误差为

$$p_1 e_1 = \pm 0.015\mu\text{m} \tag{3-38}$$

该原理误差为综合调整后的残余系统误差，以未定系统误差处理。如果将短臂长度作最佳调整，则原理误差还可进一步减小。

(2) 分划板的刻划误差所引起的局部误差

一般光学计分划板的刻线误差范围为 $\pm 3\mu\text{m}$，折算到测量线上的误差应再除以放大倍数 ($k = 80$)，即分划板刻划误差造成最大局部误差为

$$p_2 e_2 = \pm \frac{3}{80}\mu\text{m} \approx \pm 0.038\mu\text{m} \tag{3-39}$$

(3) 物镜畸变所引起的局部误差

物镜的畸变像差，是指物镜在其近轴区与远轴区的横向放大率不一致造成的像差。一般立式光学计物镜的相对畸变设计要求为 0.0005，即刻线像因为物镜畸变发生的平移 Δ 满足

$$\Delta = 0.0005y \tag{3-40}$$

将 Δ 换算到测量线上，得到该局部误差表达式为

$$p_3 e_3 = 0.0005 \times \frac{y}{k} = 0.0005s \tag{3-41}$$

此项误差与被测量 s 成正比，属于累积误差，当被测量 s 取示值范围 $s_{max} = \pm 0.1\text{mm}$ 时，最大误差

$$p_3 e_3 = \pm 0.050 \mu\text{m} \tag{3-42}$$

3. 立式光学计的随机误差

(1) 由量杆配合间隙引起的局部误差

如图 3-7 所示，量杆的配合间隙设计给出最大值为 0.002mm，配合长度约为 28mm，因此量杆的倾斜角最大值为

$$\beta = \pm \frac{0.002}{28} \text{rad} = \pm 7 \times 10^{-5} \text{rad} \tag{3-43}$$

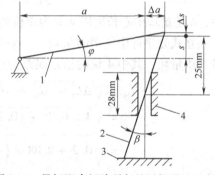

图 3-7 量杆配合间隙引起的局部误差示意图
1—平面反射镜 2—量杆 3—被测表面
4—量杆移动槽

量杆的倾斜对于测量结果有两方面影响。一方面使得量杆在测量线方向上发生长度变化 Δs，这一变化是二阶小量可以忽略不计；另一方面引起杠杆短臂长度 Δa 发生变化，引起局部误差 δ_1 不可忽略。量杆倾斜引起的杠杆短臂变化为

$$\Delta a = 25\text{mm} \times \beta = \pm 1.75 \mu\text{m} \tag{3-44}$$

式中，25mm 为量杆与轴套配合中心到量杆与平面反射镜接触点之间的距离，由设计图样给出。由式 (3-28) 结合微分法可知 Δa 引起的局部误差为

$$\delta_1 = s \frac{\Delta a}{a} \tag{3-45}$$

将最大示值 $s_{max} = \pm 0.1\text{mm}$，$\Delta a = \pm 1.75 \mu\text{m}$，$a = 5.0875\text{mm}$ 代入式 (3-45)，得到量杆配合间隙引起的最大局部误差为

$$p_1 \delta_1 = \pm 0.034 \mu\text{m} \tag{3-46}$$

(2) 读数误差

仪器单次读数误差可估计为仪器分度值的 1/10，为 $\pm 0.1 \mu\text{m}$。如果采取两次读数来确定一个量值，则读数误差按随机误差统计，满足

$$p_2 \sigma_2 = \pm \sqrt{0.1^2 + 0.1^2} \mu\text{m} = \pm 0.14 \mu\text{m} \tag{3-47}$$

4. 立式光学计本身误差合成

考虑到上述未定系统误差的随机性，利用方和根法对其进行合成。而上述随机误差均为

独立误差,同时给出的并非标准差而是极限误差,因此,对式(3-25)作相应修改后,立式光学计本身的合成误差为

$$U_{仪} = \pm t \sqrt{\sum_{i=1}^{3}\left(\frac{p_i e_i}{t_i}\right) + \sum_{i=1}^{2}(p_i \sigma_i)^2}$$

$$= \pm (\sqrt{0.015^2 + 0.038^2 + 0.050^2} + \sqrt{0.034^2 + 0.014^2})\mu m$$

$$= \pm 0.101 \mu m \tag{3-48}$$

其中,未定系统误差的置信系数均取3。

5. 使用立式光学计发生的其他测量误差

(1) 标准件误差

立式光学计使用的是相对测量法,即测得待测物与量块的长度差后,将该差值与量块长度相加得到最终测量结果,故量块的误差将影响测量结果。如果选用的量块为4等,由量块标准可知,4等量块的检定误差 ΔL(单位:μm)为

$$\Delta L = \pm (0.2 + 2.0 \times 10^{-3} L) \tag{3-49}$$

式中,L 是量块中心长度以 mm 为单位的数值。

在立式光学计中使用的量块,一般块数不会超过5块,且只有1块的尺寸大于10mm。若按5块量块、其中4块的检定误差为 $0.2\mu m$ 计,则标准间的尺寸误差按随机误差合成有

$$U_{标} = \sqrt{\Delta L_1^2 + \Delta L_2^2 + \Delta L_3^2 + \Delta L_4^2 + \Delta L_5^2}$$

$$= \sqrt{4 \times 0.2^2 + (0.2 + 2.0 \times 10^{-3} L)^2}\mu m$$

$$= \sqrt{0.2 + 0.08 \times \left(\frac{L}{100}\right) + 0.04 \times \left(\frac{L}{100}\right)^2}\mu m \tag{3-50}$$

(2) 测量力引起的误差

立式光学计的测量力发生在量杆端点与平面反射镜之间,正常工作的测量力为 (2 ± 0.2)N。测量力的微小变化会引起压陷变形量变化,从而直接引起测量误差。对于钢制的球形测头和平面被测件,压陷量 Δ 满足

$$\Delta = 0.45 \times \sqrt[3]{P^2/d} \tag{3-51}$$

式中,P 为测量力,单位为 N;d 为测量头直径,单位为 mm。由于测量力变化 ΔP 引起的压陷量变化即为测量力引起的误差,因此对式(3-51)用微分法并将 $P = 2N$,$d = 10mm$ 及 $\Delta P = \pm 0.2N$ 代入可得

$$U_{力} = 0.45 \times \frac{2}{3} \times \sqrt[3]{1/(pd)}\Delta P = \pm 0.02\mu m \tag{3-52}$$

6. 使用立式光学计进行长度测量的总误差

将上述仪器误差、标准件误差与测量力引起的误差按方和根法计算,得到立式光学计测量总误差为

$$U_{测} = \pm\sqrt{U_{仪}^2 + U_{标}^2 + U_{力}^2}$$

$$= \pm\sqrt{0.211 + 0.08 \times \left(\frac{L}{100}\right) + 0.04 \times \left(\frac{L}{100}\right)^2}\mu m \tag{3-53}$$

当测量长度最大为180mm时,对应的合成误差为 $\pm 0.70\mu m$。

第四节　仪器精度的分配

仪器精度分配、或者说精度设计的根本任务是从仪器总精度指标出发，合理分配各环节的误差，指导单元设计。仪器精度设计以精度分析为基础，需要利用仪器参数与误差的关系，反推一定精度指标对应的仪器参数拟控制的公差要求。仪器精度分配从技术上为正确设计仪器的各个组成部件结构，制定零部件的公差和技术要求提供依据。

一、仪器精度的分配方法

仪器的总误差由系统误差和随机误差合成，误差性质不同，其分配方法也各异。

1. 系统误差分配方法

系统误差影响较大而数目较少，一般根据前述误差合成方法得到的系统误差的数值不应大于仪器总误差的 1/3。如果超过了这个范围，则说明初始数据不合理，应该修改设计方案，或者提高工艺要求，或者采取补偿措施。关于提高仪器精度的设计原则以及误差补偿的设计方法，将在下两节给出。

2. 随机误差分配方法

随机误差一般数量较多，其分配方法包括等公差法、等影响法、试探法或者优化设计方法等。

等公差法是指对各个误差源给以相同的公差值。若以 σ_i 表示第 i 个误差源的公差，则等公差法意味着 $\sigma_1 = \sigma_2 = \cdots = \sigma_i$。这种误差分配方法虽然简单，但不合理，因为仪器各部分的制造难易程度不同，而且各误差源对仪器总误差的影响系数也不相等。

等影响法是令误差源对仪器总误差的贡献相同。再以 p_i 表示第 i 个误差源对仪器误差的影响因子，则等影响法意味着 $p_1\sigma_1 = p_2\sigma_2 = \cdots = p_i\sigma_i$。等影响法考虑了影响因子的影响，比等公差法合理一些，但因为没有考虑工艺条件，所以按等影响法算出的公差有可能偏高或者偏低，需要根据实际工艺的难易度，对公差进行调整。

试探法是根据设计人员的经验给定误差分配方案，然后进行验算和调整，也可以对某些关键性环节做出实验给出数据。例如对某种瞄准方案，可以先做出实验，得知瞄准误差的数值而不必等待分配。

如果把仪器单次测量的总误差作为目标函数，把仪器测量链上各环节的误差以及构造参数作为设计变量，以各参数变化范围以及公差变化范围作为约束条件，构成有约束极小化问题，这就是优化设计方法。

二、仪器精度分配实例

例 3-6　水准仪误差分配。

1. 水准仪工作原理

水准仪是测量高度差的常用仪器，其组成部分包括具有红黑两面读数的标尺、保持水准仪水平的安平系统、光电瞄准机构和相应的轴系等。水准仪工作原理如图 3-8 所示，通过安平系统调平水准仪后，分别瞄准两个待测位置处的标尺，然后进行读数。若设低处标尺读数为 a、高处为 b，则两处高度差 $h = a - b$。水准仪的标尺有红黑两面刻线（黑色刻线未画出，在红色刻线背面），相同颜色刻度成对读数可以得到两组测量结果 $h_{红}$ 和 $h_{黑}$。

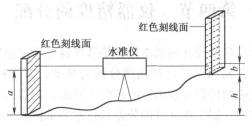

图 3-8 水准仪工作原理

2. 相关参数调研及精度初步分配

如果水准仪的设计要求是红黑两面的观测不符值不大于 5mm，即 $\Delta h = |h_{红} - h_{黑}| \leq$ 5mm，则仪器的精度设计和参数选择可按下面的步骤进行。

首先分析当前精度要求下单次读数的允许误差。写出仪器的作用方程式有

$$\Delta h = h_{红} - h_{黑} = (a_{红} - b_{红}) - (a_{黑} - b_{黑}) \tag{3-54}$$

假设红、黑标尺单次读数误差相同均为 $\Delta_{单}$，利用微分法有

$$\Delta h = \sqrt{\Delta_{红}^2 + \Delta_{黑}^2 + \Delta_{红}^2 + \Delta_{黑}^2} = 2\Delta_{单} \tag{3-55}$$

因此，单次读数最大误差可设定为 $\Delta_{单} = \pm 2.5\text{mm}$。

然后分析影响单次读数的误差源。从工作部件的组成可看出精度受到下列参数或误差影响：

1）标尺刻划误差 $\Delta_{尺}$。

2）安平系统误差：由于安平系统是通过水泡实现的，水泡的指示误差 $\Delta_{水}$ 与指示标尺的格值 τ（以秒为单位）直接相关。

3）定向瞄准系统的误差：这一误差受到两方面因素影响，瞄准方法的精度 $\Delta_{瞄}$ 以及望远镜放大倍数 Γ；水准仪轴系间隙引起的晃动带来的误差 $\Delta_{轴}$，由轴的长度 L（以毫米为单位）决定。

4）空气抖动的影响 $\Delta_{气}$。

上述误差除标尺刻划误差是系统误差以外均为随机误差，因此对所有误差进行方和根综合，并按照随机误差分配精度

$$\Delta_{单} = \sqrt{\Delta_{尺}^2 + \Delta_{水}^2 + \Delta_{瞄}^2 + \Delta_{轴}^2 + \Delta_{气}^2} \tag{3-56}$$

进一步调研各参数的常规设计情况有：标尺刻划误差一般取 $\Delta_{尺} = \pm 1\text{mm}$；水泡安平精度与格值 τ 的关系有经验公式 $\Delta_{水} = \pm 0.15\tau D/\rho$，其中 D 为水准仪工作距离，$D = 100\text{m}$，ρ 为弧度与角秒的换算关系，$\rho = 180 \times 3600/\pi''/\text{rad} = 2 \times 10^5 ''/\text{rad}$；十字丝的瞄准精度一般可达 $\pm 60''$，换算到标尺上为 $\Delta_{瞄} = \pm 60 \times D/\rho/\Gamma$，$\Gamma$ 为水准仪望远镜的放大倍数；如果要求由轴系间隙造成的望远镜晃动角小于水准器格值，则 $\tau = \Delta d\rho/L$，其中 Δd 为轴系间隙，一般经济公差为 $3 \sim 4\mu\text{m}$；一般认为空气抖动会引入 $\pm 2''$ 的瞄准误差，换算到标尺上为 $\Delta_{气} = \pm 2D/\rho = \pm 1\text{mm}$。

如果按照等影响法分配误差有

$$\Delta_i = \Delta_{单}/\sqrt{5} = \pm 1.12\text{mm} \tag{3-57}$$

其中，Δ_i 代表式 (3-53) 右侧各单项误差。

3. 精度调整及系统参数确定

考虑到标尺刻划误差和空气抖动引入的误差一般为 ±1mm，重新分配有

$$\sqrt{3\Delta_i^2 + 1^2 + 1^2} = \Delta_{\text{单}} \tag{3-58}$$

解得除 $\Delta_{\text{尺}}$、$\Delta_{\text{气}}$ 以外其他误差项均为 ±1.20mm。

利用调研所得各参数的设计公式，可知设计安平系统格值 $\tau = 16''$，望远镜放大倍率 $\Gamma = 25$，轴的长度 $L = 50$mm。

第五节 提高精度的基本设计原则

在光电仪器精度设计过程中，除了利用上述方法进行精度的合成和分配以外，正确掌握并遵循本节所介绍的基本设计原则将有助于所设计的仪器达到精度指标。

一、阿贝原则及其扩展

1. 阿贝原则的定义

阿贝原则是长度测量仪器设计应该遵循的重要原则。1890 年阿贝（Abbe）本人的叙述是：长度测量时必须将仪器的读数刻线尺安放在被测尺寸的延长线上。这样可以避免一次误差，使误差减小为高次误差。

2. 阿贝误差的产生原理和计算方法

如图 3-9a 所示，当标准器 S 与被测件 M 安装在水平面（或垂直面）内，但不在一条直线上时，设它们之间的距离为 a，如果从测量起始点 M_1 到结束点 M_2 的移动过程中导轨发生绕该平面法线的转角 φ，则会在水平面（或垂直面）内产生一次测量误差

$$\delta_1 = a\tan\varphi \approx a\varphi \tag{3-59}$$

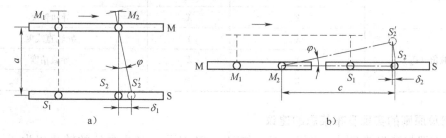

图 3-9 阿贝原则
a）存在阿贝误差的测量方案 b）符合阿贝原则的测量方案

当标准器与被测件不在同一水平面内、也不在同一垂直面内时，要分别求出它们在水平和垂直两个面内的投影之间的距离和绕各自法线的转角，然后按上述方法分别计算在水平和垂直两个面内的测量误差。推广到三维空间的情况，如图 3-10 所示，若以导轨中心（即空间坐标原点）的运动状态为标准，对于导轨上方坐标为 (a, b, c) 的点，导轨在运行过程中的绕 X 轴滚转角 θ_X，会引起目标点 A 因为偏离 Y 轴 b，而与坐标原点的 Z 轴方向位移相差约 $b\theta_X$，即沿 Z 轴方向存在阿贝误差，这能反映导轨的平面度误差。同理，由于滚转角 θ_X，偏离 Z 轴 c 的目标点 A 坐标原点的 Y 轴方向位移相差约 $c\theta_X$，即沿 Y 轴方向存在阿贝误差，

这反映的是导轨的直线度误差。由此推广,导轨运行的俯仰角、偏航角分别会引起目标点的运动沿 X、Y、Z 轴发生阿贝误差,见表 3-1 中所列。其中,X 轴方向的误差直接影响导轨的运行精度,Y 轴方向误差反映的是导轨直线度,而 Z 轴方向反映的是导轨平面度。对于三维空间的阿贝误差分析,往往都从这六种误差进行。

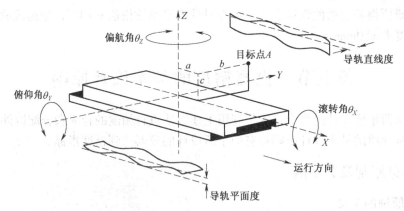

图 3-10 导轨制造运行误差引起阿贝误差

表 3-1 导轨制造运行误差引起阿贝误差

导轨运行偏角	待测点离轴方向	阿贝误差所沿坐标轴及所影响精度指标	
滚转角（θ_X）	X	无	
	Y	Z	导轨平面度
	Z	Y	导轨直线度
俯仰角（θ_Y）	X	Z	导轨平面度
	Y	无	
	Z	X	导轨精度
偏航角（θ_Z）	X	Y	导轨直线度
	Y	X	导轨精度
	Z	无	

3. 阿贝原则的实现及布莱恩的建议

当标准器与被测件在同一直线上时,如图 3-9b 所示,如果导轨的转角仍为 φ,瞄准显微镜与读数显微镜之间的距离为 c,则测量误差降为二次误差

$$\delta_2 = c(1 - \cos\varphi) \approx \frac{1}{2}c\varphi^2 \tag{3-60}$$

由此可见,阿贝原则在光电仪器精度设计中有重要意义。当仪器精度要求相同时,利用阿贝原则可以降低对导轨部件的工艺要求;在加工精度相同时,符合阿贝原则的仪器可以得到更高的精度。无论在设计还是使用仪器时,都应该尽量遵循阿贝原则。

不过,阿贝原则不是任何情况都能遵循的,因为它将使仪器的尺寸增大,其中仪器长度至少是被测长度的两倍,这一问题在大尺寸测量时尤为突出。另外,有时受到仪器结构的限制无法使标准器与待测尺寸共线。

针对这一问题，1979年布莱恩（J. B. Bryan）对阿贝原则作了进一步解释：位移测量系统工作点的路程应和被测位移动工作点的路程在一条直线上；如果不能实现，那么必须使传送位移的导轨没有角运动，或者用实际角运动的数据计算偏移的影响。布莱恩将原阿贝原则中的"尺"抽象成了"工作点"，更具普遍意义。其建议的第一条对导轨的制造和运行精度提出了更高的要求，第二条的方法可利用自准直仪测出位移过程中的角运动来实现，之后进行误差分析，或者进一步计算角运动引起的偏差修正测量结果。

4. 爱彭斯坦原则

爱彭斯坦原则是指在仪器结构难以满足阿贝原则的情况下，通过系统的合理布局来抵消阿贝误差。这一原则在不增加误差补偿装置的情况下，利用几何关系巧妙地自动抵消阿贝误差，在干涉测长仪中有成功应用。

例3-7 激光干涉仪的瞄准与测量系统。

图3-11a所示是日本计量研究所的激光干涉仪的瞄准与测量系统。其中 S 为待测刻尺。左侧框为滑板部分，右侧框为固定部分。

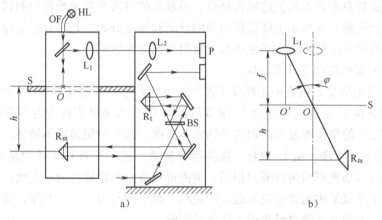

图 3-11 激光干涉仪的瞄准与测量系统
a）激光干涉仪光路原理 b）误差分析示意图

光电瞄准系统基本位于刻尺上方。光源 HL 通过光纤 OF 照亮 S 尺上的刻线 O，O 正好位于物镜 L_1 的焦面上，因而被 L_1 成像在无穷远。这一移动瞄准部分位于滑板上。固定部分的光电接收物镜 L_2 将刻线 O 的像聚焦于狭缝 P 上，然后由光电倍增管接收，完成瞄准工作。激光干涉仪测量系统的分光工作由分光镜 BS 完成，其中参考臂的角镜 R_t 位于固定部分，而测量臂角镜 R_m 位于滑板上，距刻尺 S 竖直距离为 h。测量光与参考光在 BS 处完成合光，并送入后续探测系统完成长度测量。

将折叠的光路打开，如图3-11b所示。显见，此系统中待测长度与干涉仪的测量光线平行但不共线，如果滑板导轨出现偏角则会导致阿贝误差。设某次测量过程中滑块绕纸面法线旋转了 φ 角，瞄准系统对准的是刻线上的 O' 点，引起的瞄准偏移为 $OO' = f\sin\varphi$，其中 f 为透镜 L_1 的焦距；同时测量部分发生的阿贝误差为 $h\sin\varphi$。只要合理布置结构，使得待测刻尺 S 的刻划面到干涉仪测量臂角镜 R_m 的距离 h 等于物镜 L_1 的焦距 f，则由于滑板角运动引起的阿贝误差将与同时产生的瞄准偏移抵消，阿贝误差的效果被巧妙消除。

二、光学自适应原则

光学自适应原则最初从天文观测领域提出。由于人类绝大多数时间都是位于地球表面对星空进行观测，因此，大气湍流引起的折射率变化会对微弱星光的成像产生致命影响，严重降低成像分辨率和灵敏度。为了彻底解决大气湍流的影响，人们将望远镜转移到太空中，著名的哈勃望远镜就是这一方法的代表，从哈勃获得的极好的图像也证明这是未来的最佳选择。不过，受到转移的成本和技术水平限制，哈勃望远镜的口径只有当时正在建造的地面望远镜的1/4左右，集光率和分辨率均有限，同时太空望远镜的维护也是难度非常大的课题。针对这一问题，近二三十年来，着眼于地面观测的自适应光学技术得到了大力发展，其关键技术是实时探测大气湍流引起的波前像差，并利用变形镜等光机电元件校正像差，从而修正大气湍流的影响。

从望远镜领域发展起来的自适应方法逐渐成为光电仪器设计的原则之一。由于以干涉仪为代表的计量类光电仪器的精度同样会受到大气折射率变化的影响，因此在设计这些仪器时也应该充分考虑折射率误差的消除或者补偿。最基本的方法当然是严格控制仪器使用环境的温度、气压以及气流，从根本上降低折射率的波动和梯度分布。光学自适应原则进一步提出共路原则以及反馈校正两种方法避免或修正折射率误差的影响。

例 3-8 表面粗糙度干涉测量仪。

图 3-12a 给出的是普通表面粗糙度干涉测量仪的光路。入射光经 BS 分束后，测量臂由 L_1 聚焦到被测表面 M 上，反射光由 L_1 准直后返回 BS；参考臂直接入射参考镜 R，在 R 上形成大光斑，反映的是参考面大面积的平均轮廓高度，因此对粗糙度不敏感。测量臂与参考臂经 BS 合光后发生干涉，由 L_2 聚焦、探测器 D 接收。这一干涉场反映的是 M 上被测点的高度信息，如果移动被测面进行横向扫描，则能得到被测面轮廓的微小起伏，进而得到粗糙度。不过这一干涉仪采用的是迈克尔逊式的光路，测量臂与参考臂不共路，这样，空气折射率变化或被测面振动会对测量结果产生较大的影响。

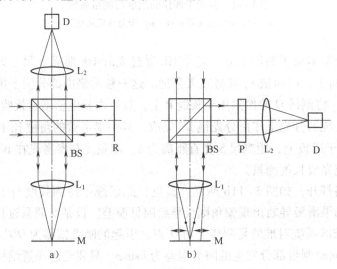

图 3-12 表面粗糙度干涉仪
a) 未遵循共路原则 b) 遵循共路原则

运用自适应光学的共路原则可以设计图 3-12b 所示的干涉仪。与普通表面粗糙度干涉测量仪不同的是，参考面的功能也由被测面完成。透镜 L_1 由双折射晶体制成，对 o 光和 e 光折射率不一致，相应焦距也不一致。焦距较短的偏振分量会聚在被测表面 M 上，作为测量臂，焦距较长的偏振分量在 M 上形成一个光斑作为参考光。两束光经 BS 合光后在偏振片 P 后发生干涉。这样参考光与测量光基本完全共路，即使空气折射率不均匀或环境振动对两束光影响几乎相同，对测量结果的干扰大大减小。

例 3-9 昆虫扇翅力测量仪。

昆虫扇翅时翅膀变形及扇翅力的研究在仿生学上具有重要意义，可为仿生飞行器的研制提供灵感和依据。扇翅力通常是通过昆虫所固连量杆的弯曲来计算的。由于昆虫扇翅频率较高，杆的固有频率也应较高，以保证良好的动态响应，减小测量误差。此时量杆较硬，变形小，要求光学系统有足够的灵敏度。另一方面，为了使昆虫持续飞行，这一实验一般在风洞中进行，空气扰动对于量杆变形测量结果影响大。为了从大的空气扰动中检测出微弱信号，可使用偏振方法采用共光路设计完成。

如图 3-13a 所示测量光路，激光器 LASER 发出的光经偏振片 P、分光镜 BS_1 后，一束在 BS_2 下表面反射，一束透过 BS_2 和 1/4 波片，在被测量杆 T 上反射。该光经反射后再次透过 1/4 波片后，偏振态总共改变 90°。最后经 PBS 分光，探测器 D_1 探测经 BS_2 反射的、只包含空气抖动噪声信号的光，而 D_2 探测经量杆反射的、包含待测量杆变形和空气抖动噪声的光。在量杆上人为施加模拟昆虫扇翅的已知方波振荡信号时，两探测器的测量信号如图 3-13b 所示，将这两部分信号用相关的算法处理可以得到有效信号，大大地减小空气抖动的影响。

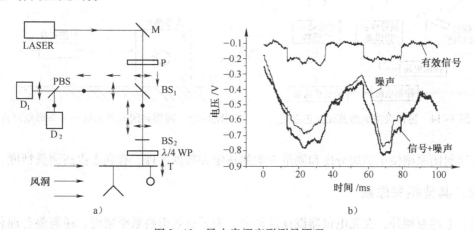

图 3-13 昆虫扇翅变形测量原理
a) 测量光路 b) 测杆加方波振荡信号的测量结果

例 3-10 星体观测成像波面校正系统

图 3-14 所示是星体观测成像波面校正系统。由于大口径望远镜收集的、来自遥远星体的光受大气湍流影响存在波前畸变和整体倾斜，因此使用两套传感器系统分别探测两种波前变化，并通过波前倾斜修正镜和可变形镜分别校正两种波前误差。这是一种反馈校正方法，在空气折射率误差无法避免的情况下能有效提高成像系统分辨率。

综上所述，光学自适应原则适用于对波前畸变敏感的光电仪器，如长距离高精度成像系统、干涉测量系统等，是否合理运用这一原则，有时将直接影响仪器功能的实现和精度的提高。

三、圆周封闭原则

角度的自然基准是 360°圆周角，这是一个没有误差的基准。圆周封闭原则是角度计量的最基本的原则，它要求角度计量或分度的测量链必须沿圆周闭合，这样不仅总的累积误差为零，而且还创造了自检的条件，即不需要任何标准器具就可以实现本身的检定。圆周封闭原则使角度量值的传递大为简化。

例 3-11 方形角尺自检方法。

如图 3-15 所示，将待测方形角尺的角 1 对应的平面放置在基准面上，利用自准直仪测得偏差 e_1，实际此时角 1 的分度值为 $A+e_1$，角度 A 由自准直仪与基准面的相对关系决定，此时为未知量。之后旋转角尺，依次记下角 2、3、4 对应的偏差 e_2、e_3、e_4。各角实际的分度误差应为 $A+e_i-90°$，$i=1,2,3,4$，根据圆周封闭原则，这些分度误差的和应为 0，因此有 $4A+\sum_{i=1}^{4}e_i-360°=0$，可以求出角度 A，进一步求出各角实际的分度值。

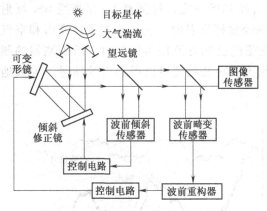

图 3-14 星体观测成像波面校正系统

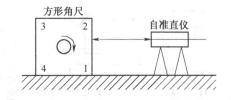

图 3-15 圆周封闭原则实例——方形角尺自检

圆周封闭原则便于圆周分度和测量方案的选定和数据处理，有利于提高测量精度。

四、其他相关原则

除了上述原则外，在光电仪器设计过程中，为了有效提高系统精度，还需要合理利用测量链最短、精度匹配和基准统一等原则。

测量链最短原则是指构成仪器测量链环节的构建数目应最小。在计量类光电仪器的整体结构中，凡是直接与感受标准量和被测量信息的有关元件，如被测件、标准件、感受转换元件、定位元件等均属于测量链。这类元件的误差对仪器精度的影响最大，并且一般都是以 1∶1 的比率影响到测量结果。因此，对测量链各环节的精度要求应最高，测量链环节的构建数目应最少。测量链最短原则一般通过原理方案设计加以保证。

精度匹配原则是指在对仪器进行精度分析的基础上，根据仪器中各部分各环节对仪器精度影响程度的不同，分别对各部分各环节提出不同的精度要求和恰当的精度分配。例如，对于测量链中的各环节要求精度最高,应当设法使这些环节保持足够的精度,而对于放大指示链或辅助链中的各环节则应根据不同的要求分配不同的精度;如果都给与相同的精度要求,势必造成经济上的浪费。再如,对一台仪器的光、机、电各个部分的精度分配要恰当,达到相辅相成,并要注意其衔接上的技术要求。

以上数条设计原则一般都是从某台仪器总体出发的,而基准统一原则主要是针对仪器之间的位置关系或者仪器中零件设计及部件装配要求来考虑的。对于零部件设计来说,这条原则是指:在设计零件时,应该使得零件的设计基面、工艺基面和测量基面一致,这样才能使仪器从工艺上和测量上较经济地获得规定的精度而避免附加的误差;对于部件装配,则要求设计基面、装配基面和测量基面一致。对于仪器群体之间位置相互依赖关系来说,这条原则是指:设计某台仪器时,应考虑到该仪器的子坐标系在主坐标系统中的转换关系与实现转换的方法,即实现坐标系基准统一。

第六节 仪器误差的补偿方法

在光电仪器精度设计过程中,除了遵循上节所述原则,合理使用误差补偿措施同样能有效提高仪器的总精度水平,并降低对仪器各部分的工艺技术要求。误差补偿的手段多种多样,可以通过合理的结构设计自动补偿测量误差,如用于补偿阿贝误差的爱彭斯坦原则,自适应原则中的共光路原则等;也可以实测误差实时或事后修正测量结果,如自适应原则中,波面反馈校正的方法就是实测误差实时修正输出的典型设计。随着电子计算机的广泛应用,采用软件补偿仪器的测量误差也取得了很好的效果。以下再介绍两个实例。

例3-12 对径读数消除偏心误差。

例3-3利用几何法求得度盘偏心造成的测角读数误差。如果在度盘、圆光栅等测角标准器的对径位置同时读数然后取平均值,则能有效消除偏心误差的影响。如图3-16所示,由于偏心误差,从读数头2得到的示值是从A点到B点的弧长对应的角度$\alpha + \Delta\alpha$。而从读数头3得到的示值是从C点到D点的弧长对应的角度β,利用对称性和基础几何知识易知,$\beta = \alpha - \Delta\alpha$。对两个读数头的测量值进行平均则可以有效消除偏心误差引起的测角误差。作为推广,对径读数系统还可以消除度盘或圆光栅的全部奇次误差。

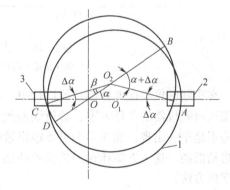

图3-16 对径读数消除偏心误差原理
1—度盘 2、3—对径读数头

例3-13 利用干涉条纹漂移产生的误差反馈控制锁定条纹。

在自适应光学原理部分曾提到,干涉条纹容易受到空气折射率变化的影响发生漂移或畸变。实际上,工作台的振动同样会令干涉条纹抖动从而降低条纹对比度。以全息光栅制作过程中的曝光光路为例,如图3-17所示,激光器LASER发出的光经分光镜BS分束后两束光分别经空间滤波器SF_1、SF_2滤波,透镜L_1、L_2准直之后,以一定角度相交在待曝光基板BP上,形成细密的干涉条纹。由于两束干涉光并不共路,因此空气折射率变化或振动均会引起干涉条纹对比度降低，影响曝光质量。

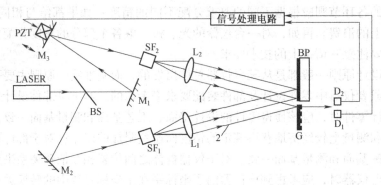

图 3-17　干涉条纹锁定原理

此时，可在曝光干涉条纹的边缘放入采样透射光栅 G，选择该光栅的周期使得曝光光束 1 的 +1 级衍射与光束 2 的 -1 级衍射沿同一方向出射并发生干涉，形成监测条纹，该条纹的漂移同样反映两曝光光束的光程差变化。在监测条纹的光强对称位置放置两个光电探测器 D_1 与 D_2，探测到的信号如图 3-18 所示，当监测条纹稳定时，两探测器输出相同；当监测条纹漂移时，两探测器输出不等。这一差动信号经图 3-17 上方信号处理电路处理后驱动压电陶瓷 PZT，反馈推动反射镜 M_3 沿其法线方向发生微小位移，从而改变该臂的光程，将干涉条纹的漂移补偿回来，继续保持两探测器输出相等。

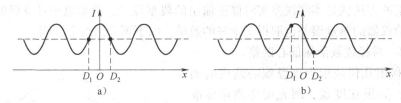

图 3-18　双探测器对光强信号的探测
a) 条纹稳定，信号相等　b) 条纹漂移，信号不等

在实际的仪器误差补偿系统设计中，如果想要利用巧妙的结构自动补偿某些误差，则需要细致研究仪器的工作方案，分析误差产生的原因，利用某些几何原理优化工作方案，使得误差不是单一出现，而在多个过渡输出量中都有体现，便于在最终获得测量结果时完成误差的自动抵消。这一方案体现的是误差补偿的设计理念，但不一定在所有系统中都能找到合适的实现方法。

更普遍的误差补偿方法是利用测得的误差事后或者实时修正测量结果。例如，圆周封闭原则和对径读数方法等，都是在不改变测量方法的基础上，对多次或多方面测量结果进行数据处理，消除误差（一般是系统误差）。这一工作需要从理论上全面分析误差产生的原因，找到多次或多方面测量结果内在的联系，进行事后修正。如果在仪器工作过程中记录下源误差的变化，之后根据源误差对最终测量结果的影响而修正测量结果，则能很好地事后补偿测量过程中某些随机误差（如阿贝误差）的影响。

自适应原则中的波前校正、干涉条纹的锁定则是实时修正误差的典型设计。这类设计首先需要考虑设计者所关注误差的主要影响因素，以及反馈控制误差消除的实现手段。例如干涉条纹的漂移是光程差变化引起，移动反射镜调节单臂光程可有效调整光程差。再如，波面倾斜虽然是大气湍流引起,但改变倾斜修正镜姿态同样能有效消除波前倾斜。其次需要考虑如何从测量结果中准确有效地提取该项误差,这涉及采样系统和传感器的设计和选用。最后是选用反馈控制、实时修正驱动装置、设计信号处理电路、确定合理的参数等,这部分工作往往需要细致的理论分析或大量实验测量,才能确保对误差修正的收敛且高效。

总之,仪器误差的补偿设计是仪器精度设计的提高阶段,对设计人员提出了更高的要求,是光电仪器方案设计和原理性实验阶段重要的工作之一。

本章所述精度设计内容是光电仪器设计的重要组成部分,尤其是对于计量类光电仪器,精度设计是原理方案设计及仪器化设计中主要的部分。仪器误差的分析、合成与分配是精度设计的主要工作,合理运用阿贝原则等基本设计原则以及误差补偿方法,是有效提高仪器精度的主要手段。

从下一章开始,本书将介绍光电仪器中常用的元件,包括光源、光学元件、光电探测器、标准器,以及瞄准、定位、运动机构的设计方法,以完成光电仪器设计的另一方面——单元设计的主要工作。

参 考 文 献

[1] 殷纯永. 光电精密仪器设计 [M]. 北京:机械工业出版社,1996.
[2] 李庆祥,王东生,李玉和. 现代精密仪器设计 [M]. 北京:清华大学出版社,2004.
[3] 方仲彦. 质量工程与计量技术基础 [M]. 北京:清华大学出版社,2002.
[4] 黄涛. 计量技术基础 [M]. 北京:中国计量出版社,2007.
[5] 沙定国. 误差分析与测量不确定度评定 [M]. 北京:中国计量出版社,2003.
[6] 萧泽新. 现代光电仪器共性技术与系统集成 [M]. 北京:电子工业出版社,2008.
[7] 林慧. 全息曝光干涉条纹锁定法的研究与装置制作(本科毕业设计论文)[D]. 北京:清华大学,2000.
[8] Zeng L, Matsumoto H, Kawachi K. Two-color compensation method for measuring unsteady vertical force of an insect in a wind tunnel [J]. Measurement Science and Technology,1996(7):515-519.

第四章 光源与照明系统

现代光电仪器具有多功能、高精度、高速度等优良特性，其主要原因是光电仪器借助光波作为传感的手段与信号的载体。光波是一定波长范围内的电磁波，能够辐射光波的物体称之为光源。光源的种类丰富，现代光电仪器中既有人类自主设计制造的光源，如照明用的白炽灯、荧光灯、显示用的发光二极管（LED）屏幕和探测用的激光器等，也有借助自然中现有的光源，但无论何种形式的光源，都是光电仪器不可或缺的组成部分。为了让现代光电仪器最大限度地发挥其性能，光源的选型、设计均需要一定的理论基础和实践经验。

为了合理地区分与描述不同的光源，人们选用了一系列基本特性参数。由于光源的功能是辐射光波，因此这些参数大都与辐射度学或光度学有关。了解并掌握这些参数是看懂光源技术指标的前提，也是正确设计和选用光源的基础。

本章首先介绍光源的基本特性参数，之后简要介绍现代光电仪器中最常用的光源，包括其发光原理、特性参数、特点和应用等。由于现代光电仪器是精密的系统，并非把光源随意加入即可使用，而且照明是光源在光电仪器中最常见和重要的功能之一，因此，应根据光电仪器与系统的工作原理和探测方式，合理选择光源和照明系统。本章针对不同类型的目标介绍如何选择光源和设计照明系统，最后列举几种常用的照明方式。

第一节 光源的基本特性参数

光电仪器一般由传感系统、读数系统、信号传感及输出部分和机械系统构成。作为光电仪器中必不可少的元件，光源的应用主要集中在仪器的传感系统和读数系统两部分。在设计、衡量或使用光电仪器时，常常需要对光辐射进行定量描述，这就离不开对光学基本概念和定律的准确的把握理解。所以本章的第一节就首先对有关光辐射的一些基本概念及定律做详细的介绍。

一、有关光源的几个基本概念

1. 光辐射的基本概念

1）辐射通量：单位时间内某辐射体发射出的总能量称为辐射通量 Φ_e，单位为瓦特（W）。

2）光通量：光通量 Φ 指单位时间内人眼所能感觉到的辐射能量，也称光功率。它等于单位时间内某一波段的辐射能量和该波段视见函数的乘积，表示可见光对人眼视觉的刺激程度，单位为流明（lm）。光通量 Φ 与辐射通量 Φ_e 之间的关系可用下式表示：

$$\Phi = \int_0^\infty CV(\lambda)\Phi_e(\lambda)d\lambda \tag{4-1}$$

式中，C 为常数，在所有量都取国际单位的情况下，$C = 683(\mathrm{cd \cdot sr})/\mathrm{W}$；$V(\lambda)$ 为视见函数。

3）发光强度：发光强度 I 是表征光源在特定方向上的发光强弱的量。假如点光源在某

一立体角 $\mathrm{d}\Omega$ 内发出的光通量为 $\mathrm{d}\Phi$，则光源在这一方向上的发光强度为 $I = \dfrac{\mathrm{d}\Phi}{\mathrm{d}\Omega}$，即点光源在单位立体角内发出的光通量，单位为坎德拉（cd）。

4）光出射度：单位面积光源发出的光通量称为光出射度 M。假定微小面元 $\mathrm{d}A$ 发出的光通量为 $\mathrm{d}\Phi$，则光出射度可表示为 $M = \dfrac{\mathrm{d}\Phi}{\mathrm{d}A}$，单位为流明每平方米（lm/m²），也习惯用勒克斯（lx）表示。

5）光照度：与光出射度相反，被照明物体单位面积所接收的光通量称为光照度 E。它的单位也为流明每平方米（lm/m²），习惯用勒克斯（lx）表示。

6）光亮度：发光面上单位投影面积在单位立体角内所发出的光通量称为光亮度 L。它表示发光面不同位置不同方向的发光特性。假定微小面元 $\mathrm{d}A$ 在 AO 方向的发光强度为 I，则光亮度用公式表示为

$$L = \dfrac{I}{\mathrm{d}S\cos\alpha} \tag{4-2}$$

式中，α 为 $\mathrm{d}A$ 法线与 AO 之间的夹角；L 单位为坎德拉每平方米（cd/m²）。

2. 光源的基本概念

1）辐射：自然界中的一切物体，只要温度在热力学温度零度以上，都以电磁波的形式时刻不停地向外传送热量，这种传送能量的方式称为辐射。物体通过辐射所放出的能量，称为辐射能。

2）黑体：黑体是指入射的电磁波全部被吸收，既没有反射，也没有透射的一种理想温度辐射体。在同一温度 T 下，对于任何波长，物体的辐射本领都不会大于黑体的辐射本领。黑体是人们假设的一个理想的模型，自然界不存在真正的黑体，但在某些波段上，许多物体是较好的黑体近似。

3）光谱功率分布：简单说就是指光源中不同颜色光辐射功率的大小。光源的光谱功率分布通常分为四种情况，如图 4-1 所示。其中，图 4-1a 为线状光谱，如低压汞灯光谱即为线状光谱；图 4-1b 为带状光谱，如高压汞灯和高压钠灯的光谱；图 4-1c 为连续光谱，所有热辐射光源的光谱都是这种类型的，如白炽灯和卤素灯光谱；图 4-1d 为复合光谱，由线状、带状光谱与连续光谱组合而成，如荧光灯光谱。

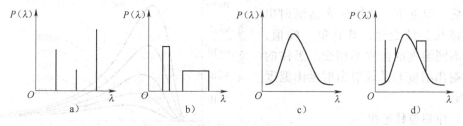

图 4-1　几种典型的光源功率谱分布
a）线状光谱　b）带状光谱　c）连续光谱　d）复合光谱

4）色温：若某光源所发射出光的颜色与标准黑体在某一温度下辐射的颜色相同，则标准黑体的温度就称为该光源的色温。色温表现了光源辐射光谱特征。由于一种颜色可以由多种光谱分布产生，所以色温相同的光源，它们的相对光谱分布不一定相同。

5）发光效率：在一定波长范围内，光源发出的光通量 Φ 与所消耗的电功率 p 之比，称为该光源在这一波长段的发光效率 η，即光源每消耗 1W 功率所发射出的特定波长的流明数，表示为

$$\eta = \frac{\Phi}{p} = \frac{\int_{\lambda_1}^{\lambda_2} \Phi(\lambda) d\lambda}{p} \tag{4-3}$$

6）配光曲线：配光曲线表征光源在空间各个方向上的发光强度分布。在空间某一截面上，自原点向各径向取矢量，并使矢量的长度与该方向的发光强度成正比，则将各矢量的端点连起来，就可得到光源在该截面上的发光强度曲线，即配光曲线。

7）光源的颜色：光源的颜色包含了色表和显色性两方面的含义。用眼睛直接观察光源时所看到的颜色称为光源的色表。当用这种光源照射物体时，物体呈现的颜色，也就是物体反射光在人眼内产生的颜色感觉与该物体在完全辐射体（既不反射也不透射，能全部吸收它上面的辐射的黑体）照射下所呈现的颜色的一致性，称为该光源的显色性。

3. 辐射定律

（1）普朗克黑体辐射定律

热辐射能量取决于物体的温度。由于黑体辐射的电磁波波谱范围广泛，不仅包含可见光，还包含紫外、红外及其他更丰富的光谱分量，因此，此处需使用辐射出射度来分析。辐射出射度是指辐射源表面单位面积发射出的辐射通量，其单位为瓦/平方米（W/m²）。绝对黑体的单色辐射出射度 $M_\lambda(T)$ 与热力学温度 T 的关系遵循普朗克黑体辐射定律（The Planck Distribution Law），用下式表示：

$$M_\lambda(T) = \frac{2\pi h c^2}{\lambda^5 (e^{hc/(\lambda kT)} - 1)} \tag{4-4}$$

式中，h 为普朗克常量，$h = (6.6256 \pm 0.0005) \times 10^{-34}$ W·m²；c 为光在真空中传播速度，$c = 2.99793 \times 10^8$ m/s；λ 为辐射波长，单位为 μm；T 为热力学温度，单位为 K；$M_\lambda(T)$ 为在 2π 立体角内的光谱辐射出射度。

不同温度下黑体辐射出射度如图 4-2 所示。

在某一温度下，黑体的光谱辐射出射度随波长连续变化，具有单一峰值，且对应不同温度的曲线不相交。黑体的单色辐射出射度和总辐射出射度由温度唯一确定。

（2）维恩位移定律

由图 4-2 可以看出，随着温度 T 的升高，辐射出射度的峰值波长 λ_m 向短波方向移动，这就是维恩位移定律（Wien Displacement Law）。该定律是一个实验定律，用公式表示为

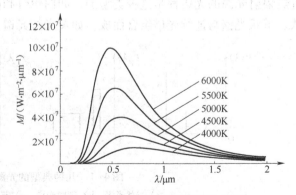

图 4-2 不同温度下黑体辐射出射度

$$\lambda_m T = b \tag{4-5}$$

式中，λ_m 为黑体辐射出射度的峰值波长，单位为 μm；T 为热力学温度，单位为 K；b 为位移常数，$b = 2897.8$。

如果知道了黑体的热力学温度，由维恩位移定律就可求出黑体最大辐射出射度对应的峰值波长；反之，如果测得黑体的峰值辐射波长，也可以推出黑体的表面热力学温度。

(3) 斯忒藩 – 玻耳兹曼定律

斯忒藩 – 玻耳兹曼定律（Stefan – Boltzman）描述了黑体辐射的全波长辐射出射度 M 与温度 T 之间的关系。实验结果表明，黑体的辐射出射度与热力学温度的四次方成正比，用公式可描述为

$$M(T) = \int_0^\infty M(\lambda, T) d\lambda = \sigma T^4 \tag{4-6}$$

式中，$M(T)$ 为全波长范围内黑体的辐射出射度，单位为 W/m^2；σ 为斯忒藩 – 玻耳兹曼常数，$\sigma = (5.67032 \pm 0.00071) \times 10^{-8} W/(m^2 \cdot K^4)$；$T$ 为热力学温度，单位为 K。

从图 4-2 可以看出，黑体全波长的辐射出射度（即为一定温度 T 时的曲线下方面积）随温度的升高而显著增加，很小的温度变化就可引起全波段辐射出射度的很大变化，因此斯忒藩 – 玻耳兹曼定律可用于求黑体的温度 T。

二、选择光源时要注意的几个问题

为了满足各种具体的应用，人们设计了各种类型的光源，在具体的光电仪器设计中，按实际的工作需要选择合适的光源，是顺利设计和应用光电仪器的关键因素之一。选择光源时要考虑的因素很多，主要的有以下几个方面。

1. 对光源光谱特性的要求

对光源光谱特性的要求主要基于三个方面。

1）人眼的视见函数：在需要人眼直接观察的光学仪器中，必须考虑观察目标的光亮度问题。人眼视觉的强弱，不仅取决于目标的发光强度或光照度等因素，同时还和照明光源的波长有关。人眼只对波长在 400~760nm 范围的电磁辐射敏感。同时即使在可见光范围内，人眼对不同波长的光敏感度也不同，因此选择光源时不仅要对光源的功率或辐射通量提出要求，光源的功率谱分布也是一个必须考虑的问题。

2）满足测试系统的要求：不同的测试系统或检测任务，要求的光谱范围也不同。例如，有时要求可见光、红外光、白光或单色光，有时要求连续的光谱或特定的光谱段，在一些干涉测量仪器中，则光源必须是单色光源等。总之，选择光源时必须满足系统对光源光谱特性的要求。

3）满足探测器的要求：光源必须和光电系统中信号探测器的光谱特性相匹配。为增大光电检测系统的信号和噪声比，需提高光源和探测器之间的光谱特性重合度。定义光源和探测器光谱匹配系数 α 来描述两者光谱特性间的重合度

$$\alpha = \frac{A_1}{A_2} = \frac{\int_0^\infty W(\lambda) S(\lambda) d\lambda}{\int_0^\infty W(\lambda) d\lambda} \tag{4-7}$$

式中，$S(\lambda)$ 为光电探测器在波长 λ 处的相对灵敏度；$W(\lambda)$ 为光源在波长 λ 处的相对光通量；A_1、A_2 为分别表示 $S(\lambda)W(\lambda)$、$W(\lambda)$ 两曲线与横轴所围面积，如图 4-3 所示。

可见，α 表示光源与探测器产生的光电信号与光源总光通量的比值。设计或使用仪器时应尽可能使 α 的值大些。

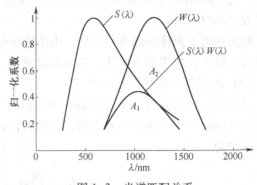

图 4-3 光谱匹配关系

2. 对光源光度特性的要求

这里所说光源光度特性主要包括以下两个方面：

1) 光源的发光强度：光源的发光强度必须合适，发光强度太小，无法满足探测器性能或人眼的视见要求，可能会导致无法正常工作；发光强度太大，可能导致仪器的非线性误差甚至损坏仪器。因此，必须对系统要求进行估计，选择合适的光源。

2) 发光强度空间分布：一般光源配光曲线沿各向发光强度是不同的，在应用中要注意用发光强度高的方向作为照明方向。在要求均匀照明的系统中，要注意选用各部位发光均匀的光源。

3. 灯丝形状及灯泡形状、体积

光源的发光体大致有点、线、面三种形状，应根据不同的系统要求选用合适的光源。例如，投影类仪器的光源常用点光源，以满足平行光的要求，提高测量精度；对计量光栅则可采用点光源或线光源。除此之外，在对仪器的外形和尺寸有要求的场合，灯泡的形状及体积则可能是一个很重要的因素，需要认真加以考虑。

4. 光源稳定性的要求

光电仪器的种类繁多，检测对象也各不相同，比如有的以脉冲为检测对象，有的以发光强度为检测对象，还有以相位、频率等作为检测对象的。不同的系统对光源的稳定性有不同的要求，如有些系统对脉冲进行计数作为测量的依据，这种系统中，光源的稳定性可以稍差一些，只要光源的波动不对脉冲的个数产生影响即可；而在以发光强度、亮度、照度、光通量等作为测量依据的光电系统中，光源的稳定性要求就比较高。不同精度的检测系统对光源的精度要求不尽相同，因此应当综合考虑精度、成本等因素，不要盲目追求高的稳定性。

稳定光源发光的方法比较多，可以采用稳压电源供电或稳流电源供电，一般认为后者稳定性好于前者；还可以用光源采样反馈系统来控制光源的输出。可根据实际情况进行选择。

除以上因素之外，光电仪器中的光源还有一些其他的要求，如偏振、方向性、发光面积大小、灯泡玻壳的形状和均匀性、发光效率、寿命和电源系统及价格等。这些方面均应视不同的系统要求予以满足。

第二节 光电仪器中常用的光源

光电仪器中的光源，指产生红外、紫外和可见光波段光辐射的物体。现在应用的光源大体可以分为自然光源和人造光源两类。

自然光源主要是指天然存在的光源，如太阳辐射、地面热辐射等。因为自然光源的稳定性不易控制，因此较少用于测试测量中。

人造光源的种类极其繁多。按发光机理，光电仪器中最常用的人造光源大体可分为以下几类：①热辐射光源，主要包括白炽灯、卤钨灯、碳硅棒等；②气体发光光源，如氙灯、钠灯、氖灯、汞灯、氢灯等；③固体光源，应用最广的是各种发光二极管；④激光光源，激光器的种类繁多，目前已研制成功的达数百种，但常用的主要有氦氖（He-Ne）激光器、激光二极管等。

了解这些常用光源的一些特性，对光电仪器中光源的设计和正确使用是非常重要的，本节将对这些常用光源的发光机理、特性和注意事项作必要的介绍。

一、热辐射光源

热辐射光源是基于物体的受热辐射原理而制作的光源。光电仪器中的热辐射光源一般都是用电源激励发光的，因此可以归入电致发光的类别中。常用的热辐射光源主要是白炽灯、卤钨灯和碳硅棒，下面对这几种光源作比较详细的介绍。

1. 白炽灯与卤钨灯

白炽灯与卤钨灯都是根据电流热效应原理工作的，其钨丝被加热至白炽状态而发光。普通白炽灯如图4-4所示。

钨丝被加热到2500K左右时会发出白光，其光谱连续且范围宽，但在正常工作状态下，红外辐射在总辐射中所占的比例较大，紫外和可见光辐射所占的比例较小。

真空灯是将玻壳内气体抽出制成的。高温状态下钨原子会蒸发，因此真空灯中，钨丝的发光温度较低，约在2400~2600K之间，效率不高，约为10~15lm/W。提高白炽灯的钨丝温度不仅

图4-4　白炽灯

可以提高发光效率，还可以改善发光颜色，但随温度升高，钨的蒸发率也将急剧增大。在灯泡内填充一些惰性气体，如充氮或氩、氪、氙气等可有效地减少钨丝的蒸发，延长白炽灯的寿命，同时可使工作温度更高（约为2700~3000K），发光效率也可提高到17~20lm/W。

为了进一步延长灯泡的寿命，提高其发光效率，可在灯泡中充入卤族元素，制成卤钨灯，如图4-5所示。灯丝发热蒸发时，卤族元素与钨原子在玻壳附近形成易挥发的卤族化合物，这种化合物又在灯丝附近分解，钨原子又重新分解出来沉积到灯丝上，如此循环，不但延长了灯丝的寿命，还防止了玻壳发黑，使灯泡在整个生命周期的光通量维持在额定值的90%。但卤钨灯存在一个反转温度的问题，即高于反转温度时，玻壳内钨元素会出现过剩，导致灯泡发黑，影响发光效率。

图4-5　单端卤钨灯

目前，实际中已大量使用的卤钨灯包括碘钨灯和溴钨灯两大品种。卤钨灯的产品规格繁多，工作电压从几伏到上百伏，功率从几瓦到数千瓦不等；按结构可分为单端和双端；按发光面形状有点、线、面型。卤钨灯的工作温度可达3300K，效率能达到30lm/W。

白炽灯的发光可靠、原理简单、寿命较长、成本低、品种规格繁多、亮度调节方便，使用稳压电源时，发光具有较高的稳定性。但白炽灯发光效率不高，功率也受限制，主要用于

小功率照明场合。与白炽灯相比，卤钨灯是一种较大功率的照明器件，因此卤钨灯多用于大功率照明的场合。卤钨灯具有白炽灯的一切优点，但体积更小、效率更高、寿命更长（由美国斯格纳托勒公司推出的金属卤素灯可达3万~4万h）、稳定性更好，主要用于投影仪器。

白炽灯和卤钨灯在低于其额定电压情况下使用均可延长寿命。例如，额定电压为6V的灯泡在4.5V的工作电压下，寿命可延长约20倍。白炽灯和卤钨灯的另一特性是灯丝的电阻特性。一般情况下，灯丝的工作电阻是其冷电阻的12~16倍，所以其启动瞬间有较大电流，在一些特殊应用场合应考虑这个瞬时电流。

2. 碳硅棒

碳硅棒是一种非金属电热元件，它以高纯度 α–SiC 为原料，经高温再结晶制成。在做成圆柱形的碳化硅棒两端套上金属帽，构成电极用于导电。当电流通过圆柱棒时将其加热，从而可在超过1000℃下产生辐射，在1250~1375K的色温和2~12μm的波长范围内，其光谱发射率从0.75变化到0.95。碳硅棒的光谱发射率会随使用而发生变化。碳硅棒型号比较多，按外形可分为U形碳硅棒、H形碳硅棒、三段型碳硅棒，五段型碳硅棒（见图4-6），等直径碳硅棒及异型碳硅棒等。

图4-6　五段型碳硅棒

碳硅棒作为一种红外光源，运行可靠，控制方便，温控精度高，寿命长（可达7000h）；有良好的化学稳定性，抗酸能力强（在高温条件下碱性物质对其有侵蚀作用）；其两端的电极在工作状态下需通过加热棒的壳体进行水冷（水冷形式复杂，价格较高）。

二、气体光源

气体光源是用气体放电原理制成的，它将两个电极密封在玻壳中，再充入一些特殊气体（氖、氢、氙、汞等），通过电极放电将气体电离出离子和电子。离子和电子在电场力作用下各自向两个电极运动，运动中与更多的原子碰撞，产生出更多的电子和离子。这个过程中，一些原子会被激发到激发态。激发态是一个不稳定的状态，在从激发态跃迁回到低能级时，原子便辐射出光子。在电源激励下，激发和跃迁反复进行，就是气体光源的发光原理。由于辐射机理的不同，气体光源有如下不同于热辐射光源的独特特性：

1) 发光效率高：高压汞灯、低压汞灯的发光效率均可达60lm/W以上，低压钠灯更高达180~220lm/W，高压钠灯为120lm/W。

2) 寿命长：一般钠灯或汞灯的寿命在2500h以上。

3) 覆盖光谱范围大：汞灯可以发出254nm远紫外线，普通高压汞灯的光谱成分中包括长波紫外线、中波紫外线、可见光及近红外光（其几个峰值约在400~550nm之间），氙灯则接近太阳光谱。

4) 结构紧凑、耐振、耐冲击。

鉴于以上特点，气体光源被广泛应用于光电仪器和工程照明中。下面对几种常用的气体光源作简要的介绍。

1. 氙灯

利用高压和超高压惰性气体放电可制成一类效率很高的光源，其中以氙灯最为常用。各种惰性气体中，氙灯的放电辐射与日光最接近，且当电流与氙气压在很大范围内变动时，光谱能量分布变化很小。氙灯可分连续型和脉冲型两种。

（1）连续氙灯

按照电极间距的大小，连续氙灯又可分为长弧氙灯和短弧氙灯两种。电极间距在 1.5~130cm 的氙灯称为长弧氙灯，一般是细管型，工作气压一般为一个大气压（非法定计量单位，1at = 98066.5Pa），发光效率在 24~37lm/W 之间，水冷式长弧氙灯的发光效率更可高达 60lm/W。电极间距在毫米级的氙灯称为短弧氙灯，外表一般呈现球型，工作气压在 1~2MPa 左右，一般采取直流供电方式，其电弧亮度更高。典型的长弧氙灯、短弧氙灯如图 4-7、图 4-8 所示。

图 4-7 长弧氙灯

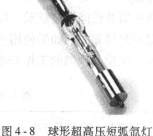
图 4-8 球形超高压短弧氙灯

长弧氙灯的色温为 5500~6000K，显色性较好，显色指数可达 95，寿命可达 3000h 以上，功率可达 $10^2 \sim 2 \times 10^6 W$。长弧氙灯辐射的光谱能量分布和日光接近，由于这个特点，它可用作电影摄影、彩色照相制版、复印及植物栽培等方面的光源，大功率的氙灯还可作为连续激光的泵浦。短弧氙灯中，氙蒸气的浓度比长弧氙灯中更高，电离度更大，由于谱线的压力加宽和多普勒加宽作用，光谱更趋于连续。图 4-9 所示是短弧氙灯的光谱能量分布，与日光的光谱很接近。

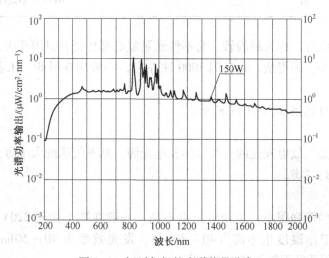

图 4-9 短弧氙灯的光谱能量分布

短弧氙灯近似是高亮度点光源，其阴极点的最大亮度可达几十万坎德拉每平方厘米，阳极要低一个数量级，发光体亮度不均匀。它的色温为6000K左右，光色好，显色指数可达95以上，启动时间短，功率从数十瓦到上万瓦不等。短弧氙灯常用于电影放映、模拟日光灯、探照灯、模拟太阳光等，小功率的短弧氙灯可用于各种光电仪器。

(2) 脉冲氙灯

脉冲氙灯是非稳定的气体放电形式之一，其发光是不连续的，它用高压脉冲激发产生光脉冲，类似于火花放电，可在瞬时（$10^{-12} \sim 10^{-9}$ s）获得除激光外最大的光通量（10^9 lm）和亮度。脉冲氙灯的管长一般在十几到二十几厘米，管外径约几毫米，如图4-10所示。

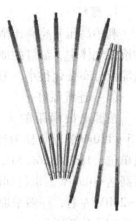

图4-10 脉冲氙灯

脉冲氙灯的发光效率约为40lm/W，色温为7000~9000K，光谱特性也接近日光，电压增加会使峰值波长向短波移动。脉冲氙灯操作简便、耗电少、工作稳定、发光强度大，常用作激光器的泵浦光源。如果使用方法得当，闪光次数可达100万次以上。表4-1列出了脉冲氙灯的闪光能量与预期的工作寿命的关系。

表4-1 脉冲氙灯闪光能量和寿命的关系

闪光能量（相对极限负载的百分数）	寿命（闪光次数）
100	1~10
70	10~100
50	100~1000
40	1000~10000
30	10000~100000

还有一种脉冲氙灯，称为频闪管。它不像光泵氙灯那样每秒只闪几次，或一两分钟闪一次。频闪管的能量小，闪得快，每秒闪1000次左右，一般用在科研、工业上测量高速旋转物体的转速。

典型的脉冲氙灯光谱如图4-11所示。

2. 汞灯

汞灯是利用汞蒸气放电发光的一类气体放电光源，据蒸气压的大小可分为低压汞灯、高压汞灯和超高压汞灯三类。

(1) 低压汞灯

低压汞灯的管内压强很小，工作电压也不高，一般在数十伏到220V，功率在数十瓦，一般小于100W，工作温度也不高（40~50℃），发光效率为40~50lm/W，寿命一般在2500h以上。某常用低压汞灯如图4-12所示。

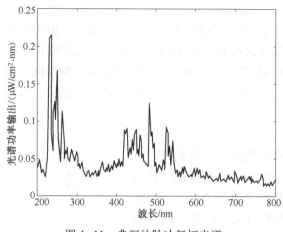
图 4-11 典型的脉冲氙灯光谱

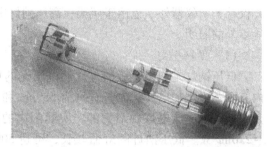
图 4-12 低压汞灯

低压汞灯种类很多，根据阴极材料的不同，低压汞灯又可分为冷阴极汞蒸气辉光灯和热阴极汞荧光灯。低压汞灯的特征谱线，如 365nm、405nm、436nm、546nm、577nm、579nm 等，常用于光谱仪器标定，其典型的光谱分布如图 4-13 所示。

（2）高压汞灯

高压汞灯管内压强一般为 1~5 个大气压，高压汞蒸气放电的发光效率可达 40~50lm/W，最高可达 64lm/W，寿命一般在 2500h 以上，有的可达 5000h，功率从几十瓦直至上万瓦。高压汞灯发光体积更小，亮度和光效也更高。但由于压力展宽效应，高压汞灯的谱线较宽，很少用于光学仪器的照明。

（3）超高压汞灯

普通高压汞灯有较高的发光效率，但是亮度还不够高。当汞蒸气压增加到 10~20 个大气压时，则可能获得高亮度的光源。超高压汞灯一般有球形和毛细管形两种，如图 4-14 所示。

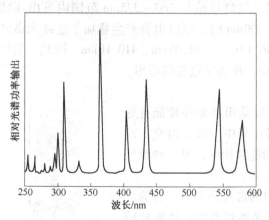
图 4-13 低压汞灯的光谱

图 4-14 超高压汞灯

超高压汞灯的亮度可达 $4.5 \times 10^8 cd/m^2$，发光效率约为 60lm/W，可以满足光学仪器、投影系统等对亮度要求很高的场合使用，寿命一般为 2000h。随着汞蒸气压的升高，原子激发到高能级的几率增大，紫外辐射减弱，可见光谱线得到加宽，因此超高压汞灯具有连续的辐射谱线。

3. 钠灯

钠灯是一种高效节能新型光源,具有发光效率高、透雾性强、寿命长等特点。由于钠的共振辐射线波长为 589.0nm 和 589.6nm 位于视见函数最大值附近,因此钠蒸气放电辐射有很高的发光效率。钠灯可分为高压钠灯与低压钠灯两种。目前,低压钠灯除用于偏振仪、旋光仪等光学仪器外,也用于照明;高压钠灯则多用于道路、广场、隧道、港口、码头、车站等室外的照明。

(1) 低压钠灯

低压钠灯是利用低压钠蒸气放电发光的单色光源,在可见光区域内有两条极强的谱线,波长分别为 589nm 和 589.6nm。低压钠灯的发光效率是气体放电灯中最高的,实际制成的钠灯发光效率可达到 180~220lm/W。低压钠灯的寿命较长,可达 5000h 以上,仅次于高压钠灯。由于低压钠灯发出的是单色黄光,因此其显色性较差。低压钠灯常用作理想的仪器单色光源,同时由于其波长较长,易衍射,透雾性较好,也常用于对光源颜色要求不高的照明场所。

(2) 高压钠灯

高压钠灯是利用高压钠蒸气放电发光的电光源,如图 4-15 所示。它的光谱是一种连续光谱,这和高压汞灯的谱线加宽是类似的。

图 4-15 高压钠灯

高压钠灯的功率从几十瓦到上千瓦不等,选择余地比较大,经济性比较好。另外高压钠灯的发光效率是高压气体放电灯中较高的,仅次于低压钠灯,可达 120lm/W。它的寿命比较长,最高可达到 1 万 h 以上。

4. 氢灯

氢灯是一种冷阴极辉光放电灯,一般是将一对镍制电极封于硬质玻壳中,将管内充入高纯度氢气。当加高压启动后,氢灯可发出氢的特征谱线。当氢气压力为 10^2Pa 时,用稳压电源供电,放电十分稳定,因而发光强度恒定。氢灯在波长 160~375nm 范围内发出连续光谱,但在 165nm 以下为线光谱。在波长大于 400nm 时,氢放电会产生叠加于连续光谱之上的发射线,其主要谱线波长为 656.28nm、486.13nm、434.05nm、410.18nm,因此,氢灯被广泛应用于棱镜折射仪、干涉仪等光电仪器中,作为单色光源使用。

5. 氘灯

氘灯是一种热阴极弧光放电灯,外壳一般是用透紫外性能良好的优质石英做成,将一只阳极和一只阴极封在其中,泡壳内充入高纯度的氘气。氘灯能产生波长 160~400nm 的连续辐射,是一种紫外光源。

氘灯(见图 4-16)的种类很多,按窗口的形式分类可以分为端窗和侧窗两种。侧窗氘灯主要用于各种紫外光谱仪器中,性能比较好的也可以作为标准灯使用,特别是在 200nm 以上的波长范围,经常使用侧窗氘灯做标准灯。端窗氘灯主要被用作紫外特别是真空紫外的标准灯。

图 4-16 氘灯

氘灯同氢灯相比具有发光强度高、稳定性好、寿命长、复现性好、体积小、使用方便等特点。氘灯的寿命一般可达 1000h,有些产品甚至可达 2000h。

三、发光二极管

发光二极管（Light-Emitting Diode，LED）是一种将电能转换为光能的半导体发光器件，属于固体光源，又叫光发射二极管，属注入式场致发光方式。发光二极管从光谱特性上来讲可分为普通发光二极管和白光二极管，普通发光二极管发出介于激光和复色光源之间的近单色光；白光二极管，顾名思义，就是发射白光的发光二极管，由于白光二极管的种种优势，被认为是最有发展前途的光源之一。

1. 普通发光二极管

（1）分类及常用品种

按发光材料分有磷化镓（GaP）发光二极管、磷砷化镓（GaAsP）发光二极管、砷铝镓（GaAlAs）发光二极管等；按颜色分有红光、绿光、黄光及红外等不同种类的发光二极管；按发光形式可分为面发光型（出光面与 PN 结的结平面平行）和边发光型（发光面与结平面垂直）发光二极管。一般面发光型发光二极管功率较边发光型为大，但需要特殊设计的输出结构，光束发散角较大；边发光型虽然功率较小，但同时出光面也小，发散角也小于面发光型。

（2）主要参数和特性

1）伏安特性：发光二极管的伏安特性与普通二极管相同，正向电压较小时不发光，这个电压区间称为死区。GaAs 发光二极管的阈值电压约为1V，GaAsP 发光二极管约为1.5V，GaP（红）发光二极管约为1.8V，GaP（绿）发光二极管约为2V。在大于阈值电压区间器件大量发光，工作区间电压一般为1.5~3V。二极管加反向电压时不发光，当反向电压达到一定程度，电流突然增加，称反向击穿，反向击穿电压一般在5~20V之间。

2）光谱特性：发光二极管发出的光不是纯单色光，其谱线是具有一定宽度的，如 GaP（红）发光二极管的峰值波长在700nm 左右，谱线宽度约为100nm，而 GaP（绿）发光二极管的谱线宽度约25nm。表4-2 是 CREE 品牌中 XLamp 系列部分常用发光二极管的参数。

表4-2 典型发光二极管性能参数

发光颜色	中心波长或色温	额定正向电压/V（@350mA）	最大正向电流/mA	最小光通量/lm（@350mA）	角度/(°)（FWHM）
冷白	5000~10000K	3.2	1000	100~122	115
户外白	4000~5300K	3.2	1000	94~114	115
自然白	3700~5000K	3.2	1000	94~107	115
暖白	2600~3700K	3.2	1000	74~94	115
红	620~630nm	2.1	700	40~57	130
橙红	610~620nm	2.1	700	57~74	130
琥珀色	585~595nm	2.1	500	46~62	130
绿	520~535nm	3.4	1000	74~100	130
蓝	465~485nm	3.2	1000	23~31	130
品蓝	450~465nm	3.2	1000	350~425mW	130

3）亮度特性：大部分发光二极管的光出射度正比于电流的密度，但随电流增大，发光二极管亮度会趋于饱和，如 GaP（红）发光二极管就很容易达到饱和。除此之外，发光二极管的工作性能对温度也很敏感，当温度升高时，由于热损耗，亮度也不再随电流的升高而成比例增大。

4）发光效率：发红光、黄光的 GaAlInP 和发绿、蓝光的 GaInN 两种新材料的开发成功，使发光二极管的发光效率得到大幅度的提高，前者做成的发光二极管在红、橙区（$\lambda=615\text{nm}$）的发光效率达到 100lm/W，而后者制成的发光二极管在绿色区域（$\lambda=530\text{nm}$）的发光效率可以达到 50lm/W。

5）配光曲线：发光二极管的配光曲线即发光强度分布曲线与发光二极管的结构、封装方式及其前端装的透镜有关，有些发光二极管发散角很小，半角值在 5°～10°，甚至更小，具有很高的指向性；有些则不然，如散射型发光二极管的半角值可以达到 145°，使用时需注意选择。

6）响应时间：响应时间是指通电以后发光二极管点亮或熄灭的时间，是表征其反应速度的一个重要参数，在采用光源内调制方式时显得尤为重要。发光二极管的响应时间随电流增大近似成指数减小。直接跃迁材料的响应时间仅有几纳秒（如 $GaAs_{1-x}P_x$），间接跃迁材料的响应时间约为 100ns（如 GaP）。

另外，发光二极管还有很多其他器件不具备的优势，如节能、不引起环境污染，寿命长（可超过 10 万 h），结构牢固，发光体接近点光源，发光响应时间短（纳秒级），易于和集成电路相匹配等；但其固有的缺点限制了其应用，如功率较小（一般不超过毫瓦级），光色有限，且辐射光谱主要偏向长波方向等。

2. 白光二极管

白光二极管（见图 4-17）主要用于照明，实现白光二极管的方案较多，但目前进展较快的有以下三种：

1）通过发光二极管红、绿、蓝的三基色多芯片组合合成白光。

优点：效率高、色温可控、显色性较好。

缺点：三基色光衰不同导致色温不稳定、控制电路较复杂、成本较高。

2）用蓝色发光二极管芯片发出的蓝光激发黄、绿荧光粉发光，使蓝光与黄、绿光混合发出白光。

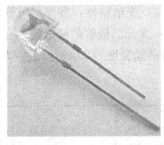

图 4-17 白光二极管

优点：效率高、制备简单、温度稳定性较好、显色性较好。

缺点：一致性差、色温随角度变化。

3）紫外光发光二极管芯片激发荧光粉发出三基色合成白光。

优点：显色性好、制备简单。

缺点：目前，发光二极管芯片效率较低，有紫外光泄漏问题，荧光粉温度稳定性问题有待解决。

白光二极管的光谱在紫外和红外部分较弱，近似没有辐射，有利于保护眼睛。图 4-18 所示是某型号白光二极管的光谱分布。

白光二极管是固态光源，具有寿命长、省电、体积小、耐振性好、高效、响应时间快、驱

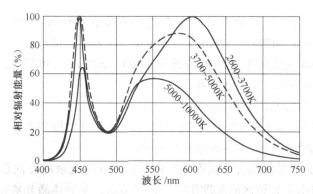

图 4-18　某型号白光二极管的光谱分布

动电压低等优点。白光二极管的显色性较高，据称已经试验成功的产品的显色性最高可达 90 以上。另外，其色温分布范围比较广，涵盖了 4000K、5000K、6000～8000K、8000～13000K 等四个色温段。

四、激光光源

激光是一种相干光源，自从发明以来，取得了惊人进展。激光的单色性好、相干能力强，由于激光具有很多优良的特性，使其在工业、农业、科研、医疗、军事、教育、通信及计算机等领域取得了广泛的应用。在光电计量仪器中，激光光源常用作相干光源。在仪器设计中合理使用激光器往往可形成新的方法，从而提高测试、测量的精度。

1. 激光器的特性

1）方向性：激光有很好的方向性，或说是高准直的。激光器的方向性用发散角来表示，如氦氖激光器的发散角可达 3×10^{-4} rad，接近衍射极限。

2）单色性：激光是准单色的，带宽很窄，时间相干性好。例如，经稳频后，氦氖激光器的相干长度可达几百千米。

3）高亮度：激光在很窄的带宽内辐射出很高的光通量，并且把全部能量集中在一个很窄的受衍射限制的光束内输出，用透镜聚焦后，光束的光通量密度可达 10^{17} W/cm^2，约是太阳表面光通量密度的 10^{13} 倍。

激光器按工作物质的不同可分为气体激光器、固体激光器、半导体激光器和染料激光器；按工作方式分可分为连续、准连续、脉冲、调 Q 和锁模激光器；按输出光的波段可分为红外、可见、紫外和 X 射线激光器。现在已研制成功的激光器达数百种，波长范围覆盖了近紫外到远红外的各个波段，功率从毫瓦级一直到几万瓦。光电仪器中较常用的激光器有气体激光器中的氦氖激光器、半导体激光器及固体激光器中的掺钕钇铝石榴石激光器，下面将重点对这几种激光器作一些介绍。

2. 半导体激光器

半导体激光器又称激光二极管（Laser Diode，LD）（见图 4-19），是用半导体材料作为工作物质的一类激光器。半导体激光器常用材料有砷化镓（GaAs）、硫化镉（CdS）、磷化铟（LAP）、硫化锌（ZnS）等；常用的激励方式有电注入、电子束激励和光泵浦三种形式。

图 4-19　封装好的激光二极管

目前已开发出并投放市场的半导体激光器的波段有 370nm、390nm、405nm、430nm、480nm、635nm、650nm、670nm、780nm、808nm、850nm、980nm、1310nm、1550nm 等，其中 1310nm、1550nm 主要用于光纤通信领域。405~670nm 为可见光波段，780~1550nm 为红外光波段，370~390nm 为紫外光波段。

半导体激光器的特性及注意事项：

1) 阈值电流：当注入 P-N 结的电流较低时，只有自发辐射产生，随电流值的增大，增益也增大，达到阈值电流时，P-N 结产生激光。

2) 方向性：因为半导体激光器的谐振腔短小，所以激光束的方向性较之其他典型的激光器要差很多。同时由于有源区的宽度比厚度大很多倍，半导体激光器在垂直于结的方向和平行于结的方向的光束发散角不对称，在结的垂直平面内发散角最大，可达 20°~30°，在结的水平面内发射角约为 10°左右。因此，用半导体激光器做平行光照明时应先用柱面镜将光束整形，再用准直镜准直。

3) 效率：量子效率 η = 每秒发射的光子数/每秒到达结区的电子空穴对数。77K 时，GaAs 激光器量子效率达 70%~80%；300K 时，降到 30%左右。

功率效率 η_1 = 辐射的光功率/加在激光器上的电功率。由于各种损耗，目前的双异质结器件，室温时的 η_1 最高为 10%，只有在低温下才能达到 30%~40%。

4) 光谱特性：市面上有售的半导体激光器的辐射波长覆盖了从紫外到红外的各个波段，产品种类比较丰富，选择余地很大。由于半导体材料的特殊电子结构，受激复合辐射发生在能带（导带与价带）之间，所以激光谱线较宽。例如 GaAs 激光器，室温下谱线宽度约为几纳米，单色性较差，因此用半导体激光器作相干光源且作用距离较大时，必须对其进行选模。

半导体激光器广泛应用于光存储、激光打印、激光照排、激光测距、条码扫描、工业探测、测试测量仪器、激光显示、医疗仪器、军事、安防、野外探测、建筑类扫平及标线类仪器，以及实验室和教学演示、舞台灯光和激光表演、激光水平尺和各种标线定位等领域。

3. 氦氖（He-Ne）激光器

气体激光器是目前应用最广泛的一类激光器，其单色性比其他类激光器优良，而且能长时间稳定地工作，常应用于精密计量、定位、准直、全息照相、近距离通信、水下探测等领域。气体激光器运转时，工作物质的状态分为原子气体、分子气体、离子气体和准分子气体。据此来划分气体激光器可分别称为原子气体激光器（如 He-Ne 激光器）、分子气体激光器（如 CO_2 激光器）、离子气体激光器（如 Ar^+ 等）和准分子气体激光器（XeF、XeCl、KrF、ArF 等）。He-Ne 激光器是最早出现，也是最为常见，技术最为成熟的原子气体激光器，其工作寿命可达 5000h 以上。He-Ne 激光器光束质量较好，工作稳定，寿命长，主要用在流量、流速测量及精密计量光电仪器中。

He-Ne 激光器的特性如下：

1) 输出波长：He-Ne 激光器可输出四个不同波长的光，分布在 543.5nm、632.8nm、1.15μm、3.39μm，其中以 632.8nm 的波长应用最为广泛。

2) 输出功率：常用的 He-Ne 激光器输出功率较小，在 0.5~100mW 之间。其功率一般随放电管长度增长而增大，如常用的 250 型放电管长度为 25cm，输出功率为 2~3mW，当长度增加到 1m 时，输出功率可增加到 30~40mW，使用时注意适当选择功率大小合适的激光器。

3）发散角：He-Ne 激光器的输出发散角为毫弧度量级，最小可达 3×10^{-4} rad，接近衍射极限（2×10^{-4} rad），其远场发散角可用下式计算：

$$2\theta = \frac{\lambda}{\pi w_0} \tag{4-8}$$

式中，w_0 为束腰直径。

4）漂移：He-Ne 激光器工作时，由于温度和振动的影响，会使激光器的腔长或反射镜的倾角发生变化，造成激光束产生角度和平行漂移，角度漂移在 1' 左右，平行漂移约为 10μm，使用时应注意视具体情况采取适当的稳定措施。

5）激光模式：实际应用时，尤其是用于光电计量仪器中时，一般选用工作在 TEM_{00} 状态的 He-Ne 激光器，因为单纵模的激光器稳定性较好，可通过设置谐振腔长或在反射镜上镀选频膜的方式获得单纵模输出。

6）功率和频率的稳定：He-Ne 激光器的输出功率波动较大，在非相干探测中常用光束的平均功率来作为测量的依据，而在相干检测中，功率的波动会影响干涉条纹的幅值检测，波长的变动也会对测量产生不利的影响，因此在精密测量中，要视情况采取功率或频率稳定措施。

4. 掺钕钇铝石榴石激光器

固体激光器是最早实现激光输出的激光器，自问世以来发展十分迅速。固体激光器工作物质是以高质量的光学晶体或光学玻璃为基质，其内掺入具有发射激光能力的金属离子。目前已发现能用来产生激光的晶体有几百种，玻璃材料有几十种，最常用的有红宝石、钕玻璃、钇铝石榴石、铝酸钇、钒酸钇等。固体激光器的激光谱线已达数千条之多。

Nd:YAG 激光器是一种光泵浦激光器，泵浦光源要满足两个条件：①光效高；②光谱特性与激光工作物质的吸收光谱相匹配。目前采用的泵浦光源有两类：一是弧光气体放电灯，一般用氪灯；一是半导体激光器泵浦。传统的固体激光器通常采用大功率气体放电灯泵浦，其泵浦效率约为 3%~6%。

半导体泵浦激光器具有以下优点：

1）转换效率高。由于半导体激光的发射波长可以进行调节而与固体激光工作物质的吸收峰相吻合，加之泵浦光模式可以很好地与激光振荡模式相匹配，从而光光转换效率很高，已达 50% 以上，比灯泵浦固体激光器高出一个量级，因此半导体泵浦激光器可省去笨重的水冷系统，体积小、重量轻，结构紧凑。

2）性能可靠、寿命长。半导体泵浦激光器的寿命大大长于闪光灯，可达 15000h，泵浦光的能量稳定性好，比闪光灯泵浦优一个数量级；性能可靠，为全固化器件，可消除振动的影响，是至今为止唯一无需维护的激光器，尤其适用于大规模生产线。

3）输出光束质量好。由于半导体泵浦激光器的高转换效率，减少了激光工作物质的热透镜效应，因此大大改善了激光器的输出光束质量，激光光束质量已接近极限 $M^2 = 1$。

由于特有的物理、光学、机械方面的优异性能，Nd:YAG 激光器已大量应用于军事、科研、医疗及工业领域中，如各种规格的测距仪、光电对抗设备系统、高性能激光仪器、激光治疗仪、美容仪以及激光打标机、打孔机等激光加工机械；在需要大功率、高能量、Q 开关和锁模超短脉冲激光等场合，Nd:YAG 激光器更是首选。

第三节 目标类型

光源只能提供一个辐射源，其形状与辐射特性不适合作为仪器的目标，需配合照明系统与靶标（或空间光调制器）产生一定空间分布和辐射特性的目标。

光电仪器的工作原理是：光目标被探测对象进行空间和时间调制，运用光学和电子学的手段将被探测信号解调。光电仪器与其他仪器最根本的不同在于它是以光波作为信息的载体，因此光目标作为光电仪器载波的发生器（或信号发生器）是光电仪器中必不可少的组成部分。为与被探测对象和接收探测器匹配，目标按其空间尺寸可分为点光源（含准直光源）、线光源和面光源。

一、点光源

最小的发光体（反射体）为一个点，任何图像都可分解为无数个点，点可作为图像的基元。点光源已经小到可以忽略其几何形状，因此常用来作为基准目标，通过探测其像的发光强度分布和空间位置的变化，将被测信息解调出来。

球面波和平面波为没有畸变的理想波面。任何一个复杂波面都可分解为一系列的球面波或平面波，因此球面波和平面波可作为基元波面，以便于对复杂波面进行分解、分析。

有限远点光源的波前为球面波，无限远点光源的波前为平面波。球面波以点光源为球心进行传播，当球面波的半径无限大，即探测距离足够远时，可认为是平面波，如在地面探测星光，星光可认为是平面波。若要在有限远的距离内得到无限远目标或平面波，需由光学系统对点光源进行变换，将有限远点目标变为无限远点目标，或将球面波变为平面波，这一过程叫作准直。

探测光的空间特性时，光源就称作点光源（或准直光源）；探测光的时间特性时，光源就称作球面波（或平面波），这两者可以相互对应。

1. 点光源的主要参数和特性

点光源的主要参数有：直径、数值孔径和发光强度，这些参数的选择应根据仪器总体方案进行分析计算。

1) 直径：点光源之所以叫作点光源，其发光体形状为一个点，理论上其直径应为无限小。实际当中，一是无法找到无限小的光源，二是考虑到发光强度探测灵敏度的因素，光源直径适当大些可提高光源的发光强度，有利于与仪器探测灵敏度匹配。

点目标直径越小，越接近点光源，但光源的发光强度越小；直径越大，近似程度越差，但光源的发光强度越大。究竟直径多大，还要根据探测方式而定，如果由点光源像的分布提取被测对象信息，则直径应取小些，一般小于实际系统艾里斑直径的 1/3；如果由点光源像的位置提取测量信息，则直径可大些，直径可大于艾里斑直径几倍甚至几十倍。

2) 数值孔径 NA：数值孔径 NA 为点光源所发光线半锥角 u 的正弦值，$NA = \sin u$，如图 4-20 所示。

u 角大则数值孔径大，对应系统的分辨率也高，反之较小。u 角应与仪器中的空间分辨率和后续光学系统匹配，

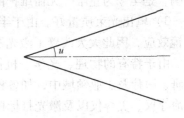

图 4-20 光线半锥角 u

如果光源的 NA 比后续光学系统的接收 NA 大许多，则光源的能量浪费过多；如果光源的 NA 比后续光学系统接收 NA 小，则没有充分利用后续系统的口径，造成分辨率下降。

3）发光强度：对于点光源而言，发光强度高有利于提高信号的强度，从而提高探测的信噪比。在对仪器光学系统和探测器没有损伤的情况下，发光强度高些较为有利。如果发光强度过高，则应对其进行衰减。衰减的方法很多，也较容易。多数情况下，往往是发光强度不够。光源设计的难点之一就是如何提高点光源的强度，最根本的手段应是选用亮度高的光源，或者说选用光通量大，同时发光体尺寸小的光源。此外，光源中的光学系统的效率应尽可能高。除提高发光强度以外，点光源各个方向的发光强度应一致。

2. 点光源光学系统设计

目前还没有理想的可直接使用的点光源，绝大多数的光源的发光体尺寸都较大，需通过光学系统转换为所要求的点光源。

激光器发射激光束为高斯光束，亮度极高，是现有光源中最为接近点光源的一种光源。因此，如用激光作光源，其光学系统较为简单，如图 4-21 所示，只需用一个透镜将激光会聚或发散即可。

图 4-21 中，透镜 L 为一无限远共轭成像的透镜，要求其像差要小，其对应波前为一接近理想的球面波，以使照明光斑均匀。通常不需要针孔就能

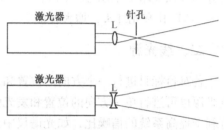

图 4-21 激光束形成点光源光路

得到很好的点光源照明，若激光束和透镜 L 较脏，则需用针孔滤波，以去除脏点。针孔的直径根据点光源的数值孔径而定，应稍大于对应数值孔径下的艾里斑直径。

如果光束质量要求很高，针孔光阑的"径厚比"，即针孔的直径与金属片厚度之比，应尽可能大，否则针孔具有较强的"管道"效应，针孔内壁反射强烈，出射光斑带有明显的亮环结构。在玻璃基片上镀金属膜，通过光刻工艺制作的针孔可消除"管道"效应，是一种较为理想的针孔。

使用光纤也可以获得较为理想的点光源，光源经光学耦合器件耦合到光纤中，光纤出射端可得到一个点光源。可直接采用带光纤输出的激光器作为点光源，而对于其他光源可采用如图 4-22 光路获得。

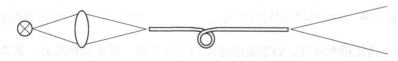

图 4-22 光纤形成点光源光路

这种光路较为简单，点光源亮度很均匀，可通过更换不同直径的光纤变换点光源直径，仪器总体结构设计灵活。光源可外置，减少其散热对仪器的影响。

采用临界照明方式获得点光源是一种很经典的方式，如图 4-23 所示。

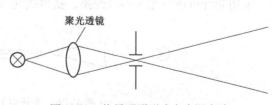

图 4-23 临界照明形成点光源光路

这种光路较简单，要求聚光透镜的像差很小，否则点光源的亮度不均匀，如用白炽灯和卤钨灯，需调灯丝位置以获得最大的发光强度输出。

需要注意的问题：

1）针孔或光纤的输入端功率密度极大，若光源功率很大，则会"烧"坏针孔或光纤头。解决的措施有：要选用功率适当的光源，不要用过强的光源；聚光透镜的数值孔径适当，只要与后续光路匹配即可，数值孔径过大，无谓增加的照明能量实际上并不能全部利用；若要通过滤波产生单色光，则滤色片应加在针孔或光纤头之前；必要时采用强制风冷散热。

2）采用大功率的光源不一定得到高发光强度的点光源，点光源的发光强度与光源的亮度成正比，要获得高发光强度的点光源只能采用高亮度的光源。多数光源随功率增大，其亮度并不增加或增加不明显，因此一味增大光源功率并不能提高点光源的发光强度，相反会"烧"坏针孔和光纤头，增大耗能。

二、线光源

若对目标只进行一个方向的位置和发光强度分布的检测，则目标可选用线光源。尽管用点光源也可进行单一方向的位置和发光强度分布检测，但选用线光源可获得更高的光能量，有利于提高系统的信噪比，如光谱仪中采用狭缝与线阵探测器的线状像元形状匹配。线光源在一个方向尺寸较大，便于搜索和寻找，如测角仪采用十字线，便于寻找目标。

可用临界照明光路获得线光源，如图 4-24 所示。

将光源直接成像在狭缝处，由狭缝出射的光为线光源。要求光源像在缝长方向的尺寸要大于缝长，否则不能得到所要求长度的线光源。线状发光体的光源采用这种光路较为有利。

采用柯勒照明光路的线光源发生器如图 4-25 所示。

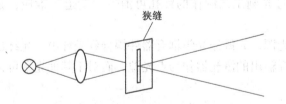
图 4-24　临界照明形成线光源光路

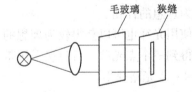
图 4-25　柯勒照明形成线光源光路

光源经聚光透镜照明狭缝，如果要求亮度均匀性较高，或孔径角较大，加入毛玻璃可均匀照明狭缝，但光能损失较大，适合发光体尺寸较小的光源。

采用光纤可进行光源形状变换，获得线光源，如图 4-26 所示，适用小尺寸光源。

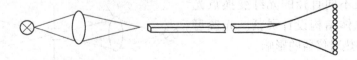
图 4-26　光纤束形成线光源光路

激光所发射的细激光束，经玻璃棒变成扇形激光束，如图 4-27 所示，其截面为一亮线，用于产生线光源。

线阵排列的发光二极管也可得到线光源。

线光源照明是光学仪器中常用的一种照明方式。例如，光谱仪中的狭缝即是线光源照明的一种，如图 4-28 所示。狭缝位于准直物镜的焦平面上，对于仪器后面的系统而言，狭缝即为替代的、实际的光源，限制着进入仪器的光束。由狭缝处发出的光束经准直物镜后变成平行光束投向色散系统。

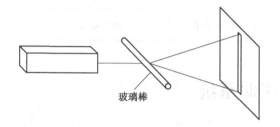

图 4-27 激光经玻璃棒折射形成线光源光路

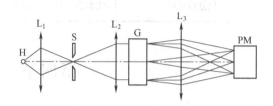

图 4-28 激光经玻璃棒折射形成线光源光路
H—光源　L_1—聚光镜　S—狭缝　L_2—准直物镜
G—色散元件　L_3—成像物镜　PM—接收监测显示器

线光源的设计中所注意的问题与点光源的情况相同。

三、面光源

面光源产生二维扩展的空间发光强度分布目标，用于多方位、大视场、多空间频率的光电探测。常见的面光源有分辨率板、光栅靶标等，如图 4-29 所示。

面光源的照明光路主要实现大面积的均匀照明，照明光路形式主要有直接照明（光路见图 4-30a）、柯勒照明（光路见图 4-30b）、积分球照明（光路见图 4-30c），积分板照明（光路见图 4-30d）。

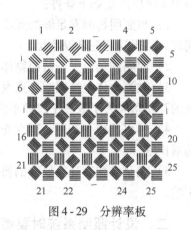

图 4-29 分辨率板

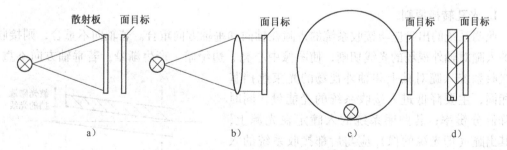

图 4-30 产生面光源的四种照明光路
a）直接照明　b）柯勒照明　c）积分球照明　d）积分板照明

四种照明光路的特点见表 4-3。

表 4-3 面光源照明光路特点比较

照明光路	特　点	采用光源
直接照明	大视场，大数值孔径，损耗大，结构简单	单光源/多光源
柯勒照明	小数值孔径，损耗小，均匀性一般	大发光体单光源
积分球照明	大数值孔径，均匀性好，损耗大，体积大	单光源/多光源
积分板照明	大数值孔径，均匀性较好，损耗较小，体积小	单光源/多光源

第四节　照明系统

一、对照明系统的要求

对非自发光物体进行观测，应进行人工照明。不同的使用目的有不同的照明要求，一般照明系统应满足如下条件：

1）被照明物面有足够的照度，且满足照度均匀性要求，当影像要投影到较大屏幕上观测时，照明问题更显得重要。

2）照明视场应大于被照物体的口径，即口径匹配。

3）被测物体上被照明各点发出的光束应能充满成像光学系统的全部孔径，要求照明系统的孔径角应大于或等于成像系统的物方孔径角，即孔径角匹配。

4）尽可能减少杂光，因在光电接收系统中，杂光造成背景噪声，在目视系统中降低像的对比度。

5）满足结构布局及尺寸的要求，如使光源远离仪器主体，以减少光源的温度对仪器的影响。

二、设计照明系统时要遵循的原则

1. 光孔转接原则

照明系统的出瞳应与接收系统的入瞳在轴向和垂轴方向重合。若轴向不重合，则接收系统的入瞳对轴外视场的光线切割，使图像中心亮、边缘暗，产生渐晕；若垂轴方向不重合，则接收系统入瞳对轴上和轴外视场的光束遮挡基本相同，主要降低进入接收系统的光能量，同时也降低分辨率；若照明系统的入瞳定在光源上，则其出瞳（即光源的像）应与后部接收系统的入瞳重合。为减少光能量损失，后续接收系统的入瞳口径应大于等于照明系统的出瞳口径，且两者的形状相似。图 4-31 所示为光孔转接示意图。

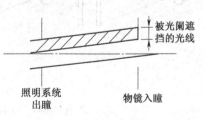

图 4-31　光孔转接示意图

2. 光源照明系统与接收系统匹配原则

对于由多个基本光学系统组成的共轴系统,乘积 nuy 总是一个常数,用 J 表示

$$J = nuy = n'u'y' \tag{4-9}$$

式中,n、n' 分别为物方和像方介质的折射率;u、u' 分别为物方和像方的近轴孔径角;y、y' 分别为物高和像高。

J 称为物像空间不变量,或拉格朗日不变量,用于表征光学系统中光能量的传输能力。光源、照明系统和接收系统都有各自的拉格朗日不变量,其中的最小值即为全系统的拉格朗日不变量。单纯提高某一部分的拉格朗日不变量,并不一定能提高全系统的拉格朗日不变量,而且还带来系统的功耗、体积、重量增加等问题。

光源和照明系统所组成光管的拉格朗日不变量 J 应等于或稍大于接收系统的拉格朗日不变量。这样,即使照明系统的像差较大,也能保证被测物体得到充分的照明。

三、照明方式及其结构尺寸

常用的照明方式有直接照明、临界照明、柯勒照明和光纤照明。

1. 直接照明

最简单的照明方式就是直接用光源去照射被测物体表面。为使照明均匀,光源面积应大些;为充分利用光能,可加入反射镜,在镜面上涂以冷光膜,使有害的红外光透过而反射出要求的波段;为使照明均匀,还可插入一块毛玻璃,如图 4-32 所示。从图 4-32 可以看出,毛玻璃 2 至光源 1 的距离 a 愈小,光源上每点射向毛玻璃的立体角 ω 就愈大,光能利用率也就愈高。

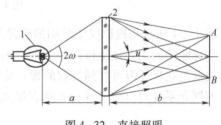

图 4-32 直接照明
1—光源 2—毛玻璃

这种照明方式简单,视场较均匀且结构紧凑,但毛玻璃的散射使光能利用率不高,只用于对光能要求不高的目视系统,有时甚至可以省去光源而用反射镜反射自然光来进行照明。

2. 临界照明

利用聚光镜将光源成像于被照明物平面或其附近的照明方式称临界照明。这种照明方式比直接照明能充分利用光源。图 4-33a 所示是最原始的临界照明,聚光镜 L 将灯丝 S 的像 S' 成于物面 AB 上。

若仪器结构上要求光源与物面有较长的距离,可将聚光镜一分为二,如图 4-33b 所示。通常将近光源的一只称集光镜(L_1),近物面的一只称聚光镜(L_2)。

当要求照明视场的大小能够调节时,应采用可变视场光阑。但在灯丝处由于受玻璃外壳的限制不能安置光阑,可再加一集光镜 L_1(见图 4-33c)。L_1 将 S 成像于 S',在 S' 处就可放置可变视场光阑 FP,后面部分则与图 4-33b 类同。在 S 处不受玻璃壳的限制,孔径角 $2\omega'$ 可以比 2ω 大。

这类聚光镜系统的参数决定原则是,集光镜的口径和焦距应保证照明系统的数值孔径,聚光镜的像方孔径角应满足成像物镜孔径的需要。再加上使用上的要求和结构布局上的考

虑,按图4-33就不难计算出其具体尺寸。

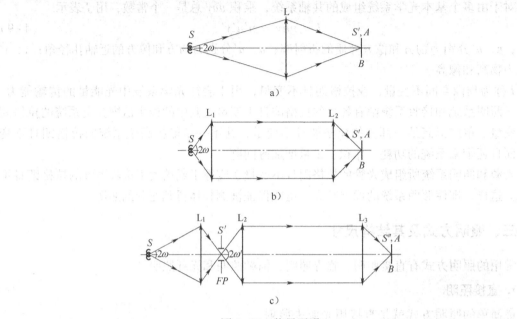

图4-33 临界照明

图4-34所示是投影仪中采用的临界照明方式。

临界照明的优点是比较简单且可具有较大的孔径角,被照明视场有最大的亮度且无杂光;缺点是在视场内可看到灯丝的像,使像面杂乱,照明不均匀,同时并不满足光孔转接原则,即聚光系统的出瞳(孔径光阑在聚光镜框或其附近)与观察物镜的入瞳不重合。

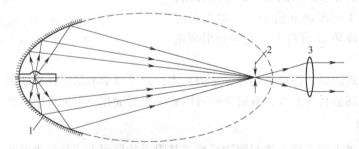

图4-34 投影仪中采用的临界照明
1—椭球反射镜 2—胶片 3—物镜

3. 柯勒 (Kohler) 照明

在图4-35中,聚光镜2将发光面(灯丝1)成像于成像系统3的入瞳上(图中的入瞳就在成像系统3上),则进入聚光系统的光能就可以全部进入成像系统,光能得到充分利用,同时灯丝的像远离物面AB,在视场中不出现灯丝像,因而照明均匀。这种照明方式称柯勒照明,是一种较为完善的照明方式,

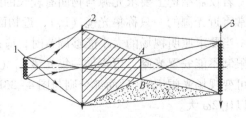

图4-35 柯勒 (Kohler) 照明
1—灯丝 2—聚光镜 3—成像系统

计量仪器中应用较多。

从图 4-35 中可以看出，物体只有放在阴影线部分内才能获得均匀照明，并且愈靠近聚光镜 2，能获得均匀照明的面积愈大。

至于聚光镜的焦距 (f')，应考虑如下因素：

1) 能满足结构尺寸的要求，并将灯丝成像于成像系统的入瞳上。
2) 焦距短则聚光镜的孔径角大，光源的光能利用率高。
3) 相对孔径 D_2/f' 大，像差也增大，将使光组变得复杂。

权衡这几方面的考虑，利用物像公式就可很容易计算出聚光镜的焦距。

图 4-35 所示的照明方式中尚有部分无用的光束进入成像系统，如图中麻点部分，既损失了光能又降低了像的对比度。若按图 4-36 所示增加一组聚光镜片，即光源 1 经集光镜 2 成像于聚光镜 3 的前焦面 F_3 上，然后光线经 3 平行地投射出，形成远心照明。同时聚光镜 3 又将集光镜 2 的像成于物面 AB 上，即将 2 的外框作为系统的视场光阑。系统的孔径光阑放在 F_3 处。从图 4-36 中可以看出：光源上每点发出的光线都同时均匀地照明物面 AB，而物面上每一点都会聚了光源上每点发出的光线，因此照明是均匀的，也没有多余的光束进入成像系统干扰成像，这就是二组式柯勒照明。集光镜 2 处是系统的视场光阑，F_3 处是系统的孔径光阑，因此在集光镜 2 的附近及 F_3 处均可放置可变光阑。改变集光镜 2 处视场光阑 FP 的大小，照明视场即随之变化，调节 F_3 处孔径光阑 AP 的大小，就改变进入系统的光能，视场随之变亮或暗。

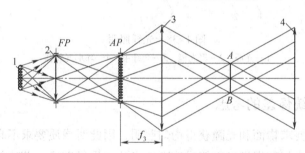

图 4-36 二组式柯勒照明

1—光源 2—集光镜 3—聚光镜 4—成像光组

为减小聚光镜 3 的横向尺寸，可以在 F_3 处放一场镜 5，这就变成三组式柯勒照明。

根据成像光组 4 的孔径角、视场的大小、光源尺寸以及总体布局时结构尺寸的要求，按图 4-36 即可算出聚光系统各光组的焦距及口径。

图 4-37 是采用柯勒照明的投影仪系统。

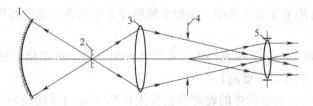

图 4-37 采用柯勒照明的投影仪

1—反射镜 2—光源 3—聚光镜 4—投影片 5—物镜

当成像物镜变换倍率时，其孔径和视场也随之变化，倍数高时，孔径大、视场小；倍数低时，孔径小、视场大。若要用一组聚光系统同时满足各种倍率的成像物镜，则聚光系统势必要求为大孔径和大视场，将给光学设计带来困难。通常采用多组聚光镜与相应倍率的成像物镜配对使用，或用变焦距的照明系统。

4. 光纤照明

光纤照明因照明均匀、亮度高、光源热影响小而得到广泛应用。根据照明光纤端部排列形式和光束出射方向，分为环形光纤照明和同轴光纤照明等。

图 4-38 所示是一环形光纤照明光源，光源发出的光经过聚光镜耦合进入光纤束，光纤束在另一端分束，形成一环形光纤排。光纤照明光能集中，能获得较均匀的高亮度照明区域，并且照明部分远离光源，解决了光源散热对被测物体的影响。

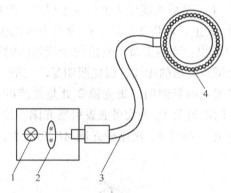

图 4-38　光纤照明
1—光源　2—聚光镜　3—光纤束　4—环形光纤排

四、对照明系统像差的考虑

一般照明系统只要求物面和光瞳获得均匀照明，因此对像质要求不高，只需粗略地校正球差和色差，使孔径光阑和视场光阑能成清晰的光孔边界像即可。若球差太大，致使灯丝成像到物面附近，则可能在视场中看出灯丝像而造成照明不均匀。在成像系统是远心光路的柯勒照明中，由于要求出射光线严格平行，对像质的要求也很严格。一般每单片薄透镜可负担 20°左右的偏角，可根据总偏角来选取必要的透镜片数，然后对各片进行弯曲使处于最小球差状态。为简化系统结构，可以使用非球面透镜。对于色差，一般选用低色散玻璃即可消除。另外，对接近大功率光源的镜片，选料时还应注意其物理、力学性能。照明系统中有时应加隔热玻璃以减小光源的高温对仪器的影响。

以上的结论仅适用于非相干照明。在相干照明或介于两者之间的部分相干照明时，会出现一些非线性现象。

1) 在非相干照明的一般光学系统中，光学系统的分辨率优于相干照明（但光谱仪器中则相反，相干照明下的分辨率要高）。

2) 在相干照明中被观察物体的轮廓线会发生位移（直边像向亮的方向移动），造成瞄准误差。

3) 光学传递函数（Optical Transformation Function，OTF）适应于非相干照明，在相干

照明下，光学传递函数不能再代表系统的成像特性。多数仪器是在部分相干照明状态下工作，因此不能简单地用 OTF 来预言成像的频率响应。

4）部分相干照明可用来提高低频区的成像调制度。

因此在设计照明系统时，不能单纯从几何及能量角度来考虑，还应顾及照明光的波动性。

参 考 文 献

[1] 王庆有，王晋疆，张存林，等. 光电技术 [M]. 2 版. 北京：电子工业出版社，2008.
[2] 江月松，唐华，何云涛. 光电技术 [M]. 北京：北京航空航天大学出版社，2012.
[3] 浦昭邦，赵辉. 光电测试技术 [M]. 2 版. 北京：机械工业出版社，2010.
[4] 周太明，周详，蔡伟新. 光源原理与设计 [M]. 2 版. 上海：复旦大学出版社，2006.
[5] 周炳琨，高以智，陈倜嵘. 激光原理 [M] 6 版. 北京：国防工业出版社，2009.
[6] 李林. 应用光学 [M] 4 版. 北京：北京理工大学出版社，2010.

第五章　光学元件的选择与调整

利用各种光学原理，光电仪器可以实现各种不同要求的功能。例如，利用几何光学中的视角放大原理制成的望远镜可以实现对远处目标的清晰观察；利用物理光学中的干涉原理研制的干涉测量仪可以实现对长度量的高精度测量；利用红外光谱的热辐射原理制成的热像仪可以在夜间对目标进行观测；利用激光的准直导向原理制成的激光测距机可以实现对距离的测量等。但从光电仪器的本质上来分析，之所以把这些仪器称为光电仪器，主要是在这些仪器中有完成仪器基本功能的核心部分——光学系统，它是实现各种功能的光电仪器所必不可少的部分，也是光电仪器不同于其他各类仪器的特殊之处。

光学系统是光电仪器的核心部分，而组成光学系统的最基本部分是——光学元件。选择不同的光学元件就可以组成不同的光学系统，从而实现不同仪器功能。当然光学元件的选择不当，也会严重地影响到光电仪器的功能。因此，根据光电仪器的功能和技术指标要求，确定相应的光学系统，选择合适的光学元件，是实现光电仪器的基本功能的重要保证和必不可少的设计环节。

为了更好地说明光电仪器、光学系统和光学元件之间的关系，这里以最常见的光电仪器——照相机为例进行分析。图 5-1 所示为照相机镜头的结构与光学系统。

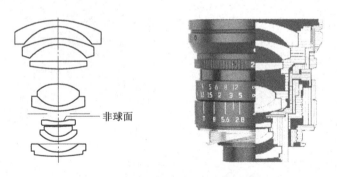

图 5-1　照相机镜头的结构与光学系统

作为照相机的整体来说，它由机械、光学、电子等部分组成，机械部分作为光学系统的支承，使光学元件之间保持确定的位置关系，同时也保证了整个光学部件与成像面之间的确定关系，从而可以实现调焦、变焦、改变光圈大小和快门速度等功能。电子系统主要用来传感被摄目标的光亮度和目标到照相机之间的距离等信息，并对照相机的快门速度、光圈、调焦和变焦进行控制，以保证得到清晰的图像。光学系统是照相机的重要部分，它的成像性能决定了照相机的图像分辨率、视场大小和适应的照度环境。因此，光学系统是保证照相机成像质量的关键部分，而这一关键部分是由若干个光学元件（透镜）组成，每一个光学元件在系统中起着消除像差、保证整个光学系统的光学参数的作用。选择不同的光学元件，可以组成不同光学参数的光学系统，该光学系统与相应机械、电子系统相结合可得到不同像质的照相机。可以说，光学元件是组成光电仪器的基本单元，也是进行光电仪器设计的出发点。

掌握光学元件的选择方法和合理地选择光学元件是保证光电仪器设计成功的基础。

要选择光学元件，首先要解决的问题是：光学元件主要有哪几类；各种类型的光学元件工作原理和它们在光学系统中的功能是什么；选择光学元件时应注意哪些问题；光学元件的选择与仪器的误差、加工工艺、装调的关系等。在先修的专业基础课里，对有些问题已经有了一些了解和学习。本章从系统的角度出发，进一步明确选择的原则和方法，以便能更好地选择各类光学元件。

按照光学元件在光电仪器所起的作用不同，常用的光学元件主要有几何光学元件（透镜、反射镜、棱镜等）、物理光学元件（光栅、偏振器、波片等）和新型光学元件（光子晶体光纤、微小光学元件等）。

第一节　几何光学元件

几何光学元件是几何光学主要研究的一类光学零部件，同时，这类光学元件也是在光电仪器中应用最早、最多、最广泛的一类光学元件。由于不同介质的折射率不同，当光线传输到两种介质的界面时，入射光将按照光的反射和折射定律进行反射和折射，通过选取不同界面的形状，就可以使入射光所对应的出射光改变方向，从而满足人们的不同需要。也就是说，利用光的反射和折射特性而制成的一类光学元件称为几何光学元件。

最早的光学仪器是由一个透镜组成的放大镜，工作原理如图 5-2 所示，这一仪器需要与人眼结合才能形成放大的像。随着人们对光学认识和研究的不断加深，由物镜和目镜组成的显微镜、望远镜等光电仪器被发明，进而有了今天各种各样的光电仪器。人们是从对透镜、反射镜和棱镜等一类几何光学元件的认知开始了对光学的研究，而且今天，这类光学元件仍然是光电仪器设计中常常遇到的最基本的光学元件。因此，掌握好此类光学元件的选择是对一个光电仪器设计者的最基本要求。

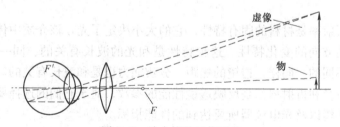

图 5-2　放大镜的工作原理

按照几何光学元件对光线传播方向所起的作用分类，常用的几何光学元件主要有透镜、反射镜和棱镜等。

一、透镜

1. 概述

透镜的两个表面通常制成曲面（球面或非球面），或至少有一个表面制成曲面。透镜是由能传输一定波长范围的光的材料制成。

透镜的种类很多，但最基本的透镜只有两类：一类为中间薄边缘厚的叫凹透镜，如图 5-3a 所示，它对光有发散作用；另一类为中间厚边缘薄的叫凸透镜，如图 5-3b 所示，它对光有会聚作用。光穿过凸透镜会有三种可能：①平行光经过凸透镜后会通过焦点；②如果光从焦点射出，经过凸透镜时则与光轴平行；③光经过主点时，光的传播方向没有改变。这一点同样可用适用于凹透镜。

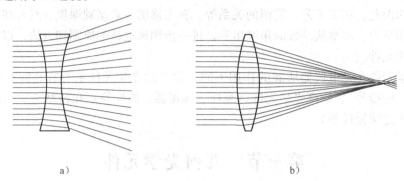

图 5-3 两类基本透镜
a) 凹透镜　b) 凸透镜

在选择透镜时，可以用透镜的基本参数，即焦距、通光口径和制成透镜材料的折射率来确定一个透镜。

焦距（f'）是由透镜的两个表面的曲率半径（r_1、r_2）、透镜的厚度（d）和构成透镜的材料的折射率（n）所决定，其计算公式为

$$\frac{1}{f'} = (n-1)\left(\frac{1}{r_1} - \frac{1}{r_2}\right) + \frac{(n-1)^2 d}{n r_1 r_2} \tag{5-1}$$

焦距的大小决定了透镜对光线会聚（发散）能力，这种能力在光学系统中可以表现为透镜的放大率、视场角等。

通光口径是指透镜的有效入射光的口径，它的大小决定了透镜传输光能的能力和分辨物体细节的能力。

透镜材料的折射率是材料的固有特性，它的大小决定了光在该介质中传播的特性和光在介质间界面的传播方向的变化特性。这种特性是和光的波长有关的，同一介质在不同的波段，其折射率是不同的。同样，透镜的焦距、分辨能力也是和波长有关的。

焦距、通光口径和折射率都是反映透镜性能的参数，对于它们的选择要考虑到光电仪器所使用的波段、环境以及光电仪器所要达到的性能指标。

2. 透镜的功能和选择

按照几何光学把光看为光线的概念，可以把透镜的功能理解为透镜在光路中以圆对称的方式改变了光线的传播方向，它可以把平行光变为会聚（发散）光，也可以把会聚（发散）光变为平行光。

按照物理光学把光看为电磁波的概念，可以把透镜的功能理解为透镜在光路中改变了光波的波面形状，它可以把球面波变为平面波，也可以把平面波变为球面波。

除了上述的透镜的基本功能外，还应该注意的是，透镜的表面是由某种曲线（常用的圆弧线、抛物线、双曲线等）绕光轴旋转而形成的，因此透镜具有相对于光轴的圆对称性。在理想的情况下，当透镜绕光轴转动时，不会对光学系统的特性产生影响。但当透镜沿光轴方向和垂直光轴方向移动时，会使光学系统的特性产生变化。人们正是利用透镜的这种特

性，设计出了变焦距光学系统（见图5-4）和透镜稳像光学系统（见图5-5）。随着计算机技术和光学加工技术的发展，近年来也出现了新的自由曲面光学透镜，它与传统的透镜的区别是，它不是一定具有相对于光轴的圆对称性。

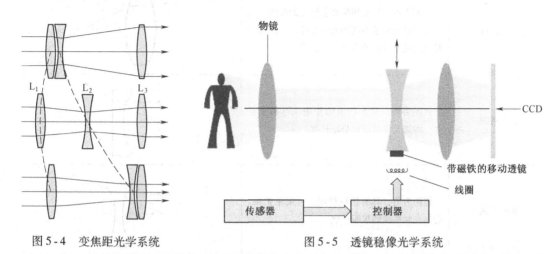

图5-4 变焦距光学系统　　　　图5-5 透镜稳像光学系统

在图5-4所示的变焦距光学系统中，是通过改变凹透镜和凸透镜的轴上位置，使系统从图的上部的短焦距位置变化到图的下部的长焦距位置。变焦距系统是利用了透镜在沿轴向运动时，将改变光学系统的焦距的特性而设计的。利用这一特性也可用来减小由于制造和装配所产生的误差对系统焦距的影响，例如调整光学系统中某一透镜的位置，可使系统的焦距接近并达到设计的焦距值。

在透镜稳像光学系统中，角度传感器（陀螺）获得成像系统所受到的外界的扰动信号，扰动信号通过控制器的计算输出控制信号，控制带磁铁的移动透镜沿垂直光轴的方向移动以补偿光学系统受到外界扰动时产生的像的位移，实现图像的稳定。该系统很好地利用了透镜在沿垂直光轴方向运动时将使光学系统的光轴产生一定的偏转这一特性。

考虑到透镜至少有一个表面是曲面和它的凸凹性，透镜的形式有七种，见表5-1。由于光学加工技术的不断提高和更新，越来越多的光学系统中的透镜的表面不再只局限在球面的范围内，而选用各种各样的非球面，以提高光学系统的成像质量和减少光学系统中透镜数量，因此表中的曲面可以是球面，也可以是非球面。

在实际的光电仪器中，单一透镜的使用非常有限，大多数光电仪器中都是把几个透镜组合起来使用。这主要是由光电仪器的性能要求所决定的，因为单一透镜不能同时满足光电仪器对光学系统的放大率、视场、像质、光照度等的要求。

表5-1 常用单透镜

名　称	特　性	图　例
平凸透镜	焦距为正，具有聚焦和会聚光的作用。可用在光的发射和接收、激光和光纤系统中，也可以和其他透镜组合形成成像系统	

（续）

名 称	特 性	图 例
双凸透镜	焦距为正，具有聚焦和会聚光的作用。可用在对像质要求不高的成像系统，也用以和其他透镜组合减消光学系统的像差	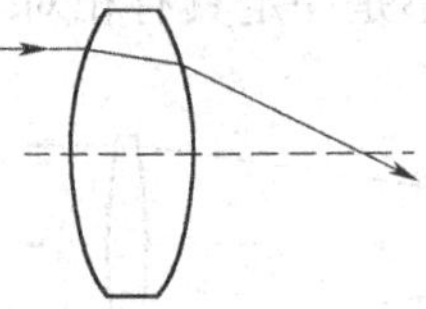
平凹透镜	焦距为负，具有扩束的作用。可用来扩束、增加光学系统的焦距长度	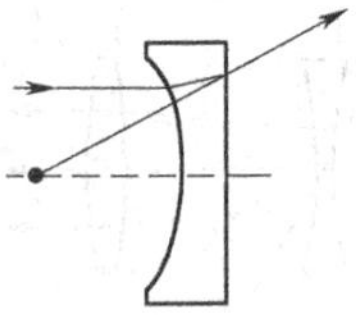
双凹透镜	焦距为负，具有扩束作用。可用来扩束、增加光学系统的焦距长度	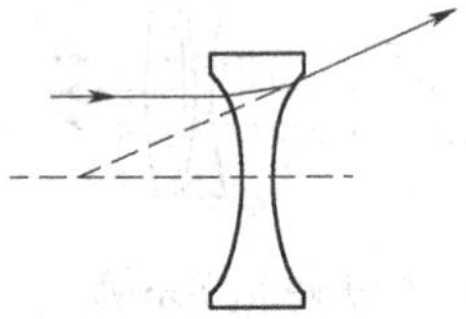
正新月透镜	焦距为正，具有减少球差的作用。可用在大相对孔径系统中	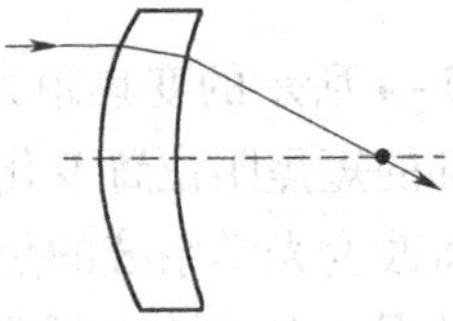
负新月透镜	焦距为负，具有扩束作用，适合于高折射率材料。可用对球差要求较高的扩束系统中	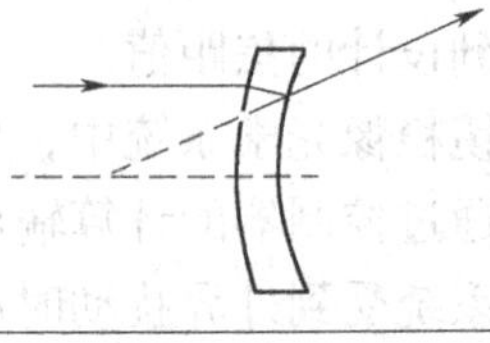
柱面透镜	具有单一方向聚光和聚焦的作用。可用来产生线光源，或单方向扩展图像	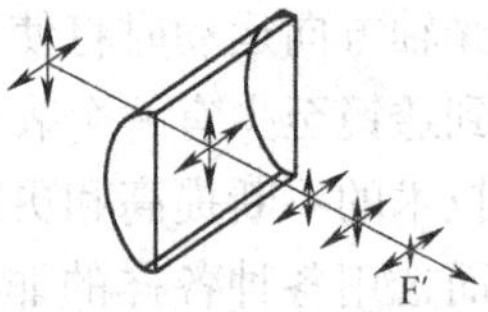

一般来说，光电仪器设计中对透镜的选择应注意以下问题：

1）在选择透镜时，首先应该明确所设计的光电仪器要实现什么功能，即光学系统属于哪一种类型。常用的光学系统主要有望远系统、显微系统、照相系统和照明系统。对应不同的光学系统类型，需选择相应的透镜或透镜组，来实现所设计的光学系统的光学性能要求。例如，望远光学系统由物镜和目镜组成，其主要光学性能包括视放大率、视场角和出射光束口径等。物镜和目镜的形式、参数和相互的位置关系主要由上述光学性能指标决定。在选择某一具体透镜时，应根据该透镜是属于望远系统的物镜或目镜，以及物镜或目镜的特点来选择。关于由透镜组成的各类常用光学系统的具体结构请参考几何光学、光学设计等课程的内容或查阅光学手册。

2）一般的光学系统都涉及放大率和视场这两个光学性能指标，这两个值的大小不仅说明了光学系统的性能，而且它们和光学系统的复杂程度、价格、体积、重量、使用环境和使用方法等都有直接的关系。放大率和视场本身也是相关的，对于一个大视场光学系统，其放大率相应较小，反之亦然。可选择单透镜或一组透镜，以满足光电仪器对放大率和视场性能指标的要求。

3) 由于光学系统都有一定的口径，并在一定的光谱范围使用，因此光学系统都有像差，光学设计的目的就是通过改变透镜和光学系统的有关参数，将像差减小到一个允许的范围内。虽然光电仪器设计者并不一定能完全、熟练地掌握光学设计的方法，但对所设计的光电仪器的像差特性和可能产生的像差种类有一个明确的认识还是很有必要的。因此在选择透镜时，要考虑到光学系统的像差特性和种类，而且光学系统对像差的要求直接和组成光学系统的透镜的个数和形式有关。例如，显微系统的物镜可根据校正像差的情况不同，分为消色差物镜、复消色差物镜和平像场物镜等。

4) 辐射照度是反映光学系统收集和传输能量的性能指标，它和光电仪器的使用环境、像的接收媒体、透镜的通光口径、透镜的材料和数量等因素有关。在选择透镜时，也应注意上述影响辐射照度的因素，并尽可能提高光学系统传输光能的能力。另外，在实际的光学系统中，常采用在透镜表面镀增透膜的方式来提高光学系统传输光能的能力。

5) 为了使透镜具有确定位置，并保证透镜之间的相互位置关系，需要选择合适的机械机构将透镜固紧在光电仪器中。在选择透镜的同时，应考虑它们的固紧方式，常用的透镜固紧方式有电镀、压边（滚边）和压圈等方式，如图 5-6 所示。其中电镀为永久连接，其余为可拆连接。透镜固紧方式的选择主要考虑可拆性（是否需要拆卸）、可能性（透镜形状与固紧方式是否适应）、固紧精度、气密性、专用设备（是否需要专用设备特种设备）、温度应力（是否适应温度变化）、操作是否简便、清洗是否方便、造价等诸多因素。简要来说，电镀方式主要是用于小直径的透镜或其他圆形光学零件，除镜框外无需其他零件，但需要相应的电镀设备；压边方式适用于外径 50mm 以下的透镜，除镜框外无需其他零件，同样需要压边专用设备，固紧后不能拆卸；压圈方式常用于固紧外径 10mm 以上的透镜，固紧时需要增加螺纹压圈，可再次拆卸，操作简单，在光电仪器中最为常见。

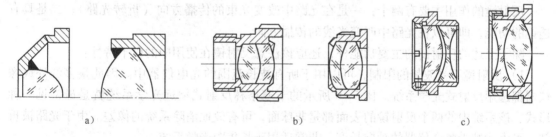

图 5-6 几种常用的透镜固紧方式
a) 电镀方式 b) 压力（滚边）方式 c) 压圈方式

对于光学系统以及透镜的设计不是本书的内容，它是几何光学中的一个重要研究方向——光学设计所研究解决的问题。作为一个光电仪器的设计者，对于透镜的基本功能和它在光电仪器中所能起的作用有明确的认识，是进行光电仪器设计的基本要求，也是保证光电仪器设计成功的基础。

二、反射镜

1. 概述

反射镜的表面通常制成平面或曲面。反射镜可以由金属或硬的非金属材料制成,其表面镀有高反射率的膜层。

反射镜主要有两大类:一类为反射面是平面的,叫平面反射镜,如图5-7a所示,它能折转光线;另一类为反射面是曲面的,叫曲面反射镜,如图5-7b所示,它能起到透镜的作用。反射镜的入射光线和出射光线之间的关系满足反射定律。

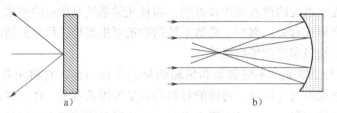

图5-7 反射镜的基本类型
a) 平面反射镜 b) 曲面反射镜

在选择反射镜时,可以用反射镜的基本参数,即表面曲率半径、通光口径和表面反射率来确定。

表面曲率半径的大小决定了反射镜的焦距大小,也即反射镜对光线会聚(发散)能力,这种能力在光学系统中可以表现为反射镜的放大率、视场角等。

通光口径是指反射镜的有效入射光的口径。它的大小决定了反射镜传输光能的能力和分辨物体细节的能力。

表面反射率是反射膜的材料的固有特性。它的大小说明了反射镜有效传输光能的能力。

表面曲率半径、通光口径和表面反射率都是反映反射镜性能的参数,对于它们的选择要考虑到光电仪器所使用的环境以及光电仪器所要达到的性能指标。

2. 反射镜的功能和选择

反射镜的作用主要有两个:一是在光路中改变光束的传播方向(折转光路);二是具有透镜的功能,即可以在光路中改变光线的传播方向。

除了上述的反射镜的主要功能外,还应该注意反射镜在使用中的以下特性:

1) 反射镜不受波长的限制,可以用于所有波长范围的光电仪器中。因此很多红外成像仪器都选用反射式光学系统。图5-8所示的卡塞格林反射式望远光学系统就是最常见一种形式,该系统中的两个反射镜的表面都是非球面,可有效地消除系统的像差。由于光路被折转,可大大减少整个仪器的轴向长度,非常适用于长焦距光学系统。

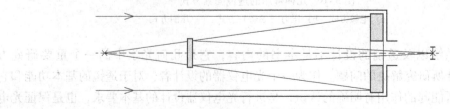

图5-8 卡塞格林反射式望远光学系统

2) 当透镜的口径增大时,若曲率半径保持不变,其中心厚度也要增大,这既不利于减小仪器的体积和重量,也不利于光学系统光能的传输。因此,对于通光口径大于100mm以上的光学系统,通常采用反射式光学系统。大口径反射镜不仅比透镜易于加工,而且对材料的选择余地也较大。图 5-9 所示的就是目前天文望远镜中采用的大口径

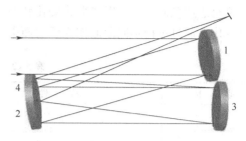

图 5-9 无遮挡三反射镜望远光学系统

无遮挡三反射镜望远光学系统,该系统在较小的空间范围内满足了天文望远镜的长焦距和大口径的要求,而且整个光学系统的光路中没有对成像光束遮挡,有利于对远距离弱信号的探测和接收。

3) 反射镜也是各种控制光束沿某一轴线转动的系统中常用的一种光学元件。反射镜可以有两种使光束扫描的方式:一是图 5-10a 所示的常用反射镜转动方式,该方式中的转轴平行于反射面,出射光束的方向在垂直转轴的平面内以大小为反射镜转角的两倍变化;二是图 5-10b 所示的转轴相交于反射面,出射光束的方向除在垂直转轴的平面内以反射镜转角同样大小变化外,还绕光轴转动与反射镜转角相同的角度。反射镜作为扫描光学元件,主要应用于扫描、稳像和高速摄影等动态光学系统中。

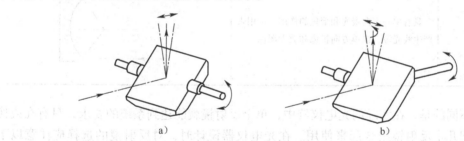

图 5-10 反射镜的扫描原理
a) 转轴平行于反射面 b) 转轴相交于反射面

4) 反射镜还是一种常用的分光光学元件,如图 5-11 所示。它可以将一束光按一定比例分成两束光,也可以把一定范围波长的光分为两个波段范围的光(也称二色分光镜)。其采用的原理是在反射面镀半反半透膜(见图 5-11a)或采用点镀方式(见图 5-11b)使一部分光透过反射镜,一部分光被反射镜反射。标准的光束分束器是用来将一束光分为两束或将两束光合为一束。分束反射镜主要用于相干处理、测量、多路输出和合成的系统中。

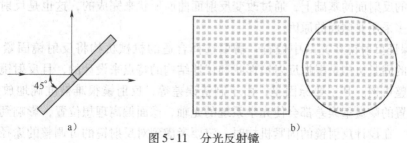

图 5-11 分光反射镜
a) 镀膜分光反射镜 b) 点镀分光反射镜

相对于透镜而言，反射镜形式变化较少，表 5-2 列出了常用反射镜的形式。反射镜的主要变化是通过选择不同曲面作为反射面来实现的。

表 5-2 常用反射镜

名　称	特　性	图　例
平面反射镜	具有折转光路的作用，可用于成像、激光和全息系统	
曲面反射镜	表面可为球面或非球面，如抛物面等。具有聚焦和会聚光的作用。可用在光的发射和接收、激光和光纤系统中，也可以和其他反射镜组合形成成像系统	
柱面反射镜	具有单一方向聚光和聚焦的作用。可用来产生线光源，或单方向扩束和放大图像	

与透镜不同的是，在实际的光电仪器中，单个反射镜就能达到系统的要求，只有在成像系统中需要把几个反射镜组合起来使用。在光电仪器设计时，对反射镜的选择应注意以下问题：

1) 明确反射镜在光学系统中作用，选择相应形式的反射镜应用于光学系统中。根据光电仪器使用的环境、重量、反射镜的尺寸选择反射镜的基底材料。

2) 虽然反射镜不会给光学系统带来色差，但反射镜系统存在有轴上和轴外像差，这要靠几个反射镜的组合或反射镜与透镜组合来减小。对于完全由反射镜组成光学系统，其反射镜的数量是确定的，增加反射镜的数量将使反射镜的布局难以实现。不同于透镜系统可以用增加透镜个数的方法来增加减小光学系统像差的可选择参数，反射式光学系统减小像差的途径是在有限的反射面的基础上，通过改变反射面曲面形状来完成的，这也是反射式光学系统中的反射面多采用非球面的原因。

3) 为保证反射镜在光路中位置，需要选择合适的机械机构将反射镜固紧在光电仪器中。反射镜的固紧机构是根据反射镜形状和仪器结构的特点来设计的，且反射镜固紧机构通常都带有调整机构。其主要原因是，由于制造误差等，反射镜很难被准确地放置于设计位置，这种位置的微量偏误差都会使光学系统的光轴、像面偏离理想位置，影响到光学系统的性能。因此，在设计反射镜的固紧机构时一定要考虑到对反射镜的可调整的途径，以利于在装配时对反射镜的位置进行调整。

为了使反射镜具有确定位置，并保证光电仪器在搬运或工作过程中反射镜在光学系统中的位置不变，需要选择合适的机械机构将反射镜固紧在光电仪器中。在选择反射镜的同时，应从固定和调整的角度考虑它们的固定方式。常用的反射镜固紧方式有压圈方式（见图 5-12a）、弹簧卡圈方式（见图 5-12b）和压板方式（见图 5-12c）。其中，压圈方式的性质与透镜固紧相似，可拆卸、操作简单；当反射镜尺寸不大、定位精度要求不高时可采用弹簧卡圈方式；当反射镜尺寸、厚度较大，精度要求较高时，可采用特种压板固紧。由于光学元件不能承受过大的外力，而反射镜往往尺寸较大，此时应重视固紧方式的选择，尽量降低自重、机械外力和固紧时产生的应力对光学元件面形的影响。

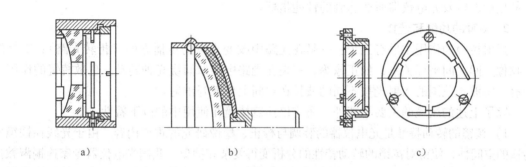

图 5-12　反射镜固紧装置
a）压圈方式　b）弹簧卡圈方式　c）压板方式

三、棱镜

1. 引言

棱镜的入射和出射表面通常制成平面，以使入射到棱镜内的光线在棱镜的内表面全反射，或对棱镜反射面上镀反射膜，以使光的反射不会造成光线能量的损失。棱镜也是由能传输一定波长范围的光的材料制成。

以光的几何原理制成的棱镜主要有两大类：一类为反射棱镜，如图 5-13a 所示的五角棱镜和图 5-13b 所示的屋脊五角棱镜，它们能折转光束和改变物像之间的坐标关系；另一类为色散棱镜，如图 5-14 所示，它能将入射的白光中的各种颜色的光分散开来。一个复杂的棱镜系统的光学原理，实际上等于多个平面反射镜起到的作用。

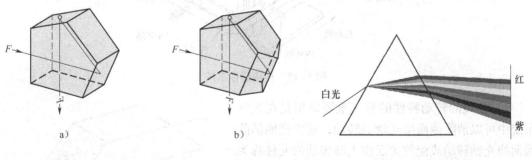

图 5-13　常用反射棱镜
a）五角棱镜　b）屋脊五角棱镜

图 5-14　色散棱镜

在选择棱镜时，可以用棱镜的基本参数，即通光口径和制成棱镜材料的折射率来确定一个棱镜。

通光口径是指棱镜的有效入射光的口径，它的大小决定了棱镜传输光能的能力和棱镜本身的外形尺寸。

棱镜材料的折射率是材料的固有特性，它的大小决定了光在该介质中传播的特性和光在介质间界面的传播方向的变化特性。这种特性是和光的波长有关的，同一介质在不同的波段其折射率是不同的。折射率的大小也会影响到部分棱镜的外形尺寸。

通光口径和棱镜的折射率都是反映棱镜性能的参数，对于它们的选择要考虑到光电仪器所使用的波段及光电仪器所要达到的性能指标。

2. 棱镜的功能和选择

反射棱镜的作用主要有三个：一是在光路中改变光束的传播方向（折转光路）；二是改变物像空间之间坐标关系，如正像等；三是在光路中使像面绕光轴转动。色散棱镜的作用是使有一定波长范围的入射光按不同的波长在空间上分散开出射。

除了上述的棱镜的主要功能外，还应该注意棱镜在使用中的以下特性：

1) 棱镜的转动特性是光电仪器的装调与校正、稳像研究的重要内容。由于光线在棱镜中传输的空间性，使得对棱镜的转动特性的分析变得复杂和抽象。我国光电仪器专家连铜淑教授经过多年的研究，将这一问题用刚体运动学的理论给予了解决，并出版了《反射棱镜共轭理论》。图 5-15 所示的是轰炸瞄准器中双立方棱镜稳像系统，该系统的横偏棱镜和观测棱镜在光学系统中起到两自由度稳像和扫描的作用，而基座的不稳定信息是通过具有内外环的陀螺传感器的定轴性得到，并通过传动机构带动两棱镜作补偿运动，以保证得到图像是稳定的。扫描功能的完成是利用了陀螺的径动性，并通过传动机构带动两棱镜转动来实现的。

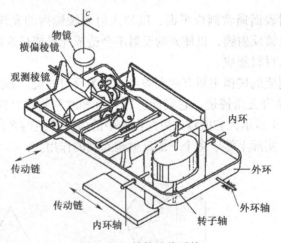

图 5-15　棱镜稳像系统

2) 棱镜的转动特性的另一重要应用是在光学系统中可以消除像面绕光轴的转动，通常把能消除像面绕光轴转动或能使像面绕光轴转动的元件称为像旋转器。图 5-16 所示是由道威棱镜形成的一个像旋转器，当该棱镜绕光轴转动时，像面将以棱镜

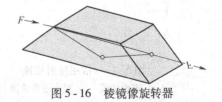

图 5-16　棱镜像旋转器

转角的两倍量绕同一轴转动。像旋转器主要应用在高速摄影和稳像等方面。

3) 在光学系统的设计中，把棱镜简化成一平行玻璃板。由棱镜等效为一平行玻璃板的过程称为棱镜的展开。棱镜的展开的实质是将棱镜中的反射部分去掉，只留下棱镜的折射部分，因为棱镜的反射部分在光电仪器中只影响到物像的空间的方向，对光束的传输特性没有影响，而折射部分要影响到光束的传输特性，这种影响表现为像的轴向位移。图 5-17 所示就是五角棱镜沿着它的反射面展开，从而取消了光在棱镜内的两次反射，该棱镜展开后，就相当于在光路中放入了一块平行玻璃板。为了保持共轴球面系统的特性，要求棱镜展开后的玻璃板的两个表面必须平行，否则，相当于在共轴系统中加入了一个非对称轴线的光楔。

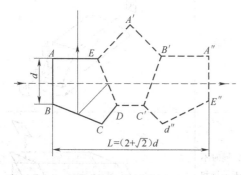

图 5-17　棱镜的展开

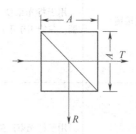

图 5-18　棱镜分束器

4) 棱镜也可用来作为分光光学元件，如图 5-18 所示，即棱镜分束器。它可以将一束光按一定比例分成两束光，也可以把一定范围波长的光分为两个波段范围的光。棱镜分束器采用的原理是在棱镜的反射面上镀半反半透膜。棱镜分束器主要用于相干处理、测量、多路输出和合成的系统中。

5) 在很多光学系统中，单个棱镜常常不能满足光学系统的要求，一般是将多个棱镜组合起来以实现正像、折转光路和稳像等功能。图 5-19 所示的三轴稳像棱镜组是由两个施密特-别汉棱镜相互绕光轴转动 90° 而成，它在光学系统中可以实现多种功能：一是具有正像的作用；二是当两棱镜绕光轴转动时，能起到像旋转器的作用；三是当两棱镜作为一个整体绕垂直于光轴的平面内的任意轴线转动时，能起到消除光轴偏的作用。因此，此棱镜可以完成三自由度的稳像要求。

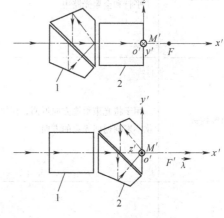

图 5-19　三轴稳像棱镜组

表 5-3 中列出了几种常用棱镜。常见的棱镜有三十几种，如需要进一步了解其他棱镜的特性，可查阅连铜淑《反射棱镜共轭理论》一书。

表 5-3　常用棱镜

名　称	特　性	图　例
直角棱镜	用于将光束折转 90°，可以用于平行和会聚光路中	
道威棱镜	用于将光束绕光轴转动，是一个像旋转器。只能用于平行光路中	
斜方棱镜	用于将光束产生一定的横向位移，同时不使像的方向产生任何变化。可以用于平行和会聚光路中	
五角棱镜	用于将光束折转 90°和缩短光路，可以用于平行和会聚光路中	
角锥棱镜	用于将光束沿原方向返回，棱镜的位置变化不影响返回光束的方向	
半五角棱镜	用于将光束折转 60°，只能用于平行光路中	

(续)

名 称	特 性	图 例
屋脊直角棱镜	用于将光束折转90°和正像。可以用于平行和会聚光路中	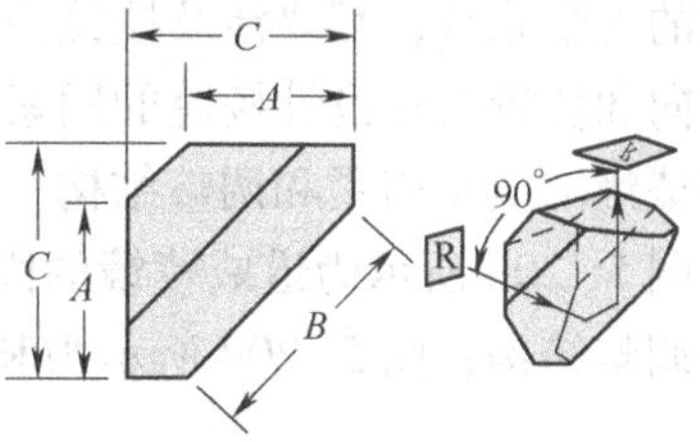
色散棱镜	用于将入射光束中不同波长的光在空间上分散开	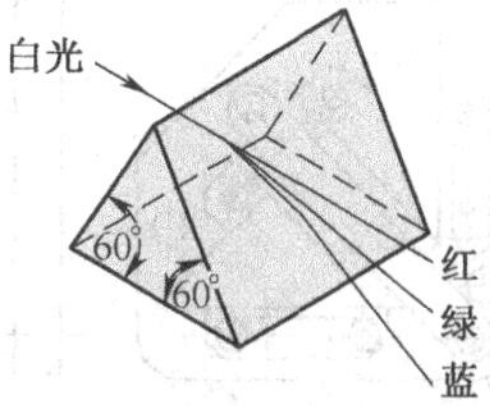
楔形镜	用于将光束偏转一定的角度。将影响系统的共轴性	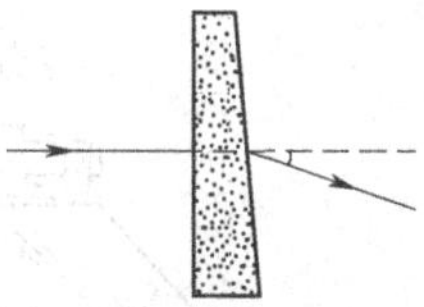

在光电仪器中可以选择单个或多个棱镜来满足系统的要求，选择棱镜时既要考虑系统的性能指标的要求，也要考虑仪器的结构、空间位置、体积和重量等方面的要求。因此，光电仪器设计中对棱镜的选择应注意以下问题：

1）棱镜在应用于共轴系统时，除要求棱镜展开后的两个表面平行外，对于应用于会聚光路的棱镜还要求入射和出射光轴必须和棱镜的入射、出射表面相垂直。因平行玻璃板的入射和出射表面相当于两个半径为无穷大的球面镜，此两平面不垂直光轴，将使得系统的共轴性得不到保证。

2）棱镜在光路中位置直接影响到棱镜本身的体积，因为棱镜的结构尺寸是棱镜的通光口径的函数，将棱镜放在通光口径小的位置，棱镜的结构尺寸也小。在会聚光路中选择棱镜的位置时，既会影响到仪器的体积和重量，也会影响到棱镜在光路中的调整特性，而且在会聚光路中，棱镜的调整特性不仅和棱镜的转轴的方向有关，还和转轴的位置有关。

3）棱镜的一个重要应用是在光学系统中改变物像之间的坐标关系，如常用棱镜来进行正像，使得观察者通过光学系统看到的图像更适合人的观察习惯。在进行物像之间坐标关系的变化时，要分析好坐标关系的变化要求、棱镜的物像坐标关系和棱镜组合后的坐标关系，以选择合适的棱镜或棱镜组，达到光学系统对物像之间坐标变化要求。

4）由于光线在棱镜内的传播与棱镜材料的折射率有关，因此在选择棱镜时也要注意对棱镜材料的选取，棱镜的折射率不仅和光学系统工作的波段有关，而且还和棱镜的结构尺寸有关。

5）根据光路设计的要求，棱镜在光路中应有确定的位置，这个确定的位置要由机械结构来保证。棱镜的固紧机构是根据棱镜形状和仪器结构的特点来设计的，在设计时还要考虑到棱镜的调整要求，因为制造和装配误差等方面的原因，使得棱镜会产生微量误差，这些误差会使光学系统的光轴、像面明显地偏离理想位置，影响到光学系统的性能。因此，对于有棱镜的光学系统，都要涉及棱镜的调整问题。调整时要选择好转轴的方向和位置，调整转轴的方向和位置要在设计棱镜的固紧机构时考虑，以保证对棱镜调整的需要。图 5-20 给出了几种棱镜的典型固紧和调整结构。图 5-20a 所示为直角棱镜和五角棱镜的压板固紧和调整结构；图 5-20b 所示为道威棱镜的固紧结构；图 5-20c 所示为直接与壳体相连的屋脊棱镜固紧和调整结构；图 5-20d 所示为利用片弹簧的棱镜压紧结构。

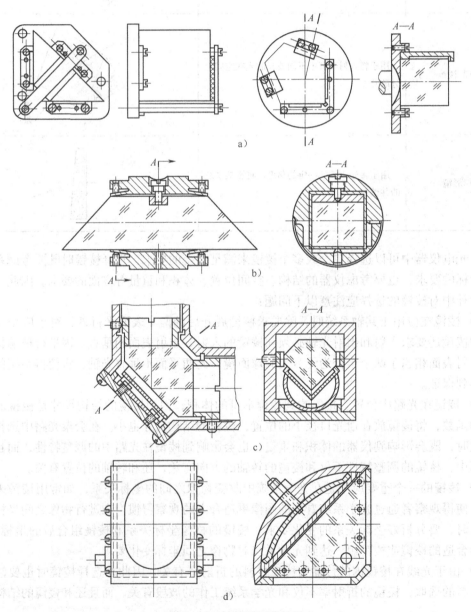

图 5-20 棱镜的固紧结构
a) 直角棱镜（左）与五角棱镜（右）的压板固紧结构
b) 道威棱镜的固紧结构　c) 屋脊棱镜的固紧结构　d) 片弹簧棱镜的压紧结构

在选定棱镜的形式后,主要是根据它在光路中的位置,确定它的有效通过口径,保证棱镜放入光学系统后,不遮挡有效光束的传播。然后,由通光口径和棱镜的折射率确定棱镜的结构尺寸。

第二节 物理光学元件

物理光学元件是利用物理光学的原理制成的一类光学元件,也是光电仪器中应用较早的一类光学元件。由于光是一种电磁波,当光波在通过不同的光瞳时,在满足一定条件的情况下,光波在传播过程中将按照光的波动方程产生衍射。当光波在各向异性的介质中传播时,介质的光学特性将影响到光的振动方向产生偏振光,利用光波的这些特性,可以实现人们对光波的控制以满足人们的不同需要。

可按照物理光学元件对光波传播中所起的作用不同对其进行分类,常用的物理光学元件主要有光栅、偏振器和波片等。

一、光栅

1. 引言

光栅是由大量的等宽、等间隔的平行狭缝(或反射面)构成的光学元件。光栅的工作原理是基于光的多光束衍射和干涉。图 5-21 所示是光栅的分光原理。

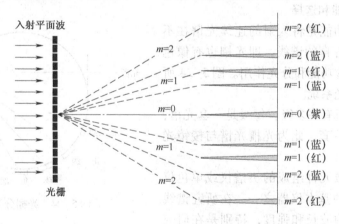

图 5-21 光栅的分光原理

光栅可以从不同角度进行分类。按光栅对入射光波进行调制的空间范围分,有一维光栅、二维光栅和三维光栅;按光栅对入射光波进行调制方式分,有振幅光栅和位相光栅;按制造方法分,有机刻光栅、全息光栅;按工作波段分,有可见光波段的光栅以及红外光栅和紫外光栅。光栅通常还分为透射光栅和反射光栅两类,如图 5-22 所示。

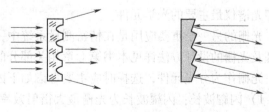

图 5-22 透射光栅和反射光栅

在选择光栅时，可以用光栅的基本参数，即光栅常数、狭缝的数目和衍射效率来确定光栅。对于不同用途的光栅，还需要一些其他参数来确定光栅的性能。

光栅常数 d 是一个非常重要的物理量，它是光栅透光缝宽度与不透光缝宽度的和，它的大小决定了衍射条纹的间隔。如图 5-23 所示，波长为 λ 的平面波入射到光栅常数为 d 的光栅上时，其 m 级衍射光将以角度 θ 衍射。如果在光栅后放置一个理想透镜，在其焦面上能观察到 m 级及其他级次衍射的亮条纹。这些参数之间的关系满足

$$d = \frac{m\lambda}{\sin\theta} \tag{5-2}$$

光栅常数越小，同一级次对应的衍射角越大，不同级次亮条纹间相隔得越远。

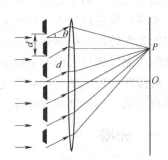

狭缝的数目的多少决定了光栅参加多光束干涉的数目。狭缝的数目越多，亮条纹就越锐利，对于光谱仪来讲，这样的光栅光谱分辨率就越高。

光栅衍射效率是指特定级次衍射光能量与入射光能量之比。

光栅常数、狭缝数目和衍射效率能反映光栅的基本性能，对于它们的选择要考虑到光栅所使用的波段，以及它们在光电仪器中所起的作用。

图 5-23 光栅的衍射

2. 光栅的功能和选择

光栅的主要功能是将入射的连续光谱在不同空间位置产生各自的谱线，即光栅也有像色散棱镜一样的色散功能和分光作用。图 5-24 所示为一种光栅分光系统。

光栅光谱一般有许多级，每级是一套光谱，而棱镜光谱只有一套，此为光栅光谱与棱镜光谱的主要区别。

以光栅为色散元件组成的摄谱仪或单色仪是物质光谱分析的基本仪器之一，在研究谱线结构、特征谱线的波长和强度，特别是在研究

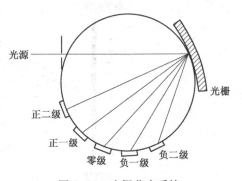

图 5-24 光栅分光系统

物质结构和对元素作定性与定量的分析中有极其广泛的应用。根据基板面型，光谱分析用光栅可分为平面光栅的与凹面光栅。平面光栅的基板为平面，只起到分光色散作用，光谱线的成像由相应的成像透镜完成；凹面光栅的基板本身为凹面，可同时完成色散和成像，成为微小型光谱仪最主要的光学元件。

光栅的另一个重要应用是在精密测量系统中，光栅可以进行长度和角度的测量，其具体原理及光栅的设计方法详见本书第七章相关部分的说明。

光栅作为分光元件，选择时应主要考虑如下因素：

1) 闪耀波长：闪耀波长为光栅最大衍射效率点。为了有效地利用光栅的最大衍射，应使光电仪器的工作波长尽可能与光栅的闪耀波长接近。例如，对于工作在可见光范围的光电仪器，可选择闪耀波长为 500nm。

2) 光栅刻线：光栅刻线直接关系到光栅的性能。对于光谱仪器，光栅刻线数决定了光谱分辨率，刻线多光谱分辨率高，刻线间隔宽光谱覆盖范围宽，两参数的合理选择要根据光电仪器的性能决定。对于测量仪器，光栅刻线的多少决定了测量的精度和范围，单位长度内的刻线数越多测量精度越高。

3) 光栅效率：光栅效率是衍射到给定级次的单色光与入射单色光的比值。由此可知，选择效率高的光栅，可以减少信号的损失。光栅效率的提高可通过在光栅制作工艺中合理设计和制作光栅槽形来实现的。

二、偏振器与波片

1. 引言

偏振器是能够检查偏振光和由自然光产生偏振光的光学元件。用来产生偏振光的元件称为起偏器，而用来检测光是否偏振的元件称为检偏器。检偏器和起偏器统称为偏振器。在偏振器上，能透过振动的方向称为它的透振方向。

偏振器主要有三种：一是使光束以布儒斯特角入射两种媒质的分界面，利用其反射产生偏振光的反射式偏振器，或使光束以布儒斯特角连续多次射向多个界面，最后输出偏振光的折射式偏振器（也称为玻璃堆）；二是利用晶体对特定方向振动的电矢量 E 的选择性吸收产生偏振光的二向色性偏振器（也称为人造偏振片）；三是利用晶体的双折射效应产生偏振光的晶体偏振器。图 5-25 所示即为利用双折射效应的渥拉斯顿偏振器。

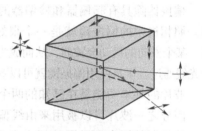

图 5-25　渥拉斯顿偏振器

在选择偏振器时，一般可以用偏振器的质量指标，即偏振度、通光口径、光谱范围和稳定度来确定。

1) 偏振度：表明输出光中完全偏振光所占比例的大小，它说明了偏振器起偏性能和对入射光能的利用率。

2) 通光口径：透射偏振光的最大光束截面或允许的入射光束最大孔径角，该指标往往取决于偏振器的工作原理。

3) 光谱范围：偏振器能适用的光波光谱范围，主要取决于偏振器的工作原理和材料的性质。

4) 稳定度：能影响偏振器实用性的指标，反映了偏振器是否容易因光照、湿度、温度的变化和机械冲击而改变偏振性能。

波片是能使互相垂直的两光振动间产生附加光程差（或相位差）的光学元件，如图 5-26 所示。它的光轴和晶面平行。

波片通常由具有精确厚度的石英、方解石或云母等双折射晶片制成。常用的波片有两种：一种是四分之一波片，它能使寻常光和异常光产生

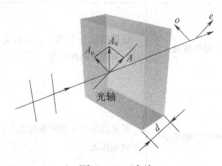

图 5-26　波片

的光程差为 λ/4 的奇数倍,即相位差为 π/2 的奇数倍;另一种是二分之一波片,它能使寻常光和异常光产生的光程差为 λ/2 的奇数倍,即相位差为 π 的奇数倍。另外,还有全波片和可调位相差波片。

由于寻常光和异常光沿垂直于光轴方向传播速度不同,寻常光和异常光的位相差主要由它们穿过的波片厚度 d 来决定,其相位差为

$$\Delta\phi = \frac{2\pi}{\lambda}d(n_o - n_e) \tag{5-3}$$

式中,n_o 为寻常折射率;n_e 为异常折射率。

在选择波片时,除注意由波片厚度决定波片位相差外,还要注意波片的位相差只是相对于单色光而言。另外,在有些要求波片对于多种波长产生同样的位相差的应用场合,要由多个波片组合成为消色差波片。

2. 偏振器和波片的功能和选择

偏振器的作用主要是使由自然光产生偏振光和检测光的偏振性能。

偏振器除具有起偏器和检偏器的基本功能外,它还被用来控制某一方向振动光的传输特性。照相机中的偏振镜就是一个很好的例子。自然光经光滑物体表面的反射和天空的散射之后,某个方向的振动会减弱,从而成为具有一定偏振特性的光,偏振镜可以选择让某个方向振动的光线通过,于是使用偏振镜就可以减弱物体表面的反光,还可以突出蓝天白云和压暗天空。

波片的基本功能是在已知的两个正交偏振方向上,为入射的偏振光引入特定的附加位相差。四分之一波片可以被用来由线偏振光产生圆偏振光和椭圆偏振光,同时也可以用四分之一波片将圆偏振光和椭圆偏振光变为线偏振光。线偏振光穿过二分之一波片后仍为线偏振光,只是一般情况下振动方向要转过一角度。

反射式偏振器和人造偏振片都是片状,可以根据所需通光口径来选择,而晶体偏振器是由各种晶体棱镜产生偏振光。表 5-4 列出了常用的晶体偏振器。

表 5-4 常用的晶体偏振器

名称	特性	图例
尼科耳棱镜	光能利用率不高,成本比较高,通光面积不易做大,适合于对偏振度要求高的应用	
格兰棱镜	适用的波长范围广,可以允许较强光通过,有较宽的视场角	
渥拉斯顿棱镜	两束偏振光分开的角度较大,可同时应用两束偏振光	

(续)

名　称	特　性	图　例
洛匈棱镜	对寻常光是消色差的，对非寻常光是有色差的，可同时应用两束偏振光	

除了上述晶体偏振器，偏振分光棱镜（PBS）也是常见的偏振分光元件。偏振分光棱镜选取直角棱镜为基底，在其表面交替镀制不同折射率的膜料，使光线在这些膜料上的入射角满足布儒斯特角，让 P 偏振光透过，S 偏振光反射，从而实现偏振分光的目的。偏振分光棱镜具有制造成本低、几何尺寸大、使用方便等特点，在激光技术、光纤通信技术和光电仪器等领域具有十分广泛的应用前景。

应用于光电仪器时，选择偏振器和波片需考虑如下因素：

1) 由产生偏振光和相位差的基本原理可知，偏振器和波片是与折射率有关的，也就是与偏振器和波片所应用的光学系统的光谱范围有关。因此，在选择偏振器和波片时要考虑它们所适用的波长范围，以及在不同波长下的不同偏振特性。对于波片在光学系统中引入的位相差只是对单一波长而言，当要求波片对多种波长产生同样的位相差时，应选用由多个波片组合而成的消色差波片。

2) 应根据偏振器在光电仪器中所起的作用不同选择不同类型的偏振器。例如，对于偏振度要求高的，可以选择晶体偏振器，但晶体偏振器的通光口径一般较小，主要是大的通光口径将使得晶体的体积增大；对于偏振度要求不高且通光口径比较大的应用，可选择片状的反射式偏振器和人造偏振片。因此，要根据偏振器在光电仪器所处的位置和作用的不同，综合考虑偏振器的偏振度、通光口径、光谱范围和稳定度等性能来选择。

第三节　新型光学元件

以几何光学和物理光学原理制成的光学元件是光电仪器中应用最多和最早的光学元件。随着新技术的不断出现，光电技术也得到了很大的发展，人们将光学的基本原理和新技术相结合，已研制出了许多新型的光学元件。例如，目前在通信领域广泛应用的光纤就是利用光的全反射原理和激光技术，与先进的制造技术相结合的产物。把光学原理与新技术相结合，实现对光的控制，以满足人们新的需要，这也是光学技术近年来发展的新方向。

本节只对几种在光电仪器中应用较多的新型光学元件作一些介绍，以便在光电仪器的设计中能根据这些光学元件的特点进行选择。新型光学元件主要有光纤、微小光学元件等。

一、光纤

1. 引言

光纤是利用光的全反射原理，使光线能长距离传输的光学元件。光纤是由能传输一定波长范围的光的高折射率的芯层、低折射率的涂层和护套构成，如图 5-27 所示。

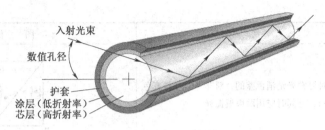

图 5-27 光纤的结构

光纤主要有两大类：一类为单模光纤，如图 5-28a 所示，它的芯径很小（常用的芯径为 $8\sim9\mu m$），以至于只有一条轴上光线（基模）能够在光纤内传输；另一类为多模光纤（也可分为阶跃折射率多模光纤和梯度折射率多模光纤），如图 5-28b、c 所示，它是相对单模而言（常用的芯径为 $50\mu m$、$62.5\mu m$），在光纤中能够传输两条以上的不同光路（模式）的光线。阶跃折射率多模光纤的带宽和单模光纤相比较窄，而梯度折射率多模光纤的芯层的折射率不是均匀的，它沿芯层的半径方向变化，越靠近芯层中心折射率越大，这就使得光在光纤中传播时的速度是不均匀的。这种梯度折射率光纤可以提高多模光纤的带宽。

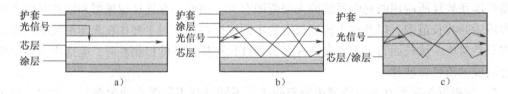

图 5-28 光纤的种类

在选择光纤时，可以用光纤的基本参数，即数值孔径和衰减来确定一般的光纤。对于不同用途的光纤，还需要其他参数来确定光纤的性能。

光纤的数值孔径（NA）是满足在芯层（n_1）和涂层（n_2）界面发生全发射的临界角所对应的光纤端面的入射角正弦 $\sin\alpha_m$ 与入射介质折射率 n_0 的乘积，其计算公式为

$$NA = n_0\sin\alpha_m = (n_1^2 - n_2^2)^{\frac{1}{2}} \tag{5-4}$$

入射到光纤端面的光并不能全部被光纤所传输，只是在小于 α_m 角范围内的入射光才可以被光纤传输，如图 5-29 所示。与评价透镜在光学系统中的性能的方法相同，光纤也是用数值孔径的大小来决定光纤的聚光能力的。

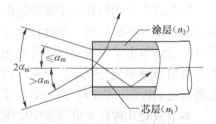

图 5-29 光纤的入射光

光纤的衰减是指输出信号和输入信号大小的差，它主要是由于光在光纤中传输过程被吸收和散射的结果。引起衰减的因素有瑞利散射、固有吸收、弯曲、挤压、杂质、不均匀和对接等。瑞利散射和固有吸收是光纤材料产生的固有损耗；弯曲是光纤弯曲时部分光纤内的光会因散射而损失掉，造成了光的损耗；挤压是光纤受到挤压时产生微小的弯曲而造成了光的损耗；杂质是指光纤材料内的杂质吸收和散射在光纤中传播的光，使光损失；不均匀是光纤材料的折射率不均匀造成了光的损耗；对接是指光纤对接时产生的

损耗，如两对接的光纤不同轴、端面与轴心不垂直、端面不平、对接心径不匹配和熔接质量差等都会引起光的损失。

数值孔径和衰减都是反映光纤基本性能的参数，对于它们的选择要考虑到光纤所使用的波段、用途以及光电仪器所要达到的性能指标。

2. 光纤的功能和选择

光纤的功能主要是使光可以长距离的传输，传输的路径不要求输入光轴和输出光轴在同一直线上，且传输的路径中不需要加入任何光学中继元件。也就是说，光纤可以实现光的曲线传输。

光纤的最主要应用是在通信方面。由于光纤与铜线缆相比具有体积小、重量轻、抗电磁干扰能力强、通频带很宽、无中继段长、使用环境温度范围宽、使用寿命长（无化学腐蚀）、使用安全（光纤通信不带电，可用于易燃、易爆场所）等特点，使得它在通信方面的应用越来越广泛。关于光纤在通信方面的应用不在这里作更多的介绍，若需对这方面有更深入的了解，可参阅光纤通信方面的专著，本书主要对光纤在光电仪器中作为光的传输介质和传感器应用时的选择问题进行讨论。

除了上述的光纤的基本功能外，在设计时还应注意光纤在使用中的以下特性：

1）光纤除了在通信中得到广泛应用以外，它的另一个重要应用就是光纤传感器。光纤传感器的基本原理是：当光纤受到力的作用时或温度变化时，通过光纤的光的特性会发生变化，利用光纤的散射效应和光纤光栅来测量这些变化，可以实现对力和温度的传感。光纤传感器可以用来测量振动、温度、变形、位移、应力和声等，它的主要优点是传感器置于光纤内、没有运动部件、灵敏度高、动态范围宽、同一根光纤具有多点传感能力、抗电磁干扰和化学腐蚀、寿命长、体积小、成本低等。

光纤陀螺是光纤用作传感器的一个重要应用。光纤陀螺是利用萨格纳克（Sagnac）效应和光干涉的原理实现对角速度的测量。光在萨格纳克效应中产生的光程差与旋转角速度成正比，从而可通过光的干涉结果推算角速度。图 5-30 中，当光纤环圈相对惯性空间处于静止状态时，从激光光源发出的光经过耦合器形成沿顺时针和逆时针两个方向的两束光，两束光通过光纤环圈回到探测器时，两束光的光程差为零。当光纤环圈相对惯性空间以角速度 Ω 沿顺时针转动时，探测器探测到的两束光的光程差不再为零，光程差的大小是角速度 Ω 的函数。这样就可以测到角速度的变化量。

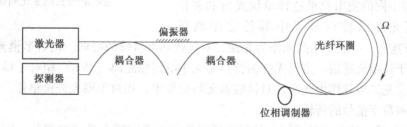

图 5-30 光纤陀螺原理图

2）光纤在广泛用于通信之前，光纤的一个比较成功的应用是用来传输图像。玻璃光纤传像束是将几万根直径仅十几微米的光导纤维两端按一一对应关系排列，经固化磨抛后而制成的柔软光纤传像元件。在传像束一端投射图像，该图像即被传送至另一端，如图 5-31 所示。光纤传像束可在任意弯曲状态下传递图像。光纤传像束广泛应用于医用内窥镜、工业内窥镜、武器观瞄系统等领域。例如，微光成像系统就是采用光学纤维面板，即一种由大量光导纤维组成的薄板阵列，每根纤维传导一个像素，减少了光的散射，传导效果好，而且由于可以将光纤的末端排列成曲面，天然地避免了像差，所以可大大提高系统的成像质量。

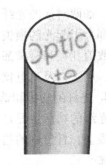

图 5-31　光纤传像束

3）光纤在传输光学信号时，是直接将光本身从一端传送到另一端，这样不会受到使用环境的任何电磁干扰的影响，因此光纤适用在各种恶劣环境中作为传感器和传输信号。光纤除了具有很好的抗电磁干扰外，还具有抗化学腐蚀作用，使用环境温度范围宽，可安全地使用在易燃、易爆环境中。

随着光纤的广泛应用和对光纤不断提出新的要求，出现了各种不同种类和性能的光纤。对光纤的分类可以按不同方式进行：按材料分，有玻璃光纤、塑料光纤和液芯光纤；按折射分布形式分，有阶跃折射率光纤和变折射率光纤；按使用波段分，有可见波段使用的光纤、红外光纤和紫外光纤；按传输模的数目分，有单模光纤和多模光纤。此外，还有一些其他特性的光纤，但通常把光纤分为单模光纤和多模光纤两类。

当光纤作为光和像的传输介质和传感器应用于光电仪器时，对光纤的选择应注意以下问题：

1）光纤的衰减是由光在光纤中传输时被吸收和散射所导致的，其中散射是引起衰减的主要原因。光纤的吸收和散射与波长有关，图 5-32 所示是典型的玻璃光纤吸收和散射引起的衰减随波长的变化曲线。为了减小光的衰减和易于制造光发射、接收器件，在光纤工业发展早期，光纤的传输窗口主要有两个（$0.85\mu m$ 和 $1.31\mu m$），后来有了第三个传输窗口（$1.55\mu m$）。因此在选择光纤时，要考虑到衰减与波长的关系，尤其是长距离传输光信号的光纤，应尽可能使光纤在这三个传输窗口工作。

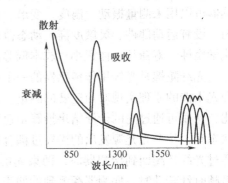

图 5-32　玻璃光纤吸收和散射引起的衰减随波长的变化曲线

2）根据不同的使用要求选择单模光纤和多模光纤。单模光纤的特点是无中继传输距离长（80km），带宽宽，一般使用激光作为光源，对接收器有特殊的要求，相对多模光纤价格高。它适合应用于长距离通信。多模光纤的特点是无中继传输距离（5km）相对于单模短，带宽窄，一般用发光二极管作为光源，对接收器无特殊要求，相对单模光纤价格低。它适用于短距离的音频和数字信号的传输。

3）光电仪器中使用光纤系统，除了光纤以外，还要有两个最基本部分：发射光源和信号接收器。在选择光纤的同时，也要选择与光纤相适应的发射光源和接收器。

光纤系统的工作环境要求发射光源的体积小，便于和光纤耦合；光源发出的光波长应合适，以减少在光纤中传输的能量损耗；光源要有足够的亮度。在相当多的光纤传感器中还对光源的相干性有一定要求。此外，还要求光源的稳定性好，能在室温下连续长期工作；噪声小和使用方便等。常用的发射光源有发光二极管和激光两种。发光二极管的特点是价格低，可用于短距离的非相干光纤系统；激光的特点是价格相对于发光二极管高，可用于长距离的相干光纤系统。

接收器实质上是一个将光转化为电流或电压的光电器件。在选择接收器时要根据光纤的使用要求，注意选择合适的光电器件的宽带、灵敏度。常用的接收器有 PIN 光敏二极管（光敏二级管原称光电二极管）和雪崩光敏二极管。

在光纤系统中，光电探测器只能探测光的强度，因此，光的其他性能改变必须经过变换，以产生可探测形式的调制。光纤系统中常用的光调制有强度调制、相位调制、偏振调制、频率调制、波长调制、时分调制、光栅调制和非线性光纤光学调制等。

4) 光纤传感器在应用于测量系统时，可以有三种分布形式，即单点传感、分布式传感和传感器阵列，如图 5-33 所示。单点传感和传感器阵列可以对离散的测试点进行各种物理量的测量；而分布式光纤传感的原理是同时利用光纤作为传感敏感元件和传输信号介质，采用先进的光学时域反射测量技术（OTDR），探测出沿着光纤不同位置的温度和应变的变化，实现真正分布式的测量。温度测量原理是基于喇曼散射效应的分布式温度传感系统；应变测量原理是基于布里渊散射的分布式温度和应变传感系统，它也可以同时测量温度和应变。

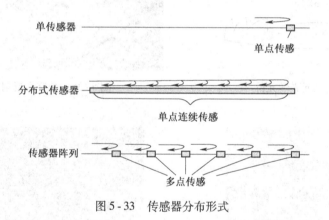

图 5-33　传感器分布形式

二、微小光学元件

1. 引言

微小光学元件是指单个尺寸从几毫米到几百微米的光学元件。微小光学元件可以采用模压方式生产，但现在更多的是用微电子技术来研制，是一种新型光学零部件。图 5-34 所示是一种用微电子技术将微反射镜和驱动电路集成在一起的用于投影仪的数字微镜阵列，微镜的尺寸只有数十微米，50~130 万个微镜片聚集在 CMOS 硅基底上，其下方设有类似铰链作用的转动装置，受数字驱动信号控制，镜片发生

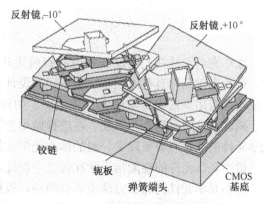

图 5-34　数字微镜阵列的结构

±10°倾斜,实现"开"和"关"。

微小光学元件按照光传播的途径可简单地分为两大类:以衍射理论为基础的衍射型微小光学元件和以折射原理为基础的折射型微小光学元件。衍射型微小光学元件中比较常用的一种是二元光学元件,它以微多台阶面形来逼近连续光学表面面形。二元光学元件主要有三种:二值型二元光学元件(见图 5-35a)、多阶型二元光学元件(见图 5-35b)和混合型二元光学元件(见图 5-35c),是微小光学元件中比较重要的一类。折射型微小光学元件是以光的折反射原理制成的微小尺寸的光学阵列或元件。图 5-36 所示为投影仪中所使用的微反射镜阵列;图 5-37 所示为单个微透镜通光口径为 5.5μm 的微透镜阵列,在波前传感、光聚能、光整形等领域广泛使用;图 5-38 所示的是微闪耀光栅,除了用于光谱分析外,还可用于显示、激光整形和光通信中。

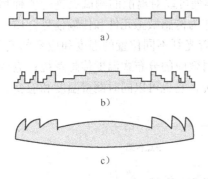

图 5-35 二元光学元件

图 5-36 数字微反射镜阵列

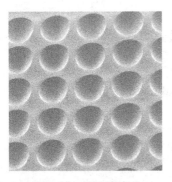

图 5-37 微透镜阵列

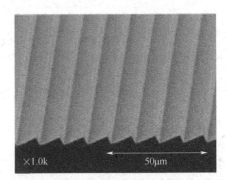

图 5-38 微闪耀光栅

微小光学元件在光电仪器中能起到前述几何光学元件和物理光学元件所起的作用,同时,微小光学元件具有体积小、重量轻、设计灵活、可实现阵列化和易大批量复制等优点,已成功地应用到现代光学的各个领域中,如校正光学系统的像差、改善光学系统的成像质量、减轻系统的重量等。因此,在选择微小光学元件时,可以用相应的几何光学元件和物理光学元件的基本参数来确定一般的微小光学元件。

微小光学元件的性能指标除在设计中保证以外,更多的是取决于微小光学元件的加工方法。微小光学元件的加工方法主要有两种:机械加工方法和光学加工方法。机械加工方法主要有光纤拉制、超精度研磨、注模、金刚石车削等。机械加工方法的优点是工艺过程简单,缺点是难于实现阵列型器件和大规模廉价复制，而且不易制作非旋转对称型微小光学元件，如微小柱面透镜、任意不规则面型微小光学元件等。光学加工方法是光刻，光刻可实现二元衍射微小光学元件和连续面形微小光学元件的加工，主要有二元光学方法、掩模移动法、灰阶掩模法、热熔法和梯度折射率方法等。光学加工方法的优点是能制作任意不规则面型透镜（尤其是二元微小光学元件）、可以大规模复制，缺点是工艺复杂、对环境要求较高。

为了说明微小光学元件的性能指标，表5-5列出了常用的微透镜阵列的基本参数。

表5-5 微透镜阵列的基本参数

名　称	参　数
材料	石英，光学玻璃，塑料
光谱范围	193nm ~ 14μm
单元微透镜尺寸	10 ~ 4000μm
透镜形状	凸、凹透镜，球面、非球面
外形公差	±10nm
数值孔径	0.004 ~ 0.8
阵列形式	正交，六边形
各透镜中心的位置误差	±0.2μm
焦距误差	±2%（对尺寸为100mm的阵列透镜）
阵列尺寸	≤300mm × 300mm
封装密度	90%

2. 微小光学元件的功能和选择

微小光学元件是一类综合性的光学元件，它对应了常用的各类普通光学元件，可以实现光波的发射、传播、调制和接收等功能。微小光学元件应用较多的是激光光学领域，用于改变激光光束波面，实现光束变换，如光束的准直、整形及光学交换和光学互联等。表5-6给出了常用的普通光学元件和微小光学元件的对应。

表5-6 常用的普通光学元件和微小光学元件的对应

名　称	普通光学元件	微小光学元件
球镜	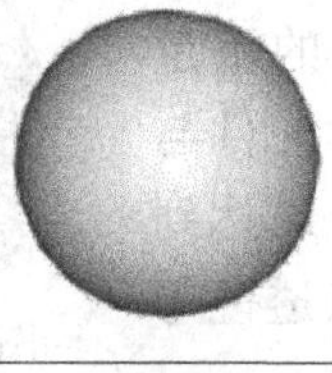	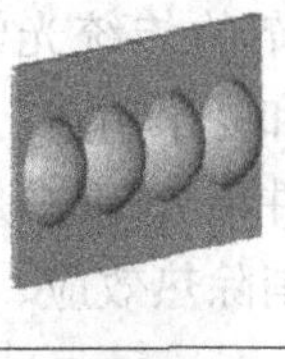
双凸透镜		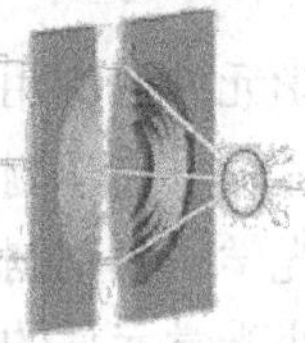

(续)

名 称	普通光学元件	微小光学元件
柱面镜		
分束镜		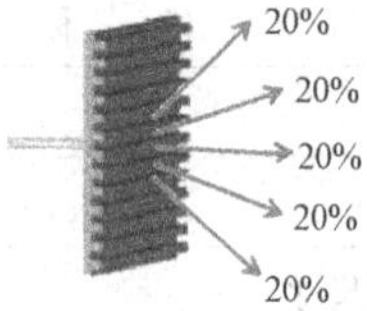 20% 20% 20% 20% 20%
棱镜	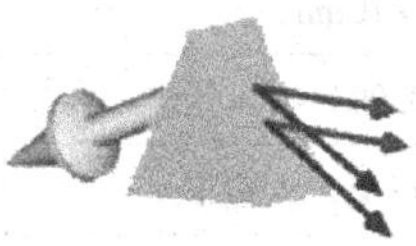	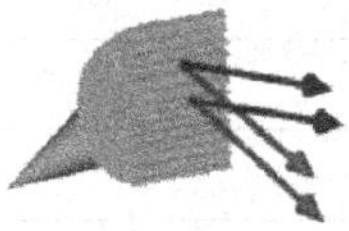
微透镜阵列		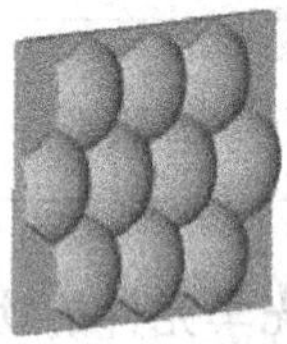

折射型微小光学元件是利用微小光学元件材料的折射率分布不同，控制光波的会聚、发散，其色散现象比衍射型微小光学元件小，而它相对于衍射型微小光学元件具有较大的数值孔径，多以阵列形式使用，是激光与光纤耦合、光束准直、光束整形和增强投影电视亮度等应用的重要元件。

衍射型微小光学元件是将光的衍射原理与微电子工艺相结合，使其能实现各种光学功能，在光学系统中被用来代替复杂的传统光学元件。为使光电仪器的重量轻、低成本和易于制造，常常将衍射型微小光学元件与传统光学元件结合起来使用，如图 5-39 所示，以达到消除色差、消除热效应、校正球差和实现多焦点透镜等目的。

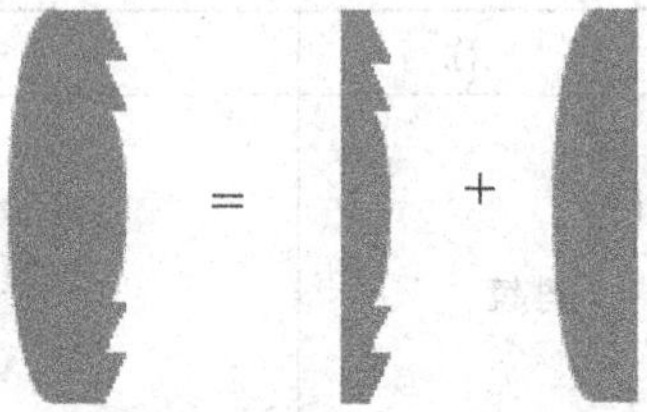

图 5-39 微小光学元件与传统光学元件的组合

微小光学元件的应用广泛，目前在光电领域的应用主要有光电显示、光学测量、光束整形、光电传感、医疗光学、空间光学、光通信、光电存储、自适应光学、光刻制版等。下面举几个应用例子，说明微小光学元件在光电系统中的作用和选择微小光学元件的优点。

(1) 微小光学元件在发光光学系统中的应用

发光二极管是近年来得到广泛应用的新型光源，它的性能不断改善，使得它在手机、相机、液晶电视、显示屏等产品中的需求不断增加，同时便携式消费产品也对发光二极管光源的发光效率、体积和发光立体角提出更高的要求。微小光学元件的出现，可以在改善发光二极管的发光效率、光学特性，减小体积，降低价格方面起到作用。微小光学元件在发光光学系统中的应用如图 5-40 所示。

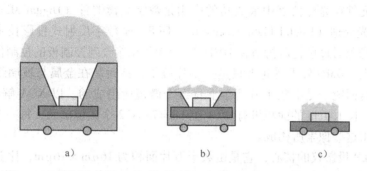

图 5-40　微小光学元件在发光光学系统中的应用

图 5-40a 所示是利用传统光学元件——半圆形透镜和小的锥形反射面组成发光光学系统，它的特点是可以对发光二极管的发光效率和发光立体角有一定的改善，但整个元件的体积较大，要实现阵列型的多发光二极管发光阵列较困难，这种光学系统只能应用在对产品体积要求不高的发光二极管发光系统中。图 5-40b 所示是利用微小光学元件——衍射和折射微光学元件形成的发光光学系统，它的特点是可以根据要求确定发光立体角的大小和方向，从而提高了发光二极管在要求的发光方向的发光效率，与用传统光学元件的发光光学系统相比，是体积小、高度有较多的降低、可以实现多发光二极管发光阵列的发光光源。图 5-40c 所示是利用微小光学元件和微电子元件相结合形成的小型发光二极管发光系统，它的特点是利用微小光学元件的特点提高了发光二极管在要求的发光方向的发光效率，用微电子制作工艺实现在同一晶片将发光光学系统与发光二极管集成，对于发光二极管和发光光学系统之间没有装配和对准要求，使得发光二极管光源的体积小、成本低，能应用到更多的便携式消费产品中。

(2) 微小光学元件在光通信方面的应用

微小光学元件在推动光通信技术的发展方面起着重要的作用。图 5-41 所示的微光学波导系统就是一种新型的波分复用（DWDM）光通信元件——凹面微光栅型波分复用系统。DWDM 技术是将同时在一条光纤中传输的不同频率的光波分开，以提高光纤的信息传输能力。

光波导型 DWDM 有两类：凹面型微光栅和数组型波导光栅。由于数组型波导光栅组件受限于硅芯片尺寸因素，因此要使

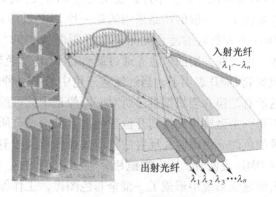

图 5-41　微光学波导系统

频道数目增加有技术瓶颈。要解决此技术难题，凹面型微光栅是一个好的解决方案。在同样规格下，凹面型微光栅的面积约为数组型波导光栅组件的 1/8，而系统稳定性所需的功率约为其 1/5。凹面型微光栅组件，结合光传感器可形成光栅型微光谱分析仪；结合主动增益材料则可形成可调波长激光；结合微致动器更可形成外部共振腔可调波长激光。因此，凹面型微光栅的应用领域非常广泛，堪称为下一代光通信 DWDM 或微光机电系统的核心技术。

(3) 微小光学元件在光电投影系统中的应用

微小光学元件在光电仪器中最成功的应用是数字微镜器件（Digital Micromirror Device，DMD）在数字光处理（Digital Light Processing，DLP）全数字反射式投影技术中的使用。它的基本原理是光源通过色轮后折射在 DMD 上，DMD 在接收到控制板的控制信号后将光线发射到投影屏幕上。DMD 外观看起来只是一小片镜子，被封装在金属与玻璃组成的密闭空间内，事实上，这面镜子是由数十万乃至上百万个微镜所组成的。以 XGA 解析度的 DMD 为例，在宽 1cm、长 1.4cm 的面积里有 1024×768 = 786432 个微镜单元，每一个微镜代表一个像素，图像就由这些像素所构成。

DMD 是 DLP 投影仪的核心，它是由数十万片面积为 $16\mu m \times 16\mu m$，比头发的断面还小的微反射镜片所组成（见图 5-36），微镜片片数越多，组件面积越大，反射光也会随之增加。由二位脉冲调变来控制的半导体基准组件 DMD 是快速且具反射性的数字光开关，能精准地控制光源，其光效率大于 60%。图 5-34 示意的是两片微反射镜系统，DMD 运用微电子技术将 50~130 万个微镜片聚集在 CMOS 硅基片上。一片微镜片表示一个像素，变换速率为 1000 次/s，或更快。每一微镜片的尺寸为 $16\mu m \times 16\mu m$（或 $14\mu m \times 14\mu m$）。为便于调节微镜片的方向与角度，在其下方均设有类似铰链作用的转动装置。微镜片的转动受控于来自 CMOS RAM 的数字驱动信号。当数字信号被写入 SRAM 时，静电会激活地址电极、镜片和轭板（YOKE）以促使铰链装置转动。一旦接收到相应信号，镜片倾斜 10°，从而使入射光的反射方向改变。处于投影状态的微镜片被视为"开"，并随来自 SRAM 的数字信号而倾斜 +10°；如显微镜片处于非投影状态，则被视为"关"，并倾斜 -10°。与此同时，"开"状态下被反射出去的入射光通过投影透镜将影像投影到屏幕上；而"关"状态下反射在微镜片上的入射光被光吸收器吸收。

目前，DLP 投影仪按其中的 DMD 的数目分为一片 DLP 投影系统、双片 DLP 投影系统和三片 DLP 投影系统。三片 DLP 投影系统使用三片 DMD，每片负责一种原色的显示，类似 3LCD 那样的方式。不过，使用三片 DMD 的成本非常高，因此这种方案只用于最高端的 DLP 投影仪中。一般的产品采用的是一片 DLP 投影系统。在一片 DLP 投影系统中，通过一个以 60r/s 高速旋转的滤色轮来产生投影图像中的全彩色。滤色轮由红绿蓝（RGB）三色块组成，由光源发射的白色光通过旋转着 RGB 滤色轮后，白色光中的红绿蓝三色光会顺序交替照射到 DMD 表面上。当红绿蓝三色中的某一种颜色的光照射到 DMD 表面时，DMD 表面中的所有微镜片会根据自己所对应的像素中此种颜色光的有无在开和关两个位置上高速切换，而每一个微镜片切换到开位置的次数是由自己所对应的像素中此种颜色的数量而决定的。此种颜色的光由微镜片反射后，通过投影镜头投射到投影幕上，同样，当其他两种颜色的光到达 DMD 表面时，所有微镜片会重复上述动作。由于所有动作都在极短的时间内完成，就在人的视觉系统中形成了一幅全彩色图像，工作原理如图 5-42 所示。

微小光学元件通常在光电系统中扮演高附加值与关键性的角色，已经大量取代复杂传统光学元件,并使光电仪器具有轻薄小等特点。

微小光学技术从林肯实验室的科学研究开始,至今已经广泛地应用于精密仪器、高科技产品中,甚至日常生活接触到的3C产品,都含有微小光学元件,足可以说明微小光学元件在现代光电仪器中将起到非常重要的作用。

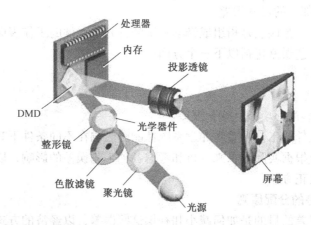

图 5-42　单片 DMD 投影系统的工作原理

第四节　光学元件的误差分配与装配校正

选择光学元件是实现光电仪器所要求功能的第一步,要形成能工作的光电仪器,还必须把光学元件与机械机构以及电控系统安装在一起,进行校正和测试,使之成为合格的光电仪器产品。对于光电仪器产品的一般要求是:

1)光学元件的精密的定位精度和传动精度。
2)光电仪器具有高的稳定性和适应性。
3)安装光学元件的镜筒内部严格清洁。

上述要求的实现需要通过对光学元件的误差分配和装配校正来完成。光电仪器的装配校正是涉及较多内容并具有较强的实践特性的领域。受篇幅限制,本节只对光学元件的误差分配、装配校正的原则作简要叙述。

一、光学元件的误差分配

光学元件的误差是由设计、工艺和使用诸方面原因造成的。由于实际的光学系统不可能理想成像,因此都会存在一个光学系统的实际像与理想像之间的差异,这种差异就是光学元件的设计误差,也称为原理误差。原理误差是在光学元件的设计中,为了简化结构而采用了近似的工作原理、公式和参数所造成的误差。在光学元件的加工和装配中,由于零件或部件各工作表面的尺寸、形状和位置偏离了理想值造成的误差,称为工艺误差。

1. 光学元件的误差

对于原理误差可以在设计时控制在一个可以允许的范围内,使其不影响光学系统的性能指标。通常要考虑的光学元件的误差主要是指它的工艺误差。工艺误差又可分为加工工艺误差和装配工艺误差。

光学元件的加工工艺误差包括四个方面：
1）光学材料的特性误差。
2）光学元件部分表面的几何形状误差。
3）光学元件上部分表面对于另一表面的相对位置误差。
4）光学元件各部分的尺寸误差。

光学元件的装配工艺误差是指组成光学系统的各光学元件的工作表面在光电仪器中的相对位置误差。装配工艺误差包括以下三个方面：
1）装配基准误差。
2）装配测量误差。
3）装配方法和装配环境条件变化误差。

上述各种光学元件的工艺误差对光学系统性能的影响在不同条件下其程度是不同的，在设计光电仪器时，应根据实际要求来分析和考虑各种工艺误差的影响，以便合理地分配误差和选择最优的装配校正方法。

2. 光学元件误差的分配原则

分析光学元件误差的目的是如何减小和补偿这些误差，以经济的方式在加工和装配中寻找提高光学系统精度的途径和方法。合理分配误差是提高光学系统性能的基础，主要步骤包括：按等精度原则分配误差、按可能性调整误差及验算调整后的总误差。关于误差分配的详细方法，可参见本书仪器精度分析与设计部分。

二、光学元件的装配校正

将合格的光学元件和其他相关零件组合成完整的合格部件，这一过程称为光学元件的装配。在这一过程中的主要工艺有装配、检验和校正。对于光电仪器的装配和校正可以定义如下：

1）装配：将两个或两个以上的相互关联的零件，按装配图所示的关系及要求安装在一起的过程。

2）校正：将初步装配完成的产品，通过必要的工艺手段，使其达到设计所规定的有关技术性能指标的过程。

光电仪器的装配通常是分三个部分来进行，即机械装配、光学装配和电控装配。机械装配主要指产品所属的精密传动部分的装配，光学装配主要指经过清洁处理并与光学元件有关的零件与光学元件之间的装配，电控装配主要指产品所属的电子控制部分的装配。本书中主要对光学元件装配的原则作讨论。由于几何光学中的成像系统是最典型最常用的光学系统，因此本书以成像几何光学元件为例，介绍光学元件的装配和校正。关于物理光学元件，如光栅、偏振片的装配校正还请参阅相关书籍。

在光学元件的装配中，首先要对光学元件进行清洗，然后是把光学元件及与其有关的零件进行装配和校正。

1. 光学元件装调对设计的要求

光学元件在仪器中作用主要是传递各种形式的信息，为准确和有效地传递信息，必须保证光学元件在仪器结构中的相对位置。例如，在共轴光学系统中，要求各透镜和其他光学元件的光轴应在同一轴线上，各光学元件的轴上相对位置应确定；在非共轴系统，如棱镜等非轴对称系统中，也对光学元件的位置有具体的要求。光学元件的相对位置的固紧是通过其他零件来保证的。在保证光学元件的相对位置的同时，在装配时还应该注意以下两个方面。

(1) 调整补偿结构

对于各光学元件之间的位置仅靠非光学零件结构保证是不经济和不够的，一般是通过调整机构来实现光学元件之间的相互补偿，从而保证仪器的光学系统的各项性能，如放大率、视场、出瞳直径和出瞳距离，以及各项成像位置精度等。因此，要设计一系列的调整补偿结构来校正光学系统的光学性能。这方面的详细内容可参阅光学手册等书籍。

以下是调整补偿结构的实例。为了消除像差，通常光学系统都是由多个光学元件组成，通过调整各个光学元件之间的轴向距离，可以对光学系统的焦距等光学参数进行调整，达到设计的要求。图5-43所示的结构就是利用凹透镜2相对于凸透镜4沿光轴方向的移动，以调整二者组成的光学系统的焦距。在结构上是利用调整螺圈1和3的相对转动来实现上述移动的要求。这种调整结构一般是在装入总体以后再作定量调整。如果调整螺圈1和3的螺距已知，相邻两个拨孔之间的角度值也知道，那么就可以通过拨孔的个数来计算负透镜的移动量。

(2) 光学元件所受应力最小

要保证光学元件的位置，就会有光学元件与非光学元件的接触，即非光学元件对光学元件施加一定的力。这些作用在光学元件上的力将改变光学材料的性能，影响光学元件的光学性能。对于要求比较高的光学元件，要求光学元件所受的应力最小。

对于小口径的单透镜或胶合透镜的装配，可采用图5-6b、c中的压边（滚边）或压圈结构固紧透镜，如果有一定的消应力要求，可在压圈与透镜之间加上弹性隔圈；如果消应力的要求较高，则可以采取较好的消应力结构措施，如图5-44所示。图中，镜框2与透镜接触的端面不是一个整圆，而是三个按120°均布的凸台。弹性隔圈3的端面也是三个凸台。在结构上要保证装入透镜1后，镜框2和弹性隔圈3的三个凸台能一一对应，然后用压圈4压紧。由于只有三个点对应接触，故压力只是通过接触部位，而其他通光部分既不受压应力，也不会由于弯曲而产生应力。为了防止透镜转动的可能性，又不致产生径向压应力，没有像一般结构那样采用紧定螺钉，而是用胶来代替。即在螺孔内灌注水泥胶5，待干燥后起紧定作用，因此基本上不产生径向压力。

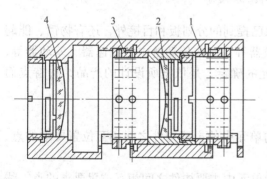

图5-43 组合焦距的调整结构
1、3—螺圈 2—负透镜（凹透镜）
4—正透镜（凸透镜）

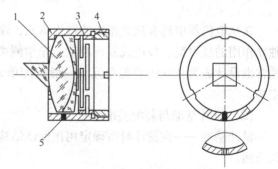

图5-44 减少应力的透镜固定结构
1—透镜 2—镜框 3—弹性隔圈
4—压圈 5—水泥胶

2. 光学元件装配校正工艺对设计的要求

光学元件装配工艺对设计阶段的要求是：设计者必须考虑到装配校正可能性，即在光电仪器设计时就要对装配校正的环节进行设计，才能在装配校正时有相应的结构进行调整补偿，以保证光学元件定位时所受的应力最小。同时，为了装配的需要，还需对设计提出下面的要求。

（1）结构单元与装配单元一致

结构单元——在仪器中能独立起作用的部分，如物镜结构、分划板结构和目镜结构等。

装配单元——在仪器中能独立进行装配的部分。

如果结构单元和装配单元一致，则能给装配校正工作带来极大方便。否则，有可能会出现不可克服的困难，以致要求重新修改设计。此外，把结构单元设计成装配单元，还可以提高装配工作的效率。

例如，图 5-45a 所示的分划板 2 和目镜 1 均按完全独立的结构设计，即各自构成结构单元；在装配时分划板 2 和目镜 1 均可分别进行装配，即各自构成装配单元。当它们被装入镜筒 3 后，它们之间的相互位置的精度可通过目镜的调节来达到。这是一个结构单元和装配单元一致的典型的光电仪器装配实例。而图 5-45b 所示是一个设计不合理的目镜分划板结构，图中分划板 2 和构成目镜 1 的两个胶合透镜直接装入镜筒 3 内，虽然从表面上看，此结构看似简单，但由于目镜构不成装配单元，因此无法调整目镜和分划板之间的相互位置。

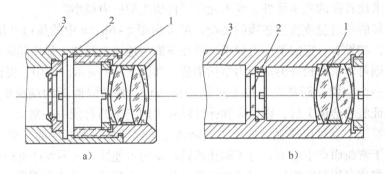

图 5-45 目镜与分划板组合结构
1—目镜 2—分划板 3—镜筒

在光电仪器中具有独立作用的结构单元，除已提到的分划板和目镜外，还有物镜、能起独立作用的反射镜、棱镜或复合棱镜、光学测微器等。一些传动链中的减速器、差动器等，通常也设计成为独立的装配单元。一般装配单元的确定，是依据所设计的产品结构特点而定的。

（2）设计基准与装配基准一致

设计基准——在设计时所确定用作保证结构单元中的主要构件之间相互位置要求的点、线或面。

装配基准——在装配时所确定用作保证装配单元中主要构件之间相互位置要求的点、线或面。

如果装配基准与设计基准一致，就可以避免装配基准与设计基准之间的转换误差，因而可减小装配误差。

例如,图5-45a和b中的目镜装配都属于装配基准与设计基准一致,影响目镜两胶合透镜之间不同轴度的因素,直接由透镜偏心和透镜与镜筒的配合间隙所产生。

光学系统是光电仪器必不可少的组成部分,而光学系统又由本章提到的几何、物理光学元件组成。由于各种光学元件的具体使用方法在别的书籍中有所涉及,实际仪器设计过程中也需要查阅光学手册、零件手册等参考资料,因此本章没有展开介绍各类元件的原理,只是提纲挈领地介绍了作为光电仪器设计者需掌握的基本设计原则,实际设计还应查阅工具书进行。

参 考 文 献

[1] Yoder P R. Design and Mounting of Prisms and Mirrors in Optical Instruments [J]. SPIE vol. TT32, 1998.
[2] 连铜淑. 反射棱镜共轭理论 [M]. 北京:北京理工大学出版社,1988.
[3] 北京工业学院光电仪器教研室. 光电仪器装配与校正 [M]. 北京:国防工业出版社,1980.
[4] 赵跃进,何献忠. 精密机械设计基础 [M]. 北京:北京理工大学出版社,2003.
[5] 安连生. 应用光学 [M]. 北京:北京理工大学出版社,2002.
[6] 谢敬辉,赵达尊,阎吉祥. 物理光学教程 [M]. 北京:北京理工大学出版社,2005.

第六章 光电探测器

作为光电仪器，信息获取是最基本最重要的功能之一。为了实现这一功能，信息获取单元必须包含能提取光波中有用信号的部分。在经典的目视光学仪器中，人眼这一精密的探测器承担了信息获取的工作，并结合人类大脑完成部分信息处理工作。不过，操作者目视测量或人工记录存在个体差异性、滞后性、不准确性，无法满足仪器高精度、高速度的发展趋势和要求。因此，现代光电仪器通常以人眼观察为辅助手段，利用光电探测器实现准确、可靠、高效的信息获取，并结合微处理器、处理电路等完成信息的记录和传递。

光电探测器原理各异、功能不一，即使同类探测器，工作参数涵盖的范围也很广，因此，正确选择光电探测原理及器件是实现光电仪器信息获取功能的关键。

为了准确描述光电探测器的性能，比较不同光电探测器之间的差异，人们从实用的角度出发建立起一套性能参数，作为光电探测器选型的参照标准。有了一套衡量工作性能的指标，才能对光电探测器分门别类，确定其应用场合。由于光电探测器的功能是实现信息从被测光波到信号传递电路的转换，因此其性能参数应从光学、电学、光电转换等方面加以考虑。

光电探测器的选型以光电转换原理的选择为基础。除了某些特定波长、能量或其他特定参数的探测只能选用某类特殊的光电探测器之外，常规探测可选择的光电探测器种类很多。光电探测器的选型主要从性能参数和价格、体积等方面加以考虑。

本章首先从光电探测器性能参数出发，建立性能评价的框架，之后介绍各类光电探测器的物理原理和典型性能参数，最后列举几类常用光电探测器的应用实例，说明光电探测器选型和使用的基本方法。

第一节 光电探测器的性能参数

光电仪器的功能总由一定单元实现，同时对应一定的性能指标。以数码照相机为例，变焦和调焦的功能主要由镜头和相应的调节机构、电路完成，对应指标是变焦比和调焦范围；成像分辨率和感光范围则主要由光电探测器决定，前者用像素数衡量，后者在商品中没有明确指标，一般涵盖自然光和人工照明的发光强度范围。如果考虑拍摄视频的数码录像机，其拍摄的帧频同样由探测器决定，即这一参数与探测器的响应时间有密切关系。由此可以看出，光电探测器的部分性能参数直接决定光电仪器的功能或者精度指标，这部分参数多为光学指标，且容易为使用者熟悉。

如果深入光电仪器内部，研究不同单元之间的关系和信息的转化、传递，则光电探测器的另一部分性能参数将发挥重要作用。这一部分参数涉及探测器的光电转换参数，如转换效率、速度，或者静态电学参数，如电容、电阻等。了解这一部分参数通常是仪器设计和制作人员的工作，因为这些参数关系到后续处理电路能否将探测器收集到的信息高效地提取、处理或者保存，是设计光电仪器信息处理和显示部分的依据之一。

以下从光学、光电转换和电学三个方面介绍光电探测器的特性参数。这三类特性参数并无严格界限，如果是商品化的器件，这些特性参数在产品目录中一般都有说明，对于新开发的探测器，则需要对其进行测试。

一、光学特性参数

1. 光敏面积及空间分辨率

光敏面积又称感光面积，是指光电探测器上对光波信号有响应的面积大小，是各种光电探测器最基本也是最重要的参数。点探测器的光敏区域边长一般低于毫米量级，线阵或面阵探测器由大量小探测单元组成，光敏区域边长从毫米到分米量级不等。

空间分辨率是指线阵或者面阵探测器能够分辨的临界空间几何长度的最小极限，即对细微结构的分辨率，一般由小探测单元（像素）的尺寸决定。CCD（电荷耦合器件）芯片常见空间分辨率为 $5\mu m$、$13\mu m$ 等。空间分辨率是成像器件的一项重要指标。

2. 光谱范围

光谱范围是能够引起光电探测器响应的光波所在的光谱区域大小。电磁波涵盖的波长范围从无线电波的几千米到 γ 射线的 $10^{-12}m$，而一般意义上的光波包括红外光、可见光和紫外光，覆盖 $10^{-3} \sim 10^{-8}m$ 波段范围。各种波段的光引发的物理效应不同，使得单个光电探测器的响应范围也有限。根据光谱范围可以把光电探测器划分为红外、可见、紫外器件，具体的波段分布和响应曲线则由光电转换的特性参数描述。

3. 动态范围

动态范围，最早是信号系统的概念，是指一个信号系统的最大不失真电平和噪声电平的差，多用对数和比值表示。对于光电探测器来说，其动态范围包括两个部分：光学动态范围和输出动态范围。前者是指饱和曝光量与噪声曝光量（即暗电流对应曝光量）之比，主要由光电探测器件决定；后者主要与光电探测器中的电路有关。动态范围越大的探测器能反映的层次越丰富。

二、光电转换特性参数

光电转换是光电探测器的主要功能，因此这部分参数多与光学量、电学量之间关系曲线有关，分类较细，是光电探测器的主要性能指标。

首先定义光电探测器的光电特性函数，它是指光电流 i（或光电压 u）和入射光功率 P 之间的关系 $i = f(P)$ 或 $u = f'(P)$。这一特性关系表征的是光电探测器进行能量转换的规律，一般不是线性的或其他简单函数关系，需要通过测试决定。从光电特性函数可以引申出下面几个参数。

1. 积分灵敏度 R

灵敏度也常称为响应度，它是光电探测器光电转换特性、光电转换的光谱特性以及频率特性的量度。积分灵敏度 R 定义为光电特性函数曲线的斜率，即

$$R_i = \frac{di}{dP} \tag{6-1}$$

或

$$R_u = \frac{du}{dP} \tag{6-2}$$

式中，R_i 和 R_u 分别称为电流和电压灵敏度；i 和 u 均为电表测量的电流、电压有效值。

式 (6-1)、式 (6-2) 中的光功率 P 是指分布在某一光谱范围内的总功率，因此，这里的 R_i 和 R_u 又分别称为积分电流灵敏度和积分电压灵敏度。

2. 光谱灵敏度 R_λ

如果把光功率 P 换成波长可变的光功率谱密度 R_λ，由于光电探测器的光谱选择性，在其他条件不变的情况下，光电流将是光波长的函数，记为 i_λ，于是光谱灵敏度 R_λ 定义为

$$R_\lambda = \frac{\mathrm{d}i_\lambda}{\mathrm{d}P_\lambda} \tag{6-3}$$

如果 R_λ 是常数，则相应的探测器称为无选择性探测器，如后文将提到的光热探测器。光子探测器则是选择性探测器。式 (6-3) 的定义在实际测定上很困难，通常给出的是相对光谱灵敏度 S_λ，其定义为

$$S_\lambda = \frac{R_\lambda}{R_{\lambda m}} \tag{6-4}$$

式中，$R_{\lambda m}$ 是指 R_λ 的最大值，相应的波长称为峰值波长；S_λ 是无量纲的百分数，S_λ 随 λ 变化的曲线称为探测器的光谱灵敏度曲线。

为了充分利用探测器的光谱范围，应选择与入射光功率光谱匹配的探测器。

3. 频率灵敏度 R_f（截止频率 f_c 和响应时间 τ_c）

如果入射光是强度调制的，在其他条件不变的情况下，光电流 i_f 将随调制频率 f 的升高而下降，这时的灵敏度称为频率灵敏度 R_f，定义为

$$R_f = \frac{i_f}{P} \tag{6-5}$$

式中，i_f 是光电流时变函数的傅里叶变换，通常

$$i_f = \frac{i_0}{\sqrt{1 + (2\pi f \tau_c)^2}} \tag{6-6}$$

式中，i_0 为入射光强度调制频率为 0 时探测器的光电流；τ_c 称为探测器的响应时间或时间常数，由材料、结构和外电路决定。

把式 (6-6) 代入式 (6-5)，得

$$R_f = \frac{R_0}{\sqrt{1 + (2\pi f \tau_c)^2}} \tag{6-7}$$

式中，R_0 为入射光强度调制频率为 0 时探测器的灵敏度。

R_f 即探测器的频率特性，R_f 随 f 升高而下降的速度与 τ 值的关系很大，一般规定，R_f 下降到 $R_0/\sqrt{2} = 0.707R_0$ 时的频率 f_c 为探测器的截止响应频率。从式 (6-7) 可见

$$f_c = \frac{1}{2\pi\tau_c} \tag{6-8}$$

一般认为，当 $f < f_c$ 时，光电流能线性地再现光功率 P 的变化。

如果是脉冲形式的入射光，则常用响应时间来描述。探测器对突然光照的输出电流要经过一定时间才能上升到与这一辐射功率相应的稳定值 i；当辐射突然下降到零时，输出电流也需要经过一定时间才能下降到零。一般而言，上升和下降时间相等，时间常数近似地由式 (6-8) 决定。

综上所述，光电流是探测器两端电压 u、入射光功率 P、光波长 λ 和光强调制频率 f 的函数，即

$$i = F(u, P, \lambda, f) \tag{6-9}$$

以 u、P、λ 为参变量，$i = F(f)$ 的关系称为光电频率特性，相应的曲线称为频率特性曲线。同样，$i = F(P)$ 及其曲线称为光电特性曲线，$i = F(\lambda)$ 及其曲线称为光谱特性曲线，而 $i = F(u)$ 及其曲线称为伏安特性曲线。当这些曲线给出时，灵敏度 R 的值就可以从曲线中求出，而且还可以利用这些曲线，尤其是伏安特性曲线来设计探测器的使用电路。这在实际应用中十分重要。

光电探测器的作用是将探测到的光波信号转换为电信号，为了全面描述这一转换能力，人们从入射光的功率、波长、幅值调制频率等参数出发，定义了 R、R_λ、R_f 这三个工作参数，用以表明光电探测器的性能。

从原理上看，光电转换应是在有光的情况下才会发生，似乎没有光入射时，探测器的光电流应该为零。但实际情况是，即使入射光功率为零，光电探测器的输出电流也并不为零。这一现象促使人们引入了以下几个参数。

4. 通量阈 P_{th} 和噪声等效功率（NEP）

当入射光功率为零时，光电探测器的输出电流称为暗电流或噪声电流，记为 i_n，它是瞬时噪声电流的有效值。考虑到噪声电流后，一个光电探测器完成光电转换过程的模型如图 6-1 所示。图中的光功率 P_s 和 P_b 分别为信号和背景光功率。可见，即使 P_s 和 P_b 都为零，也会有噪声输出。噪声的存在，限制了探测器探测微弱信号的能力。通常认为，如果信号光功率产生的信号光电流 i_s 等于噪

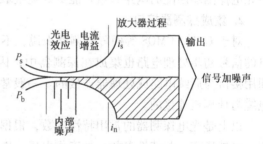

图 6-1 包含噪声在内的光电探测器
完成光电转换过程的模型

声电流 i_n，那么就认为刚刚能探测到光信号存在。依照这一判据定义探测器的通量阈，即探测器所能探测的最小光信号功率 P_{th} 为

$$P_{th} = \frac{i_n}{R} \tag{6-10}$$

式中，R 为探测器在线性区的灵敏度。

同一个问题还有另一种更通用的表述方法，这就是噪声等效功率（Noise Equivalent Power, NEP）。它定义为单位信噪比时的信号光功率。显然，NEP 越小，表明探测器探测微弱信号的能力越强。

5. 归一化探测度 D^*

NEP 越小，探测器探测能力越强，不符合人们"越大越好"的习惯，于是取 NEP 的倒数并定义为探测度 D。这样，D 值大的探测器就表明其探测能力强。

实际使用中，经常需要在同类型的不同探测器之间进行比较，此时"D 值大的探测器其探测能力一定强"的结论并不充分。究其原因，主要是探测器光敏面积 A 和测量带宽 Δf 对

D 值影响较大。一方面,探测器的噪声功率 $N \propto \Delta f$,所以 $i_n \propto (\Delta f)^{1/2}$,于是由 D 的定义知, $D \propto (\Delta f)^{-1/2}$;另一方面,探测器的噪声功率 $N \propto A$(注:通常认为探测器噪声功率 N 是由光敏面 $A = nA_n$ 中每一单元面积 A_n 独立产生的噪声功率 N_n 之和, $N = nN_n = AN_n/A_n$,而 N_n/A_n 对同一类型探测器来说是个常数,于是 $N \propto A$),所以 $i_n \propto (A)^{1/2}$,又有 $D \propto (\Delta f)^{-1/2}$。把两种因素一并考虑, $D \propto (A\Delta f)^{-1/2}$。为了消除这一影响,定义

$$D^* = D\sqrt{A\Delta f} \tag{6-11}$$

并称为归一化探测度。这样就可以说:D^* 大的探测器其探测能力一定强。考虑到光谱的响应特性,一般给出 D^* 值时需注明响应波长 λ、光辐射调制频率 f 及测量带宽 Δf,即 $D^*(\lambda, f, \Delta f)$。

三、电学特性参数

1. 分立探测器的伏安特性

在一定的光照射下,对光电管等光电探测器所加的电压与其所产生的电流之间的关系称为探测器的伏安特性。这一特性是设计探测器信号后续处理电路的重要依据之一,只有选择与光电探测器匹配的电路参数才能更好地获取所需的信号。

2. 集成探测器接口

对于 CCD、CMOS 等面阵探测器来说,不仅集成了大量光电转换单元,而且这些单元各自的信号初步处理电路也集成在探测器中,因此,其输出信号(一般是数字信号)是通过通用接口与后续电路或处理器连接的。一般常用接口包括 PCI、USB 等,也有使用视频同轴电缆与计算机连接的。

以上是光电探测器的常用特性参数,根据探测原理的不同各个参数可能有不同的表示方式。另外还有一些特性参数,如工作电压、电流、温度以及光照功率允许范围等极限工作条件,正常使用时都不允许超过这些指标,否则会影响探测器的正常工作,使用时要特别加以注意。

第二节 光电探测器的工作原理与分类

一、光电探测器的物理效应

凡是把光辐射量转换为电量(电流或电压)的光探测器,都称为光电探测器。此处的光辐射不仅指狭义的可见光,还包括紫外、红外,甚至热辐射。了解光辐射对光电探测器产生的物理效应是了解光电探测器工作的基础。

光电探测器的物理效应通常分为两大类:光子效应和光热效应。光子效应是指单个光子的性质对产生的光电子起直接作用的一类光电效应。探测器吸收光子后,直接引起原子或分子的内部电子状态的改变。光子能量的大小,直接影响内部电子状态改变的大小。光子能量 $h\nu$ 与光波频率 ν 有关(h 为普朗克常量),因此光子效应对光波频率表现出选择性。在光子直接与电子相互作用的情况下,其响应速度一般比较快。光子效应的分类及典型探测器见表 6-1。

表 6-1　光子效应的分类及典型探测器

光子效应的分类	具体效应	典型探测器
外光电效应	光阴极发射光电子 　正电子亲和势光阴极 　负电子亲和势光阴极	光电管
	光电子倍增 　气体繁流倍增 　打拿极倍增 　通道电子倍增	充气光电管 光电倍增管 像增强管
内光电效应	光电导	光敏电阻
	光生伏特 　PN 结和 PIN 结（零偏） 　PN 结和 PIN 结（反偏） 　雪崩 　肖特基势垒 　异质结	光电池 光敏二极管 雪崩光敏二极管 肖特基势垒光敏二极管
	光电磁 光子牵引	光电磁探测器 光子牵引探测器

　　外光电效应是指当光照射某种物质时，若入射光子能量足够大，和物质中的电子相互作用，致使电子逸出物质表面的现象。外光电效应依照发射光电子的去向分为直接探测和产生二次电子发射两类，代表性的探测器分别是光电管和光电倍增管。

　　内光电效应中受激发产生的自由电子仍留在物体内部，导致物体导电性加强、出现电势差或产生其他效应。其中，光电导效应对应的光敏电阻和光生伏特效应（即光伏效应）对应的光电池、光敏二极管及雪崩光敏二极管较为常见。CCD 和 CMOS 这两类常见的阵列探测器也是以光敏二极管为光电转换器件。

　　光热效应和光子效应完全不同。探测器件吸收光辐射能量后，并不直接引起内部电子状态的改变，而是把吸收的光能变为晶格的热运动能量，引起探测器件温度上升，温度上升的结果又使探测器件的电学性质或其他物理性质发生变化。所以，光热效应与单光子能量 $h\nu$ 的大小没有直接关系。原则上，光热效应对光波频率没有选择性，只是在红外波段上，材料吸收率高，光热效应也就更强烈，所以其广泛用于对红外线辐射的探测。因为温度升高是热积累的作用，所以光热效应的响应速度一般比较慢，而且容易受环境温度变化的影响。值得注意的是，下文将要介绍一种所谓热释电效应是响应于材料的温度变化率，比其他光热效应的响应速度要快得多，并已获得日益广泛的应用。光热效应的分类及典型光电探测器见表 6-2。

表 6-2 光热效应的分类及典型光电探测器

光热效应分类	典型探测器
测辐射热计	
负电阻温度系数	热敏电阻测辐射热计
正电阻温度系数	金属测辐射热计
超导	超导远红外探测器
温差电	热电偶、热电堆
热释电	热释电探测器
其他	高莱盒、液晶等

综上所述，光电效应依照发生的主要波段、产生物理效应的区别，有许多不同的分类，这些分类对应着丰富的典型探测器。以下选取有代表性的探测器，以光电探测物理效应的分类为顺序，介绍探测器的主要工作原理、结构、性能参数和应用领域。

二、光电子发射探测器

光电子发射探测器基于外光电效应的工作原理，典型探测器包括光电管和光电倍增管。

1. 光电管

光电管是一种诞生较早，技术成熟的光电探测器件，它使用简单方便，尤其对紫外线照射反应灵敏，这也是光电管虽历经百年仍见于当今人们日常生活的重要原因。

光电管主要由光窗、阳极和光电阴极构成，其结构如图 6-2a 所示。其中，球形玻璃壳的内半球面上涂一层光电材料作为阴极，球心放置小球形或小环形金属作为阳极。若球形玻璃壳内被抽成真空则为真空光电管，球内充低压惰性气体就成为充气光电管。当入射光线照射到光电阴极上时，阴极就发射光电子，光电子在电场的作用下被加速，并被阳极收集，产生光电流。对于充气光电管来说，光电子在飞向阳极的过程中还会与气体分子碰撞而使气体电离，因此可增加光电管的灵敏度。光电管的工作电路如图 6-2b 所示。

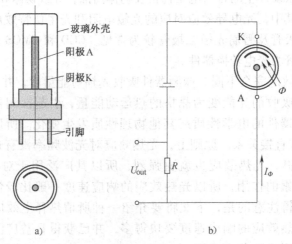

图 6-2 光电管结构及工作电路
a) 结构　b) 工作电路

光电管的主要特性参数包括其光谱范围、光电灵敏度及伏安特性等。光电管的光谱特性主要取决于阴极材料，常用的阴极材料有锑铯光电阴极、银氧铯光电阴极、铋银氧铯光电阴极及多碱光电阴极等，前两种阴极使用比较广泛，随着技术的进步，许多新型材料被用来制作光电阴极，以期改善光电管的光谱特性，提高响应速度。一般白光光源（即可见光）常用锑铯阴极，红外光源常用银氧铯阴极，而紫外光源常用锑铯阴极和镁镉阴极。

2. 光电倍增管

光电倍增管是基于外光电效应和二次电子发射效应的电子真空器件。它利用二次电子发射使逸出的光电子倍增，获得远高于光电管的灵敏度，能测量微弱的光信号。

光电倍增管包括阴极室和由若干打拿极组成的二次发射倍增系统两部分，其结构如图 6-3 所示。阴极室的结构与光阴极 K 的尺寸和形状有关，它的作用是把阴极在光照下由外光电效应产生的电子聚焦在面积比光阴极小的第一打拿极的表面上。二次发射倍增系统是最复杂的部分。

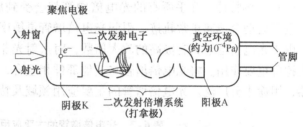

图 6-3　光电倍增管结构

打拿极主要选择那些能在较小入射电子能量下有较高的灵敏度和二次发射系数的材料制成。常用的打拿极材料有锑化铯、氧化的银镁合金和氧化的铜铍合金等。打拿极的形状应有利于将前一级发射的电子收集到下一级。在各打拿极和阳极 A 上依次加有逐渐增高的正电压，而且相邻两极之间的电压差应使二次发射系数大于 1。这样，每个光电子将激发成倍增加的二次发射电子，最后被阳极收集。

光电倍增管的主要特性参数包括：

1) 光谱响应度：是指光电倍增管对单色入射辐射的响应能力，定义为在波长为 λ 的单位入射辐射功率的照射下，光电倍增管输出的信号电压或信号电流，单位为 V/W 或 A/W。一般情况下，光谱响应特性的长波段取决于光阴极材料，短波段取决于入射窗材料。光电倍增管的阴极一般都采用具有低逸出功能的碱金属材料所形成的光电发射面。

2) 灵敏度：分为阴极灵敏度与阳极灵敏度。阴极灵敏度定义为阴极电流与标准光源入射于光电阴极的光通量之比，单位为 μA/lm。阳极灵敏度定义为光电倍增管输出的光电流与标准光源入射于阴极光通量的比值，单位为 A/lm。

3) 放大倍数：定义为在一定的电压下，阳极电流和阴极电流之比。

4) 暗电流：是指在施加规定的电压后，在无光照情况下光电倍增管输出的阳极电流，单位为 A。它是决定光电倍增管对微弱光信号的检出能力的重要因素之一。

5) 噪声：主要有光电器件本身的散粒噪声和热噪声、负载电阻的热噪声、光电阴极和倍增极发射时的闪烁噪声等。

6) 伏安特性：分为阴极伏安特性与阳极伏安特性。阴极伏安特性指当入射照度一定时，阴极发射电流与阴极和第一倍增极之间的电压的关系。阳极伏安特性指当入射照度一定时，阳极电流与最后一级倍增极之间的电压的关系。

7) 线性：是指输出量与输入量之间的关系。光电倍增管具有很宽的动态范围，在很大范围内，都随入射光强的变化而变化，具有良好的线性。但如果入射光强过大，输出信号电流会偏离理想的线性。

8）**温度特性**：降低光电倍增管的使用环境温度可以减少热电子发射，从而降低暗电流。另外，光电倍增管的灵敏度也会受到温度的影响。在紫外和可见光区，光电倍增管的温度系数为负值，到了长波截止波长附近则呈正值。由于在长波截止波长附近的温度系数很大，所以在一些应用中应当严格控制光电倍增管的环境温度。

9）**时间响应**：光电倍增管的时间响应主要是由从光阴极发射光电子、经过倍增极放大到达阳极的渡越时间，以及由每个光电子之间的渡越时间差决定的。光电倍增管的时间响应通常用阳极输出脉冲的上升时间、下降时间、电子渡越时间及渡越时间离散来表示。

10）**磁场特性**：几乎所有的光电倍增管都会受到周围环境磁场的影响。在磁场的作用下，电子运动会偏离正常轨迹，引起光电倍增管灵敏度下降，噪声增加。

由于光电倍增管具有极高的放大倍数，对入射光非常灵敏，所以它在微弱光信号的检测中发挥着重要作用。将光电倍增管与其他部件相组合，可以制成多种多样的分析仪器和探测仪器，用途十分广泛。光电倍增管的主要应用领域及特性见表6-3。

表6-3 光电倍增管的主要应用领域及特性

主要应用领域	特性
单光子探测技术 通过逐个记录单光子产生的脉冲数目来检测极微弱光信号	高增益；低暗电流；噪声低；高时间分辨率；高量子效率；较小的上升和下降时间
正电子发射断层扫描仪（PET） 光电倍增管与闪烁体组合接收γ射线，确定被测患者体内湮灭电子的位置，从而得到CT像	高量子效率
液体闪烁计数 当高能粒子照到闪烁体上时，它产生光辐射并由光电倍增管接收转变为电信号，输出脉冲的幅度与粒子的能量成正比	高量子效率；快速时间响应；高脉冲线性
紫外/可见/近红外光光度计 为确定样品物质的量，可采用连续光谱对物质进行扫描，并利用光电倍增管检测光通过被测物前后的强度，即可得到被测物质的光吸收程度，从而计算出物质的量	宽光谱响应；高稳定性；低暗电流；高量子效率；低滞后效应；较好偏光特性
发光分光光度计 样品接收外部照射后会发光，用单色器将这种光特征光谱线显示出来，并用光电倍增管探测其是否存在及强度，可定性或定量检测样品中的各元素	高灵敏度；高稳定性；低暗电流

三、光电导探测器

光电导探测器是利用半导体光电导效应制成的探测器，光电导效应是指光照变化引起半导体材料电导变化的现象。

1. 光敏电阻

光敏电阻是一种典型的光电导器件，当光照射到半导体材料时，材料吸收光子的能量，使非传导态电子变为传导态电子，引起载流子浓度增大，因而导致材料电导率增大。光敏电阻的工作原理如图6-4所示。

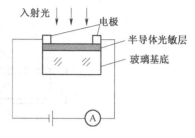

图6-4 光敏电阻的工作原理

光敏电阻主要特性参数包括：

1）亮电阻：在400~600lx光照2h后，在10lx照度下，用色温为2853K的光源测出的电阻值，单位为Ω。

2）暗电阻：关闭10lx光照后，该电阻第10s时的电阻值，单位为Ω。

3）γ值：指10lx光照度和100lx照度下电阻值的倍率。

4）最大功率损耗：环境温度为25℃时的最大功率，单位为W。

5）最大外加电压：在黑暗中可连续施加给器件的最大电压，单位为V。

光敏电阻作为一种较早出现的光电导探测器，拥有光谱响应范围宽、工作电流大（可达几毫安）、所测光强范围宽、灵敏度高、偏置电压低、无极性之分、使用方便等优点，目前仍应用广泛。但同时，它在经受强光照射时线性较差、弛豫过程长、频率响应低，不适用于测量变化迅速的信号。

据光敏电阻的光谱特性，可分为以下三种光敏电阻器：

1）紫外光敏电阻器：对紫外线较灵敏，包括硫化镉、硒化镉光敏电阻器等，用于探测紫外线。

2）红外光敏电阻器：主要有硫化铅、碲化铅、硒化铅、锑化铟等光敏电阻器，广泛用于导弹制导、天文探测、非接触测量、人体病变探测、红外光谱、红外通信等国防、科学研究和工农业生产中。

3）可见光光敏电阻器：包括硫化镉、硒化镉、碲化镉、砷化镓、硅、锗、硫化锌光敏电阻器等，主要用于各种光电控制系统，如光电自动开关门户，航标灯、路灯和其他照明系统的自动亮灭，自动给水和自动停水装置，机械上的自动保护装置和"位置检测器"，极薄零件的厚度检测器，照相机自动曝光装置，光电计数器，烟雾报警器，光电跟踪系统等方面。

2. 位敏探测器

位敏探测器（PSD）是一种对入射到光敏面上的光点位置敏感的光电器件，其输出电流随光点位置的不同而连续变化，具有体积小、灵敏度高、噪声低、分辨率高、频率响应宽、响应速度快等特点。它利用了半导体的横向光电效应，是为了适应精确实时测量的要求而发展起来的一种新型半导体光敏感器件。目前，在光学定位、跟踪、位移、角度测量和虚拟现实设备中，位敏探测器获得了广泛的应用。按探测的方向来分，位敏探测器有一维和二维两种类型。

图6-5所展示的是一维和二维位敏探测器的结构。以一维位敏探测器断面结构为例，当光斑入射到位敏探测器的表面上时，在光斑位置产生与光能量成正比的光生电荷。如果在位敏探测器的公共端加上正电压，其两端输出电极 x_1 和 x_2 便会产生光电流 I_1 和 I_2。由于工作区光敏表面电阻与距离成正比，因此当输入与输出端电势差相同时，输出电流 I_1 和 I_2 与光斑中心位置到输出电极间的距离成反比。如果以位敏探测器的中心位置为零点，并假设 x 为光斑中心位置对零点的偏移，$2L$ 为位敏探测器两电极之间的距离，则偏移量

$$x = \frac{I_1 - I_2}{I_1 + I_2}L \tag{6-12}$$

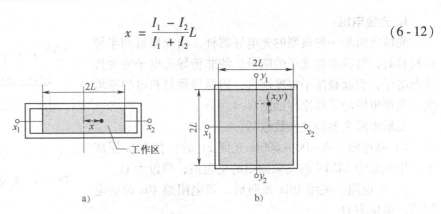

图 6-5 位敏探测器的结构
a) 一维位敏探测器断面结构 b) 二维位敏探测器结构示意图

利用式 (6-12) 即可由位敏探测器的输出电流 I_1 和 I_2 确定光斑能量中心相对于部件中心的位置，即计算出入射光斑的位置。因此，一维位敏探测器一般用于位移和距离的测量。

同理，可以推导二维位敏探测器电流输出值 I_{x1}、I_{x2}、I_{y1}、I_{y2} 和光点位置之间的关系

$$x = \frac{I_{x1} - I_{x2}}{I_{x1} + I_{x2}}L \tag{6-13}$$

$$y = \frac{I_{y1} - I_{y2}}{I_{y1} + I_{y2}}L \tag{6-14}$$

位敏探测器的主要性能指标包括光敏面尺寸、光谱响应范围、积分灵敏度和暗电流等。对于位敏探测器性能影响比较大的一个噪声来源就是背景光和暗电流。一般来说，当需要测量微米级位移时，信号检测需要分辨出毫伏级或毫伏级以下的变化，此时若没有相应措施消除背景光和暗电流的影响，则信噪比较低。

消除背景光和暗电流通常有三种方法：

1) 加干涉滤波片，只使被测量的光通过，而滤去大部分的背景光，这种方法比较简单易行，但它不能消除暗电流。

2) 采用交流调制频率来分离背景光和暗电流，这种方法的出发点是考虑到在仪器使用中干扰杂散光多为自然光或人工照明，这类干扰源的特点是其亮度变化是缓慢的，在位敏探测器上造成的响应为直流和低频信号，如果对目标物发光进行高频调制，使位敏探测器响应为高频脉冲信号，则可在电路中采用高通滤波的方法将信号与干扰分离。为保证位置解算的完成和在位敏探测器上产生较高的目标物光强，应采用矩形波调制，同步位置解算。这种方法可以很有效地消除背景光和暗电流。

3) 加反偏电流，就是先检测出信号光源熄灭时的背景光强的大小，然后在电路中加入反向电流调零来抵消背景光和暗电流的影响，之后再点亮目标光源来进行测量。

单晶硅 PN 结一直是制作位敏探测器的主要材料，在需要小光敏面积的应用情况下，一直保持着线度性、灵敏度好，响应速度快的优势。随着技术的进步，近年来又出现了一些利用新材料或新方法制作的新型位敏探测器，主要包括氢化非晶硅位敏探测器、有机双异质结位敏探测器、大面积挠性位敏探测器、CMOS型位敏探测器等，有助于解决位敏探测器的大面积、可弯曲、规模化等需求。

四、光伏探测器

光伏探测器是利用半导体光生伏特效应而制成的探测器。光生伏特效应是光照使不均匀半导体或均匀半导体中光电子和空穴在空间分开而产生电位差的现象。

1. 光电池

光电池是一种可以直接将光能转换成电能的半导体器件，其结构的核心部位是一块很大的 PN 结，面积比二极管的大许多，所以收到光照时电动势和电流也大得多。为了减少光线在光电池表面的反射，在它的表面通常镀有一层二氧化硅抗反射膜，可以降低反射系数，提高光电转换效率。

光电池按照用途可以分为太阳能光电池和测量光电池两大类。太阳能光电池主要用作电源，由于它结构简单、体积小、重量轻、可靠性高、寿命长，因此用途十分广泛。测量光电池主要用作光电探测，对它的要求是线性范围宽、灵敏度高、光谱响应合适、稳定性好、寿命长，同时，由于光电池的光谱灵敏度与人眼的灵敏度较为接近，所以分析仪器和测量仪器常用到它。根据 PN 结制作材料的不同，光电池可以分为硅光电池、硒光电池、锗光电池、砷化镓光电池等。

2. 光敏二极管

光敏二极管（原称光电二极管）多采用硅或锗制成，与普通二极管相似，都有一个 PN 结，外加反向偏压即可工作。光敏二极管除了最普通的 PN 型外，还包括 PIN 型与雪崩型等种类。常用光敏二极管外形如图 6-6 所示。

图 6-6 常用光敏二极管外形

硅光敏二极管的两种典型结构如图 6-7 所示。其中，图 6-7a 所示是采用 N 型单晶硅和扩散工艺，称 P+N 结，它的型号是 2CU 型，而图 6-7b 所示是采用 P 型单晶和磷扩散工艺，称 N+P 结，它的型号为 2DU 型。光敏芯区外侧的 N+环区称为保护环，其目的是切断感应表面层漏电流，使暗电流明显减小。硅光敏二极管的电路中的符号及偏置电路也在图 6-7 中一并画出，一律采用反向电压偏置。有环极的光敏二极管有三根引出线，通常把 N 侧电极称为前极，P 侧电极称为后极。环极接偏置电源的正极。如果不用环极，则把它断开，空着即可。

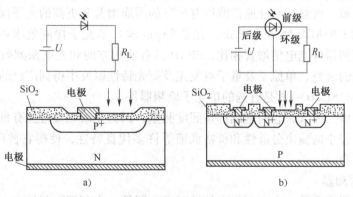

图 6-7 硅光敏二极管的两种典型结构
a) 2CU 型 b) 2DU 型

光敏二极管是在反向电压作用之下工作的。没有光照时，反向电流很小（一般小于 $0.1\mu A$），称为暗电流。当有光照时，携带能量的光子进入 PN 结后，把能量传给共价键上的束缚电子，使部分电子挣脱共价键，从而产生电子-空穴对，称为光生载流子。它们在反向电压作用下参加漂移运动，使反向电流明显变大，光的强度越大，反向电流也越大。光敏二极管在一般照度的光线照射下，所产生的电流叫光电流。如果在外电路上接上负载，负载上就获得了电信号，而且这个电信号随着光的变化而相应变化，实现了光电探测。

光敏二极管主要特性包括最高反向工作电压、暗电流、光电流、灵敏度、结电容、正向压降、响应时间等。

光敏晶体管也是靠光的照射量来控制电流的器件。光敏晶体管可等效看作一个光敏二极管与一只晶体管的结合，所以它具有放大作用。光敏晶体管最常用的材料是硅，一般仅引出集电极和发射极，其外形与发光二极管一样（也有引出基极的光敏晶体管，常作温度补偿用）。光敏晶体管的光谱范围与光敏二极管相同，广泛用于光探测器、光耦合、编码器、译码器、特性识别、过程控制、激光接收、自动控制设备以及各种光电开关等方面。光敏二极管的光电流小，输出特性线度好，响应时间快；而光敏晶体管光电流大，输出特性线度差，响应时间慢。一般要求灵敏度高，工作频率低的开关电路，可选用光敏晶体管；要求光电流与照度成线性关系或要求工作频率高时，则采用光敏二极管。

3. 雪崩光敏二极管

雪崩光敏二极管是一种利用雪崩增益获得较高探测效率的光敏二极管，在科学研究和工业中都有着广泛的应用。雪崩光敏二极管不同于光电倍增管，它是一种建立在内光电效应基础上的光电器件，具有内部增益和放大的作用。在雪崩光敏二极管中，一个光子可以产生 10~100 对光生电子-空穴对，从而能够在器件内部产生很大的增益。雪崩光敏二极管工作在反向偏压下，反向偏压越高，耗尽层当中的电场强度也就越大。当耗尽层中的电场强度达到一定程度时，耗尽层中的光生电子-空穴对就会被电场加速，而获得巨大的动能，它们与晶格发生碰撞，就会产生新的二次电离的光生电子-空穴对，新的电子-空穴对又会在电场的作用下获得足够的动能，再一次与晶格碰撞又产生更多的光生电子-空穴对，如此下去，形成了所谓的"雪崩"倍增，使信号电流放大。

近年来，一种特殊的雪崩光敏二极管，即单光子雪崩二极管（SPAD）得到了发展，它比原有的雪崩光敏二极管在红外通信波段有更高的雪崩增益和更高的光子探测效率。例如美国 EG&G 公司的 C30902S 型 Si-SPAD，在 $0.83\mu m$ 波长单光子探测效率可达到 50% 以上。与传统的光子探测器件光电倍增管相比，SPAD 具有使用方便和光电探测效率高的特点，在诸如光子纠缠态的研究、单原子及量子点发光及荧光特性研究中得到广泛的应用，在量子保密通信的研究中，SPAD 一直是首选的单光子检测器件。

不论哪种光敏二极管，它的基础都是照度测量，因为光敏二极管拥有良好的线性度、较短的响应时间、较小的输出分散性和价格低廉等许多优良特性，使得它被广泛应用在指示、测量、光源等场合。

4. 四象限探测器

四象限探测器实质是一个面积很大的结型光电器件，它利用光刻技术，将一个圆形或方形的光敏面窗口分割成四个区域，每一个区域相当于一个光敏二极管，其结构如图 6-8 所示。虽然在理想情况下，每一个区域都应拥有完全相同的性能参数，但实际上，它们的转换效率往往不一致，使用时必须精心挑选。

四象限探测器象限之间的间隔被称为死区，工艺上要求做得很窄。光照面上各有一根引出线，而基区引线为公共极。光斑被四个象限分成 A、B、C、D 四个部分，对应的四个象限极产生的阻抗电流为 I_1、I_2、I_3、I_4。当光斑在四象限探测器上移动时，各象限受光面积将发生变化，从

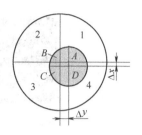

图 6-8 四象限探测器的结构

而引起四个象限产生的电流的变化。由下式可以确定横向、纵向偏移量，采用的算法是

$$\Delta x = k \frac{(I_1 + I_2) - (I_3 + I_4)}{I_1 + I_2 + I_3 + I_4} \tag{6-15}$$

$$\Delta y = k \frac{(I_1 + I_4) - (I_2 + I_3)}{I_1 + I_2 + I_3 + I_4} \tag{6-16}$$

式中，k 为比例系数，是一常量，与光斑形状和大小密切相关。

由于四象限探测器可以高精度地反映光斑中心的位置变化，因此常用于定位对准。其主要性能指标包括光谱响应范围、光敏面直径、单色积分灵敏度、象限间响应不均匀性等。

5. CCD 图像传感器

CCD 即电荷耦合器件（Charge Coupled Device）。CCD 芯片最早出现于 1970 年，美国贝尔实验室的 Boyle 和 Smith 提出了 CCD 的概念。随着半导体技术的不断发展，CCD 技术以图像质量的优势成为成像器件中的主导技术。

CCD 的基本构成单元是 MOS 结构，当光照射到 CCD 硅片时，在栅极附近的半导体体内产生电子-空穴对，其多数载流子被栅极电压排开，少数载流子则形成信号电荷。当储存电荷的势阱不能再容纳更多的电荷时，每隔一段固定的时间，CCD 将信号电荷从一个势阱转移到下一个势阱，转移始终保持同一方向。最后，信号电荷在读出节点被收集起来并被转换成电压量。当光信号发生变化时，CCD 就重复电荷储存、转移、读出的过程，输出对应的图像信息。

根据传感器中像元排列的结构可以将芯片分为线阵 CCD 和面阵 CCD。线阵 CCD 只接收一维光学信息，也可通过扫描获得二维光学图像的视频信号。按一定的方式将一维线阵 CCD 的光敏单元及移位寄存器排列成二维阵列，即构成二维面阵 CCD，面阵 CCD 一般可分为帧转移型和隔列转移型。

为了进一步提高 CCD 阵列中光敏二极管的灵敏度，人们提出了微透镜技术。这些微透镜尺寸在数十微米量级，显微镜下观察到的外观如图 6-9a 所示。由于行间转移型 CCD 的光敏元表面除了光电感应区域外，还有其他遮光存储区或传输门阵列和复位门阵列等电子器件，这样就使真正收集光子的像元表面面积减小，如图 6-9b 左图所示，使一部分入射光无法进入感光区域。如果每个光敏二极管的表面都覆盖微透镜结构，光线经过微透镜后全部会聚到感光区上，就能降低像素噪声，将灵敏度提高到原来的 2.5 倍左右，如图 6-9b 右图所示。

CCD 的基本特性参数包括分辨率和像元尺寸、速度、灵敏度、坏点数、光谱响应、动态范围和暗电流等。

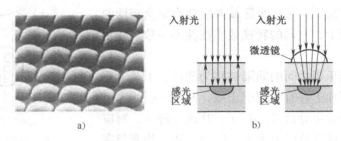

图 6-9 微透镜工作原理
a）微透镜显微镜外观 b）微透镜原理

1）分辨率和像元尺寸：分辨率是图像传感器的重要性能。在采集图像时，图像中的像素数对图像质量有很大影响。在对同样大的视场（景物范围）成像时，像素数量越多，对细节的展示越明显。在相同的芯片尺寸下，像元尺寸越小，像素越多，分辨率越高，能获得的图像细节更多。但随之而来的是每个像元的感光面积也越小，芯片的灵敏度会随之下降。在保持像元尺寸的情况下，增大芯片面积也可使像素数目增多，这种方法的问题是芯片成本也随之增加。因此，在选择芯片时，要权衡各种因素，在像元尺寸、芯片分辨率和成本之间平衡。

2）速度：芯片的速度指芯片的设计最高速度，主要由芯片所能承受的最高时钟频率决定。对于面阵相机来说这一速度用帧频来衡量，单位是 f/s（frame per second），即每秒钟最多采集的帧数。线阵相机通常称为行频，单位 kHz，即每秒钟最多采集的行数。速度是相机的重要参数，在实际应用中很多时候需要对运动物体成像，相机的速度需要满足一定要求，才能清晰准确地对物体成像。

3）灵敏度：CCD 芯片的灵敏度一般包含两种物理意义。一种是光器件的光电转换能力，即在一定光谱范围内单位曝光量的输出电压（电流），单位可以为纳安每勒克斯（nA/lx）、伏每瓦（V/W）等。这一物理意义也可以用前文提到的积分灵敏度或者响应率来描述。灵敏度的第二种意义是指器件所能传感的最低辐射功率（或照度），单位可用瓦（W）或勒克斯（lx）表示。这一物理意义也可以用前文中的通量阈或探测率来描述。

4）坏点数：由于受到制造工艺的限制，对于有几百万像素点的传感器而言，所有像元都是好的情况几乎不太可能。坏点数是指芯片中坏点（即不能有效成像的像元或响应不一致性大于参数允许范围的像元）的数量。坏点数是衡量芯片质量的重要参数。

5）光谱响应：光谱响应是指芯片对于不同波长光线的响应能力，通常用光谱响应曲线给出，可用光谱灵敏度描述。光谱响应曲线的横轴是波长范围，纵轴是芯片对于给定波长单位辐射功率照射下的光谱灵敏度或量子效率。通过光谱响应曲线可以直观看出芯片对不同波长光线的响应能力。与人眼相比，芯片的光谱响应范围要宽很多，除了可见光外，对红外、紫外和 X 射线光子都能响应。在选择芯片时，要根据具体应用的需求选择光谱响应合适的产品。例如，对应安防类应用，需要在傍晚光线较弱的情况下成像时，就可以选用近红外谱段的芯片。

6）动态范围：根据 CCD 的工作原理，动态范围定义为光敏元的满阱容量与等效噪声信号之比。满阱容量是指像元势阱中能够存储的最大信号电荷量，主要由芯片中光敏元的感光面积和结构决定。信号噪声由多种噪声源共同决定，包括电荷注入器件时由电荷量的起伏引起的噪声，电荷转移过程中电荷量变化引起的噪声等。通常，动态范围的数值可以用输出端信号峰值电压与方均根噪声电压之比表示，单位为dB。由于高分辨率相机随着像素数增多，势阱能存储的最大电荷量减少，可导致动态范围变小，因此，在高分辨率条件下，提高动态范围是提高芯片性能的一项关键技术。

6. CMOS图像传感器

　　CMOS是指互补金属氧化物半导体（Complementary Metal‐Oxide‐Semiconductor Transistor）。CMOS技术出现于1969年，比CCD还早一年。但由于CMOS存在成像质量差、像敏单元尺寸小、填充因子（有效像敏单元面积与总像元面积之比）较低、响应速度慢等缺点，只能用于图像质量要求低的场合。直到1988年出现了"主动像敏单元"结构，提高了光电灵敏度、减小了噪声、扩大了动态范围，使CMOS图像传感器的一些性能参数与CCD图像传感器接近，而在功能、功耗、尺寸和价格等方面要优于CCD图像传感器，所以得到越来越广泛应用。

　　CMOS尽管在技术上与CCD有很大差别，但基本成像过程也是由电荷产生、电荷量化和信号输出三个步骤组成，它们的区别在于采用不同的方式和机制来实现以上功能。CMOS的成像原理在光电成像原理类书籍中能找到详细说明，此处不赘述。为了提高填充因子及探测灵敏度，微透镜阵列技术也是CMOS芯片采用的主要技术之一。作为最常用的两类成像器件，CCD和CMOS的发展趋势都包括高图像质量和高分辨率两方面。不过，两者在工作原理和性能指标上存在一定差别，比较如下：

　　1）成像过程：CCD与CMOS图像传感器光电转换的原理相同，它们最主要的区别在于信号的读出过程不同：由于CCD仅有一个（或少数几个）输出节点统一读出，其信号输出的一致性非常好；而CMOS芯片中，每个像素都有各自的信号放大器，各自进行电荷‐电压转换，其信号输出的一致性较差。但是CCD为了读出整幅图像信号，要求输出放大器的信号带宽较宽，而在CMOS芯片中，每个像元中的放大器的带宽要求较低，大大降低了芯片的功耗，这就是CMOS芯片功耗比CCD要低的主要原因。尽管降低了功耗，但数以百万的放大器的不一致性却带来了更高的固定噪声，这是CMOS相对于CCD的固有劣势。

　　2）集成性：从制造工艺的角度看，CCD中的电路和器件是集成在半导体单晶材料上，工艺较复杂。CCD仅能输出模拟电信号，需要后续的模‐数转换等电路才能工作，集成度低。而CMOS是集成在被称为金属氧化物的半导体材料上，这种工艺与生产计算机芯片和存储设备等半导体集成电路的工艺相同，因此生产CMOS的成本比CCD低很多。

　　3）速度：CCD采用逐个光敏元输出，只能按规定的程序输出，速度较慢。CMOS有多个电荷‐电压转换器和行列开关控制，读出速度快很多。目前大部分500fps以上的高速相机都是CMOS相机。

　　4）噪声：CCD技术发展较早，比较成熟，采用PN结或二氧化硅隔离层隔离噪声，成像质量相对CMOS光电传感器有一定优势。由于CMOS集成度高，各元器件、电路之间距离很近，干扰比较严重，噪声对图像质量影响很大。近年，随着CMOS电路消噪技术的不断发展，为生产高密度优质的CMOS图像传感器提供了良好的条件。

　　5）功耗：CCD需要三路电源来满足特殊时钟驱动的需要，功耗相对较大，而CMOS图像传感器只需要一个电源供电，其功耗仅为CCD的1/10。

　　因此，CMOS与CCD图像传感器各有各的优势，在实际应用时应根据系统成像的需求进行选择。

五、热探测器

1. 热电阻探测器

热电阻探测器是利用导体或半导体的电阻随温度变化的性质来测量温度的，在工业生产中广泛用来测量 -100~500℃ 范围的温度。其主要特点是，测温准确度高，便于自动测量，特别适宜用来测量低温。

铂电阻是最常用的热电阻探测器。在当前工艺条件下，铂的纯度可以高达 99.999% 以上，而金属纯度越高，电阻—温度特性越好，电阻的温度系数越大，因此，铂电阻在所有温度传感器中是最稳定的一种。

2. 热电偶探测器

热电偶探测器是利用热电偶的测温原理制成的探测器。热电偶是将两种不同的金属 A 和 B 焊接并将接点放在不同温度下的回路，其工作原理如图 6-10 所示。当接点 1 和接点 2 的温度不同时，由于温差热电动势效应，回路中就会产生零点几到几十毫伏的热电动势。接点 1 在测量时被置于被测场所，称为工作端；接点 2 则要求恒定在某一温度下，称为自由端。

图 6-10 热电偶工作原理

实验证明，当电极材料选定后，热电偶的热电动势仅与两个接点的温度有关，即

$$E_{AB}(t_1, t_2) = e_{AB}(t_1) - e_{AB}(t_2) \tag{6-17}$$

式中，$e_{AB}(t_1)$、$e_{AB}(t_2)$ 分别为接点的分热电动势。

对于已选定材料的热电偶，当其自由端温度恒定时，$e_{AB}(t_2)$ 为常数，这样回路总的热电动势仅为工作温度 t_1 的单值函数。所以，通过测量热电动势的方法就可以测量工作点的实际温度。

热电偶探测器的最大优点是测量量程大，不同材料做成的热电偶计，可测量 -200~1800℃ 的温度，常用于炼钢炉或液态空气温度测定，还可用于炉温的自动控制和远距离测定等。此外，它制造成本低，不需要任何外部电源，而且能忍受恶劣的环境。但是，热电偶的非线性要求外接冷端补偿电路，而且它对温度变化反应迟钝，外界温度上升或下降 1℃ 可能仅仅造成热电动势变化几毫伏，因此需要精密仪器来消除漂移，提炼出有用信号。

随着技术的进步，近来出现了很多利用新型材料制成的热电偶探测器。例如钨铼热电偶，其最突出的优势就在于它能胜任高达 2000℃ 的高温测温，而且特别适用于还原气体（例如氢气等）中使用；还有可长时间在 1260℃ 条件下使用的复合管型铠装热电偶，以及具有良好复现性的金/铂热电偶等。

3. 热释电探测器

当一些晶体受热时，在晶体两端将会产生数量相等而符号相反的电荷，这种由于热变化产生的电极化现象，被称为热释电效应。能产生热释电效应的晶体称为热释电元件，其常用材料有单晶（$LiTaO_3$ 等）、压电陶瓷（PZT 等）及高分子薄膜（PVFZ 等）。对热释电材料的要求是，热释电系数大、材料对红外线的吸收大、热容量大、介电常数小并且介质损耗小等。热释电探测器是热探测器的一种，利用的正是热释电效应。

当温度无变化时,晶体自发极化所产生的束缚电荷会被来自空气中附着在晶体表面的自由电子所中和,使其自发极化电矩不能表现出来。当温度变化时,晶体结构中的正负电荷重心相对移位,自发极化发生变化,晶体表面就会产生电荷耗尽,且电荷耗尽的状况正比于极化程度,才有电信号输出。所以,利用热释电效应制作的热释电探测器在温度不发生变化时就没有信号产生,因此又称为微分型探测器。热释电效应的原理如图6-11所示。

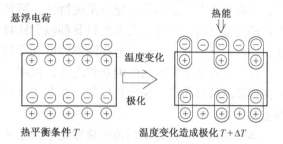

图6-11 热释电效应的原理

热释电探测器由热释电元件组成,元件两个表面做成电极,当传感器监测范围内温度有ΔT的变化时,热释电效应在两个电极上会产生电荷ΔQ,即在两电极之间产生一微弱电压ΔV。由于它的输出阻抗极高,所以传感器中有一个场效应晶体管进行阻抗变换。热释电效应所产生的电荷ΔQ会跟空气中的离子相结合而消失,当环境温度稳定不变时,$\Delta T=0$,传感器无输出。当目标进入检测区时,因目标温度与环境温度有差别,产生ΔT,则有信号输出。

热释电红外探测器是最常用的一种热释电探测器。在热释电红外探测器的辐射照面通常覆盖有一层特殊的菲涅尔滤光片,它与热释电元件配合,可以提高探测器的灵敏度,扩大探测范围。透镜的工作原理是,当移动物体或人体发射的红外线进入透镜的探测范围时,就会产生一个交替的"盲区"和"高敏感区",使探测器晶片的两个反向串联的热释电元件轮流感受到该运动物体的红外辐射,并输出一串脉冲信号,而人体若静止不动地站在热释电元件前,它没有输出。这种特性可提高热释电红外传感器的抗干扰性能。热释电探测器具有无需制冷、可在室温下工作、光谱响应宽等优点。

第三节 光电探测器应用实例

光电仪器具有多功能的特点,因此同样是探测光信号,不同仪器关心的信息也不同。最常用也最容易直接探测的光波参数是光强。例如,观测记录仪器,如显微镜、摄像机等记录下的是被观测对象所反射或透射的光强分布;计量仪器是从光强变化中提取各种被测量,其中干涉仪可以从光强变化得到距离,或从光强分布变化得到面形等。另外,光波的光谱成分同样携带丰富的信息。例如,控制分析仪器,包括光谱仪、色谱仪等,可利用光谱对被测物进行成分分析;激光的强方向性使得利用激光进行定位或对准成为可能;位置探测或瞄准定位类仪器主要关注光斑位置的变化等。因此,光电仪器设计过程中,选择光电探测器的首要出发点是仪器的功能,这样才能完成光电探测器基本类型的选定。例如,选择点探测或阵列探测器,或者选择光强探测或位置探测器等。

具体探测器类型或者探测器参数的选定应考虑被测光学量的特点、精度要求、电气工作环境等因素。光电探测器有几个重要的性能参数需要与待测光波匹配:一般来说,光电探测器的光敏面积不能小于待测光束口径,其感光范围不能小于待测光强变化范围;探测器的光谱响应范围必须涵盖光波光谱范围且光谱响应度应较高;待测光波是交变或脉冲信号时,探测器的频率响应特性要充分反映光波的变化；为了保证探测器准确地输出模拟或者数字电信号，还需要充分考虑后续电路的阻抗特性、幅频特性或者接口环境等，要选择具有合适电气参数的元器件等。另外，大多数仪器都包含针对光电探测器输出信号特点设计的信号处理电路，因此，还应充分了解光电探测器的电气参数。

除了上述必须匹配的性能参数之外，根据系统精度、速度、复杂度要求，还需要考虑光电探测器的线性特性、温度特性等，在有些仪器设计过程中，这些特性可能成为探测器选型的主要依据。

本节利用三个设计实例说明典型光电仪器的工作原理和常规使用的光电探测器。这些实例重在原理的说明，力求将上述设计方法具体化。

一、三维坐标测量——PSD

三角法测量是一种传统的位置测量的方法，其基本原理如图 6-12a 所示。用一束激光以某一角度聚焦在被测面 1 形成光斑 A，然后从另一角度对光斑 A 成像于阵列探测器的 A'，随着被测面 2 高度的不同，所接收散射或反射光线的角度也不同，光斑 B 将会成像在阵列探测器的 B'。在已知光源、成像探测部分与被测面的初始几何关系后，根据光斑像的位置就可以计算出主光线的角度，从而计算出被测物体表面激光照射点的位置高度。

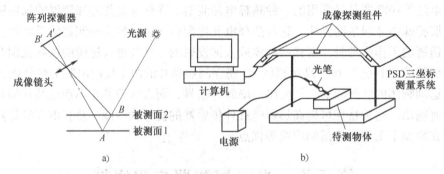

图 6-12 三角法测量的基本原理及三 PSD 三坐标测量系统的结构
a）三角法测量的基本原理　b）三 PSD 三坐标测量系统的结构

随着新型光电扫描技术与阵列式光电器件的发展，这种传统方法得到了许多发展与改进，利用三个一维位敏探测器（PSD）进行三维坐标测量就是一例。由于 PSD 具有位置分辨率高、频谱响应宽、响应速度快、操作电路简单、测量结果与光点大小无关等突出的特点，因此将其应用于空间三维坐标测量，可得到理想的测量结果。

三 PSD 三坐标测量系统的结构如图 6-12b 所示。由于传统三角法是利用被测物体表面的激光光斑进行探测，如果待测物表面起伏过大，可能出现遮挡，光斑无法在探测器上成像，因此使用笔身包含两个点光源的光笔进行测量，当光笔一端接触被测物表面某点时，测得光笔上点光源的三维坐标，然后利用点光源距离光笔端点的长度信息即可推算被测点坐标。系统的成像探测组件由 PSD 和柱面镜构成，该系统包含三套光轴相交的成像探测组件。三 PSD 三坐标测量原理如图 6-13 所示。图 6-13a 所示的坐标系中，三套成像探测组件的光轴交于 C 点。PSD-1 和 PSD-2 的探测方向在 xOy 平面内，S_0 为待测点光源 S 在 xOy 平面上的投影，PSD-1 和 PSD-2 所在的成像探测组件测量 S 的 x、y 坐标。PSD-3 的探测方向

沿 z 轴方向，测量 S 的 z 坐标，其原理如图 6-13b 所示。

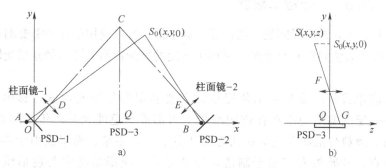

图 6-13 三 PSD 三坐标测量原理
a) x, y 坐标测量原理　b) z 坐标测量原理

对于 S 点（S_0 点）的 x、y 坐标，可以利用几何成像的原理借助平面几何知识求取。方法之一是，结合 PSD-1、PSD-2 与 Ox 轴的倾角和位置关系，利用 PSD 提供的光点位置信息求出 A、B 点，即成像光线与 Ox 轴的交点坐标；结合柱面镜光心 D、E 坐标，可以写出两条成像光线 AD、BE 的方程；求解其交点坐标即 S 点（S_0 点）的 x、y 坐标。之后，根据柱面镜-3 光心 F 坐标和 PSD-3 提供的光点 G 位置信息可以写出第三根成像光线 GF 的方程，结合 S 点的 y 坐标可得出 S 点的 z 坐标。

根据上述原理，选择 PSD 作为光电探测器，并挑选合适的参数一般会经过以下步骤和考虑：

首先，从功能的角度来说，系统的待测量是物体表面某一点的三维坐标，而这一点的坐标是通过光源在不同光电探测器上所成的不同光点的位置计算得到的。因此，其他单纯测量光强的探测器不满足要求。根据本章前述内容的介绍，在分立器件中，只能选取探测光点位置的 PSD 或四象限光电池；在集成面阵器件中，CCD 或 CMOS 同样能结合图像处理胜任这一要求。

其次，从测量范围或光敏面积参数来看，物体表面起伏引起光点位置变化可能达到数毫米甚至数十毫米。查阅上述四种器件参数说明可知，四象限光电池的光敏面积一般只有几毫米，但对光斑中心的微小偏移非常敏感，如果用于位置测量虽灵敏度很高，但范围非常有限，此处不适用。另外三种器件的光敏面积都能达到十几毫米，能够适应系统要求。

最后，从响应速度来看，CCD 或 CMOS 等集成面阵器件最高采集速率一般为每秒 25 帧，虽然高速芯片能达到每秒数百或数千帧，但其成本、对后续计算机系统硬件的要求都极高；另一方面，借助计算机或 DSP 等微处理器进行图像处理得到光点位置需要进一步占用时间和资源。因此，具有响应速度快（可达数十千赫兹）、后续处理电路简单、效率高的 PSD 显示出极大优势。

综上所述，无论从功能、基本性能还是成本的角度考虑，PSD 都是最适合该系统的光电探测器。在选定了 PSD 这一种器件之后，需要根据具体参数挑选合适的型号，具体包括：探测器的光谱响应范围必须包含光源的发光光谱范围，最好在光源的光谱处响应度较高，若光源为可见光 LED，则探测器为硅基 PSD；探测器的光敏面积及位置探测灵敏度要与系统需求相适应，可根据几何关系换算出相关的参数要求。为了达到更高的探测精度，可以采取上一节提到的方法，如加入滤光片、进行交流调制或加反偏电流等，抑制背景光和暗电流。

二、光强检测——光敏二极管

光敏二极管由于其响应时间快、线性好、成本低，被广泛用于各类需要测定光强变化的仪器中，此处以喷墨法制作彩色滤光片过程中所用的墨滴检测系统为例介绍光敏二极管的使用方法。

首先介绍应用背景。液晶显示装置通常需要利用彩色滤光片进行彩色显示。将红、绿、蓝三色按一定图案均匀涂布在透明基板上可形成彩色滤光片。传统的彩色滤光片普遍采用染色法、颜料分散法及电沉积法等方法制造。近年来，喷墨法由于具有步骤简单、成本较低等优点，开始被人们用于制造彩色滤光片。喷墨系统主要包括至少一个喷头。每个喷头有若干个喷嘴。喷头可使喷嘴喷出红、绿、蓝三种颜色的墨滴，墨滴滴在透明基板上形成相应的着色层。每个喷嘴喷出墨滴的状态由墨滴的一些特征决定，这些特征包括墨滴的形状、频率、尺寸、方向性等。了解了墨滴的状态就可以在使用前对喷墨系统进行实时调整。

一种墨滴检测系统的整体俯视图如图 6-14a 所示。系统包括激光二极管装置、光敏二极管、光源、CCD 摄像机、信号处理与显示装置及图像处理与显示装置。激光二极管装置发出的激光透过墨滴经光敏二极管接收后产生电信号，信号处理与显示装置与光敏二极管相连，用于显示光敏二极管产生的电信号。墨滴被光源照亮后，CCD 摄像机获得墨滴的图像，图像处理与显示装置与 CCD 摄像机相连，用于显示墨滴的图像。此处暂不分析使用 CCD 摄像机的图像处理部分，着重分析光敏二极管所在的信号处理与显示部分。

如图 6-14b 所示，激光二极管装置包括激光二极管和透镜模块。激光二极管发出的激光光束经透镜模块聚焦在喷嘴正下方，且在焦点处最大横截面积小于墨滴的最大横截面积。激光光束穿过墨滴后被光敏二极管接收，电信号传入信号处理与显示装置，该装置可以是示波器或者模-数转换电路板。由于墨滴的形状不一样，其吸收激光的量也不一样，因此从信号处理与显示装置显示的信号形状能大致估计墨滴的形状，其几种典型的对应关系如图 6-15 所示。

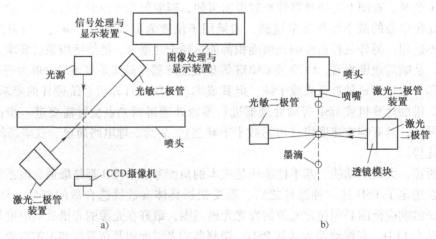

图 6-14 墨滴检测系统
a) 系统的整体俯视图 b) 信号处理与显示部分侧视图

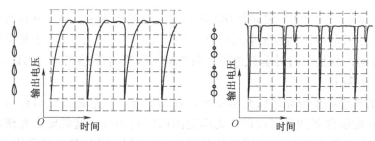

图 6-15　墨滴形状与光敏二极管输出信号关系

为了有效实现对墨滴形状的探测，光电探测器需对经墨滴吸收后的激光光强进行准确探测。选择光敏二极管作为光电探测器，并挑选合适的参数一般会经过以下步骤和考虑：

从功能的角度考虑，只要是能进行光强探测的器件都满足要求，因此常见的光电管、光电倍增管、光敏电阻、光电池、光敏二极管及雪崩光敏二极管都可以考虑。不过，由于系统必须真实反映墨滴对激光的吸收程度，因此，对探测器的线性度、灵敏度、响应速度都有一定要求，否则光强曲线的变化与墨滴形状之间的关系将无法一一对应。这样，如光电管（灵敏度低）、光敏电阻（线性度差）、光电池（响应速度慢）之类的器件难以满足要求。其他如光电倍增管、雪崩光敏二极管虽然有优越的探测性能，尤其是灵敏度极高，但本系统是常规激光光强探测，没有微弱信号探测方面的需求，没有必要选用这两种器件。因此，光敏二极管以合适的性能和较低的成本成为本系统最佳探测器选择。

在明确了光敏二极管作为探测器之后，对其选型及光路、电路结构的设计有如下要求：

首先，应选择灵敏度较高、响应时间较短的光敏二极管。其次，在光路设计上，激光二极管装置的透镜模块应使光束在喷嘴正下方焦点处会聚的最大横截面积小于墨滴的直径，才能获得更丰富的信号，同时注意光敏二极管与焦点后发散光束的相对位置，务必使得光束的口径在光敏二极管的光敏范围以内。最后，在信号处理电路中应充分考虑光敏二极管的最高反向工作电压和伏安特性等，将其输出电压有效地表示出来。

三、光谱分析——线阵 CCD

随着光谱仪应用的领域逐渐增多，只适用于实验室环境的大型精密光谱仪已经难以满足实际工程的需要，干涉仪小型化、便携化是重要的发展趋势。微型光谱仪以较少的光学元件、紧凑的光路实现了适于便携的体积。

图 6-16 所示是一款商品化微型光谱仪的结构示意图。待测光通过光纤导入光谱仪，经入射狭缝后被准直镜准直，入射至分光元件——光栅。此时，入射狭缝可被看成物点，光栅之后的聚焦成像镜把狭缝的像成在线阵 CCD 上。由于入射光是非单色光，经光栅色散后，不同波长的光将成像在线阵 CCD 上不同的位置。

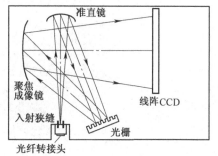

图 6-16　微型光谱仪的结构示意图

由光谱仪的原理可知，系统需同时探测不同位置（对应不同波长）狭缝像各自的光强，且这些位置彼此相距极近，很可能是紧挨着甚至是重叠的。因此，从功能的角度来说，分立的光强探测器无法满足这一要求，必须使用线阵或面阵的集成器件，才能保证每个小单元的光敏面积足够小（微米量级）而探测单元的总数足够大（成千上万）。由于光谱仪的色散往往只发生在一个方向，而且人们对垂直色散方向狭缝的高度并不感兴趣，因此，线阵CCD器件更适合光谱仪的需求。

线阵CCD的选型需要与光谱仪光学系统设计结合起来。总的设计目标包括两方面：其一是，线阵CCD能够探测到光谱仪设计光谱范围内所有谱线，这就要求光栅的线数、聚焦成像镜焦距、成像镜和线阵CCD之间的相对距离以及线阵CCD的光敏范围满足一定关系；其二是，优化设计聚焦成像镜及光栅参数，满足光谱仪的光谱分辨率要求，即光谱分辨率要求的最小间隔的两条谱线都能在线阵CCD上清晰成像、且能分辨，这一目标与线阵CCD的空间分辨率或者像元尺寸有关。因此，光敏范围和空间分辨率是选择光谱仪用线阵CCD的两个主要指标。除此之外，CCD的动态范围也决定了仪器能够探测的发光范围，同样需要考虑。

综上所述，对于光电仪器来说，光电探测器是实现其信息获取功能的必要单元。本章在分析了光电探测器的性能指标、物理原理之后，详细介绍了各类常见光电探测器的工作原理、性能参数，并挑选有代表性的探测器给出了应用实例，力求与实际结合，让读者掌握光电探测单元的设计原则。

参 考 文 献

[1] 浦昭邦，王宝光．测控仪器设计［M］．北京：机械工业出版社，2004.
[2] 李庆祥，王东生，李玉和．现代精密仪器设计［M］．北京：清华大学出版社，2004.
[3] 高明，刘缠牢．光电仪器设计［M］．西安：西北工业大学出版社，2005.
[4] 张晓芳，王宝光，蒋诚志．位置探测器PSD应用于三维坐标测量的理论研究［J］．光学技术，2001，27（4）：362－365.
[5] ICF科技公司．墨滴检测系统：中国，200610152240.9，2008－03－26.

第七章 标准量与标准器

计量仪器在光电仪器中占有重要的地位，这类仪器需要一定的基准来完成量值确定工作，因此，除一般光电仪器的组成部件以外，在其信息获取或处理部分中还包含某种与待测量相关的标准。这个标准可以是实物，即标准器，比如长度测量中的标尺、量块，面型检测中的标准平晶；也可以是标准量，比如激光波长等。计量仪器通过比较被测量值与标准获得测量结果信息。因此计量标准是计量类光电仪器不可或缺的重要组成部分。

现代计量光电仪器可测的量非常丰富，几乎涵盖计量学关心的所有的量，包括与空间、时间、周期、力学、热学、电学、光学等相关的 11 类物理量及若干化学量。为确保在世界范围内计量方法和结果的通用性，首先需要规定一套通用的计量单位，对各个物理或化学量进行最基本的量化，国际单位制就是随着计量的发展逐渐定型的、国际通用的一套计量单位制。国际单位制对于七个基本量给出了实物基准或者自然基准的定义，并引出一系列导出单位和辅助单位。这是具有最高准确度的计量标准。

不过，日常的科研、生产、制造中，不可能把所有的待测量都与基本单位进行比较，因此需要许多计量器具，即一般测量光电仪器中的标准器。这些标准器具有不同的精度，而且在不同时间、不同地点被不同操作者和系统使用，其作用是基本单位与被测量的中间比较环节。为了确保测量结果的一致性和统一性，需要建立一条不间断的传递链，使得基本单位复现的量值能与国际或国家测量标准、直到各个具体的标准器复现的量值联系起来。这个过程就是量值的传递。与量值自上而下传递类似的计量学活动还有量值自下而上的溯源，以及同等准确度等级之间的量值比较。

本章第一节首先介绍国际单位制的定义和基本内容，之后简要说明目前计量领域量值传递的基本方法和步骤。考虑到长度和角度是最基本、最常用的物理量，本章着重介绍与这两个物理量对应的各种精度、各种原理的标准器，并给出应用实例，为计量类光电仪器单元设计提供参考。

第一节 计量标准概述

计量标准是指为了定义、实现、保存或复现量的单位或若干数值，而用作参考的实物量具、测量仪器、参考物质或测量系统。其作用是在测量领域里作为定值的依据和测量用标准器。由于物理量的多种多样，计量标准也应涵盖几何量、温度、力学、电磁学等计量领域，如 1kg 质量标准、100Ω 标准电阻、标准电流表、铯频率标准、标准氢电极等。具有最高准确度的计量标准是国际单位制规定的基本计量单位。要完成从最高基准到科研、生产现场所用计量器具的量值传递，共有实物标准逐级传递、传递标准全面考核、发放标准物质传递、发播标准信号以及互联网与传送标准结合传递等五种方式。以下从国际单位制出发，简要介绍如何利用传递标准全面考核的方法进行量值传递。

一、国际单位制（SI）

1. 国际单位制的概念

国际单位制（SI）是由国际计量大会采纳和推荐的一种一贯单位制。目前的国际单位制的七个基本单位是在 1971 年"第十四届国际计量大会"上确定的。由这七个基本单位和两个辅助单位还可以引出导出单位，这三部分统称为 SI 单位。除了 SI 单位，国际单位制还包括它们的十进倍数单位和分数单位。

国际单位制具有通用性、简明性、实用性和准确性的特点，广泛适用于整个科技领域、商品流通领域和人们日常生活中。

2. 国际单位制的组成

同前所述，国际单位制是由 SI 单位（包括 SI 基本单位、SI 辅助单位和 SI 导出单位）、SI 词头加上 SI 单位组成的十进倍数单位、分数单位三部分组成。其构成及相互关系如图 7-1 所示。

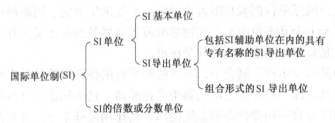

图 7-1　国际单位制的构成及相互关系

基本单位是基本量的测量单位，也就是在给定量制中约定地认为在函数关系上彼此独立的量的单位。目前国际单位制包含七个基本单位，见表 7-1。

表 7-1　国际单位制的基本单位

量的名称	单位名称	单位符号	定　　义
长度	米	m	光在真空中 1/299792458 s 时间间隔内所经路径的长度
质量	千克	kg	国际千克原器质量
时间	秒	s	铯 133 原子基态的两个超精细能级之间跃迁所对应的辐射的 9192631770 个周期的持续时间
电流	安［培］	A	真空中，截面积可以忽略的两根相距 1m 的无限长平行圆直导线内通以等量恒定电流时，若导线间相互作用力在每米长度上为 2×10^{-7} N，则每根导线中的电流为 1A
热力学温度	开［尔文］	K	水的三相点热力学温度的 1/237.16
物质的量	摩［尔］	mol	是一系统的物质的量，该系统中所包含的基本单元数与 0.012kg 碳 12 的原子数相等
发光强度	坎［德拉］	cd	光源在给定方向上的发光强度，该光源发出频率为 540×10^{12} Hz 的单色辐射，且在此方向上的辐射强度为 1/683 W/sr

随着科技的发展，基本量的定义也会发生变化。以米的定义来说，从 1872 年铱铂合金

制造的米原器长度,到 1960 年"氪—86 原子的 2P10 和 5d1 能级之间跃迁的辐射在真空中波长的 1650763.73 倍",再到 1983 年"1/299792458s 的时间间隔内光在真空中行程的长度",基本量的定义从实物基准发展到自然基准,性能稳定、避免了变形问题,容易复现且复现精度很高,有利于计量学的进一步发展。

除了表 7-1 所述七个基本单位,国际单位制还包含两个辅助单位:弧度和球面度。其定义如下:

弧度(平面角)rad:弧度是圆内两条半径之间的平面角,这两条半径在圆周上所截取的弧长与半径相等。

球面度(立体角)sr:球面度是一立体角,其顶点位于球心,而它在球面上所截取的面积等于以球半径为边长的正方形面积。

利用七个基本单位和两个辅助单位可以推导出其他导出单位。其中,具有专门名称的 SI 导出单位共有 19 个,包括大家熟知的频率单位赫兹(Hz)、力的单位牛顿(N)、能量单位焦耳(J)等,此处不再详述。组合形式的 SI 导出单位数量很大,例如加速度单位米每二次方秒(m/s^2)、力矩单位牛顿米(N·m)等。这些导出单位还能与其他单位组合表示另一些更为复杂的导出单位。

从图 7-1 可知,国际单位制的另一重要组成部分是 SI 单位的倍数/分数单位。它们是 SI 词头与 SI 单位组合在一起构成的。这些倍数单位扩大了国际单位制的适用范围,可以适应各种不同场合和用途中量值大小的表述。在国际单位制中,共有 20 个 SI 词头,见表 7-2,它们本身不是数也不是词,其原文来自希腊、拉丁、西班牙等语中的偏僻名词,无精确含义;中文名称一部分来自数词,如十、百、千等,一部分取自音译。SI 词头与所紧接的 SI 单位构成一个新单位,应将它视为整体。

表 7-2 用于构成十进制倍数单位和十进制分数单位的 SI 词头

因数	词头名称		词头符号	因数	词头名称		词头符号
	英文	中文			英文	中文	
10^{24}	yotta	尧[它]	Y	10^{-24}	yocto	幺[科托]	y
10^{21}	zeta	泽[它]	Z	10^{-21}	zepto	仄[普托]	z
10^{18}	exa	艾[可萨]	E	10^{-18}	atto	阿[托]	a
10^{15}	peta	拍[它]	P	10^{-15}	femto	飞[母托]	f
10^{12}	tera	太[拉]	T	10^{-12}	pico	皮[可]	p
10^{9}	giga	吉[咖]	G	10^{-9}	nano	纳[诺]	n
10^{6}	mega	兆	M	10^{-6}	micro	微	μ
10^{3}	kilo	千	k	10^{-3}	milli	毫	m
10^{2}	hector	百	h	10^{-2}	centi	厘	c
10^{1}	deca	十	da	10^{-1}	deci	分	d

国际单位制不仅仅是当今世界通用的计量制度,更是计量学研究的基础和核心,特别是七个基本单位的复现、保存和量值传递是计量学最根本的研究课题。光电计量仪器在长度、发光强度等基本单位复现和传递中发挥着重要的作用,并广泛应用于诸多物理化学量的计

量中。

二、量值的传递方法

将国家计量基准所复现的计量单位量值通过检定（或其他传递方法）传递给下一等级的计量标准，并依次逐级传递到工作计量器具，以保证被计量的对象的量值准确一致的全部过程称为量值传递。量值传递是统一计量器具量值的重要手段，是保证计量结果准确可靠的基础。传递标准全面考核（Measurement Assurance Program，MAP）是一种新型的量值传递方法，它起源于美国，已被世界各国所重视。

MAP 不是将被检计量器具送上一级检定，而是上一级计量技术机构将经过长期稳定性考核合格的可携带式计量标准（以及计量条件和方法）寄给被传递的下一级具有相应条件的计量技术机构，但是，该标准的校准结果（即实际值）则不寄出。下一级机构得到传递标准后，作为"未知标准"按计量条件和方法，在本单位的计量标准上进行校准，得到数据，并将该传递标准和校验数据寄回上一级机构。上一级机构收到寄回的标准后进行复核，若该标准的稳定性符合要求，则对数据进行分析处理，并写出试验报告，将试验报告寄到下一级机构。下一级机构根据该报告决定是否需要修正。

MAP 实质上是通过统计控制方法对测量过程的质量进行保证。其特点之一是，通过"传递标准"完成对参加实验室（即下一级计量技术机构）的测量系统，包括标准、方法、人员、环境、设备等，进行全面考核，并直接溯源到国家基准。其特点之二是，能解决一些大型仪器，包括大型自动化测量装置、无线电标准设备及化学成分分析用的复杂的不便送检的精密仪器的现场直接校准。其特点之三是，MAP 的量值传递是一个闭环的过程，它可以反馈信息，了解实验室的测量情况，使标准的量值真正传递到现场。

除 MAP 以外，其他量值传递方法各有其优缺点，适用于不同的领域。传统的实物逐级传递受经济因素及历史原因影响，目前仍被广泛应用，但因属于开环量值传递，难以确保量值的准确、统一、可靠。发放标准物质传递方法目前主要用于与化学量有关的计量领域。而发播标准信号方法简便、迅速，目前限于时间频率计量。利用互联网传递量值，进行远程校准，主要在电学、无线电专业有应用的实例。

量值传递的方法多种多样，主要目的都是保证量值准确可靠与一致。量值传递最终要落实到工厂、实验室和检测单位所用的各种计量方法和计量仪器上。下面以长度和角度计量为例，介绍光电计量仪器常用的标准器。

第二节 标尺与度盘

标尺与度盘是在元件上刻划而形成的最基本也是最常用的标准器。其中，标尺用于长度计量，度盘用于角度计量。

一、标尺的分类和特点

标尺是常用的长度线纹标准器，按毛坯材料可以分为金属标尺和玻璃标尺两类。

1. 金属标尺

金属具有良好的延展性，因此金属标尺坯一般比玻璃尺坯容易加工，尤其是长标尺。但要获得较低的表面粗糙度,玻璃尺更容易实现。另一方面,金属尺的线膨胀系数与仪器基体及工业被测工件接近,因此对温度的要求可降低。

标尺在自重或外力作用下产生的弯曲变形会引起测量误差,变形大小与标尺截面形状、截面尺寸及支点分布有关。金属标尺的断面可做成复杂的形状,以减小变形的影响。如图 7-2 所示,当标尺弯曲时,中性层 OO' 上部受压,尺寸变短,OO' 下部则受拉而变长,只有中性层 OO' 处长度不变。如果将刻划面置于中性层,则显然可避免变形的影响。因此,通常将金属标尺的断面设计成 U 形或 H 形,并在中性面上刻划,如图 7-3 所示。

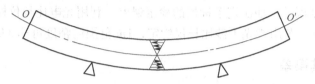

图 7-2 标尺的弯曲变形

因此,从抗温度变化和抗弯曲变形角度来看,金属标尺优于玻璃标尺,精密的标尺仍采用金属作材料。不过金属标尺不透光,在光电仪器中只适用于反射成像类型的观测场合。

2. 玻璃标尺

玻璃标尺能用透射光照明,亮度和对比度都比用反射光照明的金属标尺好,因此更适用于光电自动测量等场合。玻璃标尺表面质量好,粗糙度低,可以利用保护玻璃保持刻划面长期清洁。同时可用照相复制法生产。

由于具备上述优点,玻璃标尺实际应用比较广泛。特别是 200mm 以下的短标尺,几乎都用玻璃标尺。其断面形状通常做成矩形或梯形,也有采用胶合法组成 H 形的,如图 7-4 所示。玻璃标尺常用材料是 K9 玻璃,这种材料质地较硬,加工性能好,但线膨胀系数与钢相差较大,必须在严格的恒温条件下使用。

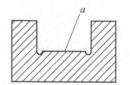 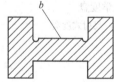 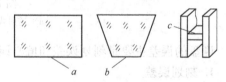

图 7-3 金属标尺的截面形状(a、b 为刻划面)   图 7-4 玻璃标尺的截面形状

二、标尺的误差和精度等级

影响标尺精度的主要因素有三个,即刻划误差、温度误差和受力变形。标尺的刻划误差可分为短周期误差和长周期误差两部分,它们主要取决于刻划机的精度和刻划工艺。为了尽量减小温度误差的影响,应保持标尺使用环境的恒温。除了使用适当的截面形状避免受力变形外,选用适当的支撑方式也是减小标尺变形的有效手段。一般使用两点支撑时,支撑点应位于距标尺端面 2/9 标尺长度处。

标尺的精度等级是按标尺上任意两分划线之间的最大不准确度来划分的,共分五级。各级精度对应的误差如下:

- 1 级精度:$(0.2 + L/500)\mu m$;

- 2级精度：$(0.5+L/200)\mu m$；
- 3级精度：$(1+L/200)\mu m$；
- 4级精度：$(1+L/100)\mu m$；
- 5级精度：$(3+L/100)\mu m$。

其中，L 为任意两分划线之间的距离，是单位为 mm 的数值。

设计光电仪器时，可根据需要选择相应等级的标尺做标准器。如果实际需要与现有等级不对应，建议采用略低的等级，并通过加修正值来提高标尺的使用精度。加修正值后，标尺误差不再取决于刻划误差，而决定于标尺的检定误差。利用光电比长仪检定后的标尺，检定精度能达到 $\pm 0.5\mu m$；若用激光干涉比长仪检定，1m 范围内精度可达 $\pm 0.2\mu m$。

三、度盘及其误差

度盘是在圆形零件的刻划面上以等分或不等分刻划来作为角度标准器的一种元件。根据刻划面的形状，可以分为锥面度盘、柱面度盘和平面度盘三类。如果按照材料分，同样是分为金属度盘和玻璃度盘两类。低精度度盘也有采用工程塑料制成的。柱面金属度盘多用于低精度仪器上，高精度金属度盘则多采用锥面形式。用玻璃制成的度盘叫光学度盘，它有透射式和反射式两种工作方式，如图 7-5a、b 所示。

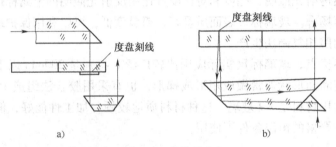

图 7-5 光学度盘
a) 透射式度盘 b) 反射式度盘

度盘的误差主要是刻划误差和偏心误差。

1. 刻划误差

度盘的刻划误差是指度盘上实际刻线位置偏离理想位置的角度量，如图 7-6 所示，刻划误差 $\delta\varphi=\varphi'-\varphi$。

产生刻划误差的主要原因有刻划机的误差、刻划机调整不良、度盘的安装误差以及外界条件影响等。刻划误差可以用角量表示，也可以用线量（切向误差）表示。目前最精密的刻划机在最好的工作条件下仍存在 $0.5\mu m$ 左右的切向误差，它与刻划直径无关，因此度盘的直径越大，刻划角度误差越小。

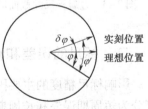

图 7-6 度盘刻划误差

度盘刻划误差的衡量指标因使用场合不同而异。在单面读数工作条件下，以"刻线位置误差"来衡量；在双面读数条件下，则用"直径误差"来表示。

1) 刻线位置误差 $V(\varphi)$：度盘刻线位置误差是指度盘上任意一刻线偏离理想位置的角度量。显然，刻线位置误差与刻线的位置有关，是刻线位置的函数。此时它与刻划误差的关系为

$$\delta\varphi = V(\varphi) \tag{7-1}$$

式中，φ 代表刻线位置。

2) 直径误差 $Z(\varphi)$：高精度测角仪器都采用对径读数法，这时用"直径误差"来评定读盘的刻划误差。直径误差是对径两刻线位置误差的综合量，数值上用对径两刻线位置误差的平均值来表示，即

$$Z(\varphi) = \frac{V(\varphi) + V(\varphi + \pi)}{2} \tag{7-2}$$

与第三章例 3-12 类似，采用对径读数法也可以消除度盘刻线误差中的所有奇次谐波分量。这也是高精度测角仪器采用对径读数的原因之一。

2. 偏心误差

由于度盘的安装不正确，使得度盘的刻划中心与旋转中心不重合，引起的读数误差成为偏心误差。采用对径读数可以消除偏心误差。具体的分析在第三章的例 3-3 和例 3-12 中有说明。

四、度盘参数的选择

度盘的参数包括直径 D、分划值 ψ 和刻线宽度 b 等，其决定原则有以下几方面。

1. 分划值的选择

度盘上相邻两刻线对中心的张角称为分划值，用符号 ψ 表示。测角仪器的度盘大部分都采用 360°、六十分制。一般分划值应从如下数列中选取：$(1/2)°$，$(1/3)°$，$(1/6)°$，$(1/10)°$，$(1/12)°$，$(1/15)°$，$(1/30)°$ 等。

度盘的分划值由仪器的最小读数值和读数测微装置的细分能力决定。设最小读数值为 τ，测微器细分数为 n，则分划值 ψ 为

$$\psi = n\tau \tag{7-3}$$

式中，n 和 τ 应根据实际情况选定。一般来说，当 τ 一定时，n 取大值，ψ 也大，这对度盘的刻划是有利的，但会使测微器复杂；反之，n 小则 ψ 也小，测微器可简单些，但将增大度盘的刻划时间。通常金属度盘的分划值可取 10′、20′、30′和 1°等值；而光学度盘则有 4′、5′、10′、20′等几种取值。

2. 直径的选择

度盘直径的选择应该综合考虑以下几个因素，然后参考经验值来确定：

1) 度盘直径与刻线位置误差有关：刻划直径越大，刻线位置误差 $V(\varphi)$ 越小。

2) 度盘直径要与读数（测微）装置相适应：度盘刻划直径与目视读数系统放大倍数的关系为

$$D\psi/2 = A/\Gamma \tag{7-4}$$

式中，ψ 为度盘分划值；Γ 为光学系统放大倍数；A 为相邻两分划线的视见宽度，通常 $A = 1 \sim 2$ mm。

3) 度盘直径受仪器尺寸限制：从提高仪器精度来考虑，度盘直径取较大值是有利的，但受到仪器结构尺寸的限制。

根据对现有仪器的统计，金属度盘直径一般的取值范围是 170~300mm；而光学度盘则

为 80~250mm，具体尺寸由设计者综合考虑决定。

3. 刻线宽度的选择

刻线宽度由下式计算：

$$b = B/\Gamma \tag{7-5}$$

式中，Γ 为读数系统的放大倍数；B 为刻划线本身的视见宽度，其实际取值与瞄准方式有关，关于瞄准方式与瞄准精度的关系在第二章人机工程部分有详细说明，此处通常取值如下：

- 单实线重合瞄准时：$B = 0.1~0.15$mm；
- 单实线线端对准时：$B = 0.15~0.2$mm；
- 双线对称跨单线瞄准时：$B = 0.3~0.4$mm。

另外，刻线宽度也可由下式计算：

$$b = (1/10 ~ 1/8)D\psi/2 \tag{7-6}$$

即刻线本身的宽度是刻线间隔的 $1/10~1/8$。

标尺和度盘是基础而常用的长度、角度标准器。从两种标准器的参数选择及使用方法可以看出，计量类光电仪器的精度分析是进行仪器设计的基础，而充分利用各种误差补偿原理和提高精度的设计原则是保证仪器精度的有效手段。对于目视观测的场合，根据人机工程的原理选择适当的标准器或仪器参数也是保证仪器功能的前提。因此，仪器总体设计的诸多方法是在单元设计中时时体现的，优化仪器整体性能的思路应该贯穿仪器设计全过程。

第三节 计量光栅

光栅一般是指用玻璃、树脂或金属制成的表面具有密集等宽等距线条的光学元件。光栅按用途主要分为衍射光栅和计量光栅。衍射光栅的栅距较小，一般接近光的波长，栅距 $w = 0.5~2\mu m$，主要作为光学元件在光电仪器中起到分光、色散等作用；计量光栅通常被称为光栅尺，其栅距 $w = 0.004~0.05$mm，能够形成莫尔条纹，用于精密测量或精密机械的自动控制等工作中。

一、计量光栅及分类

计量光栅可以用于长度和角度的计量。由于光栅上只是若干等间距或等角间距的线条，因此与标尺或度盘无异，其主要区别是光栅的间距更小，一般为每毫米几十乃至成千上万线。计量光栅一般是通过两光栅组成的光栅副，产生莫尔条纹效应来工作的。根据光栅的材料、表面结构、载体形状等，计量光栅可以按图 7-7 分类。其中，长光栅和圆光栅分别用于长度和角度计量。

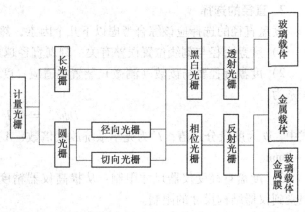

图 7-7 计量光栅的分类

二、莫尔条纹的形成原理

以长光栅为例,将用作标准器的光栅(也称为主光栅)与另一块光栅(也称指示光栅)相叠合组成光栅对,同时两者刻线有很小的交角,就可以得到莫尔条纹图案。对于莫尔条纹的形成原理,可以从几何光学和衍射光学两方面解释,前者适用于光栅栅距在 $20\sim100\mu m$ 范围内产生的莫尔条纹,此时光栅的栅线与缝隙黑白相间,被人们称为黑白光栅或振幅光栅;后者则对应光栅栅距小于 $10\mu m$ 时产生的莫尔条纹,此时的光栅被称为相位光栅。这里黑白光栅和相位光栅是沿用计量等领域的分类方法,实际上所有光栅对入射光的振幅和相位都是存在调制的,只是光栅栅距比光波长大很多时,衍射效应不明显,入射光通过光栅后好像只发生了振幅变化,可以用几何光学的原理,也就是遮光、透光效应来分析,这就是黑白光栅的情况。

1. 莫尔条纹的几何光学解释

对于黑白光栅,可以从几何光学的角度用两块光栅的遮光和透光效应来解释莫尔条纹。如图7-8a所示,莫尔条纹的透光部分是一系列四棱形图案,不透光部分是一系列黑色叉线图案。设栅距为 w_1 的主光栅1的0号刻线为 y 轴,x 轴垂直于主光栅刻线。栅距为 w_2 的指示光栅2的0号刻线与主光栅1的0号刻线交于坐标原点 O,两光栅刻线交角为 θ,则图7-8a的莫尔条纹可以简化为图7-8b所示的几何简图。图中,将不透光部分细化为线条,因此两光栅刻线的交点连线代表了莫尔条纹的中线。

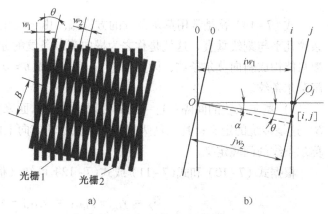

图7-8 莫尔条纹的几何光学解释
a) 长光栅横向莫尔条纹 b) 莫尔条纹的几何简图

设主光栅刻线序列 $i=0,1,2,\cdots$,指示光栅刻线序列 $j=0,1,2,\cdots$,则两光栅刻线交点可用 $[i,j]$ 数组来标记。从图7-8b可以看出,主光栅的刻线方程可写为

$$x = iw_1 \tag{7-7}$$

指示光栅的 j 号刻线过 O_j 点,坐标为 $(jw_2/\cos\theta, 0)$,斜率为 $\tan(90°-\theta)$,其直线方程为

$$y = \cot\theta(x - jw_2/\cos\theta) \tag{7-8}$$

这样,通过坐标原点(即 $[0,0]$)和交点 $[i,j]$($i=j$)的莫尔条纹斜率满足

$$\tan\alpha = \frac{y_{i,j} - y_{0,0}}{x_{i,j} - x_{0,0}} = \frac{iw_1\cos\theta - jw_2}{iw_1\sin\theta} = \frac{w_1\cos\theta - w_2}{w_1\sin\theta} \tag{7-9}$$

式中,α 为莫尔条纹与 x 轴的交角。

该条纹的方程式为

$$y_{i,j} = \frac{w_1\cos\theta - w_2}{w_1\sin\theta}x \qquad (7\text{-}10)$$

考虑到莫尔条纹全部平行，因此通过交点 $[i, i+1]$ 和 $[i+1, i]$ 的条纹方程分别为

$$y_{i,i+1} = \frac{w_1\cos\theta - w_2}{w_1\sin\theta}x - \frac{w_2}{\sin\theta} \qquad (7\text{-}11)$$

$$y_{i+1,i} = \frac{w_1\cos\theta - w_2}{w_1\sin\theta}x + \frac{w_2}{\sin\theta} \qquad (7\text{-}12)$$

根据式 (7-10) 到式 (7-12) 可推导出以下结论：

1) 当两光栅栅距相等，即 $w_1 = w_2 = w$ 时，式 (7-9) 化为

$$\tan\alpha = \frac{\cos\theta - 1}{\sin\theta} = -\tan\theta/2 \qquad (7\text{-}13)$$

同理，式 (7-10) 化为

$$y_{i,i} = -\tan\frac{\theta}{2}x \qquad (7\text{-}14)$$

式 (7-14) 就是常用莫尔条纹的方程式。由于实用中两光栅刻线交角 θ 很小，因此莫尔条纹几乎与刻线垂直，这就是称之为横向莫尔条纹的原因。实际上，严格地说，等栅距的光栅只能构成斜向莫尔条纹，因为要想 $\alpha = 0$，只能 $\theta = 0$，这将形成另一类莫尔条纹，称为光闸莫尔条纹。

2) 莫尔条纹的间隔：这一间隔可以从两个方面来衡量，其一是两相邻条纹的垂直距离 B，这是传统的定义；其二是两相邻条纹在 y 轴方向上的距离 B_y，这是现在人们广为采用的莫尔条纹的间隔定义。

根据式 (7-10) 和式 (7-11) 或式 (7-12) 可知（假设 $w_1 = w_2 = w$）

$$B_y = y_{i,i} - y_{i,i+1} = y_{i+1,i} - y_{i,i} = \frac{w}{\sin\theta} \qquad (7\text{-}15)$$

两条纹垂直间距

$$B = B_y\cos\frac{\theta}{2} = \frac{w}{2\sin\frac{\theta}{2}} \qquad (7\text{-}16)$$

3) 当 $\theta = 0$，$B = \infty$ 时：此时，莫尔条纹随着两光栅的横向相对移动而明暗交替变化，指示光栅起到闸门作用，当指示光栅的黑线（刻线）挡住主光栅的透光缝隙时，变为一片黑暗；当两光栅透光缝隙重叠时，透光量最大。这种条纹被称为光闸莫尔条纹。

4) 在 $\theta \neq 0$ 的条件下，要使 $\alpha = 0$，即要使莫尔条纹与刻线严格垂直，由式 (7-9) 可知，必须满足

$$w_2 = w_1\cos\theta \qquad (7\text{-}17)$$

就是说，当两光栅刻线交角固定时，其栅距必须满足式 (7-17) 才能得到严格的横向莫尔条纹。反之，当两光栅栅距不等时，总可以找到一个角度 θ，满足式 (7-17)，从而获得横向莫尔条纹。

利用主光栅和指示光栅的刻线几何方程得到交点坐标，之后连接交点的直线方程就是莫尔条纹的直线方程。利用这一方程与两光栅栅距、刻线交角的关系，可以得出莫尔条纹的种类和特点。

2. 莫尔条纹的衍射光学解释

当光栅栅距接近或者小于光波长时,莫尔条纹的形成必须根据波动光学衍射理论来解释。光栅可通过刻划或全息的方法制成,通常有两种断面形状:三角形和锯齿形,如图7-9所示。三角形光栅几何参数 $a = b$,故也称为对称型相位光栅;锯齿形光栅的参数满足 $a/(a+b) = 0.6 \sim 0.7$ 时,对0级和1级衍射光有最佳透过系数。

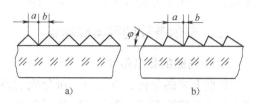

图 7-9 相位光栅断面
a) 三角形断面 b) 锯齿形断面

单相位光栅对入射光的衍射如图7-10所示,可用光栅方程描述

$$(a + b)(\sin\alpha - \sin\beta_k) = k\lambda \tag{7-18}$$

式中,$(a + b)$ 即光栅栅距 w;α 为入射角;β_k 为 k 级衍射光的衍射角;k 为衍射级次;λ 为入射光波长。

对于一块栅距为 0.01mm、波长为 0.5μm 的入射光可以产生30个左右的衍射级次。在实际应用中,为了能量集中,往往将光栅设计成对0和1级闪耀,2级以上的衍射光可以忽略,因此可近似地以0、1两级衍射光的干涉现象来解释莫尔条纹的形成原因。

如图7-11所示,两块栅线平行光栅的间隙为 d,以 α 入射的平行斜光束被光栅1衍射为0、±1级光后,进一步被光栅2衍射为(0, +1) 和 (+1, 0);(0, -1) 和 (-1, 0);(0, 0)、(+1, -1) 和 (-1, +1);……许多平行衍射光束,这里以 i 表示通过第一块光栅后的衍射级次,而以 (i, j) 代表通过第二块光栅后的衍射级次,则 $r = i + j$ 值相等的诸光线是相互平行的,称为 r 级组。例如,光线 (0, +1) 和 (+1, 0) 称1级组,而 (0, -1) 和 (-1, 0) 称 -1 级组。

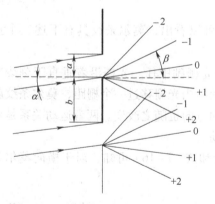

图 7-10 单相位光栅对入射光的衍射

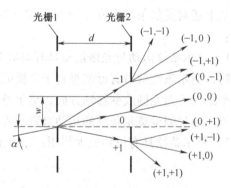

图 7-11 莫尔条纹的衍射光学解释

每一级组中诸光线定域干涉在无穷远,若用一透镜会聚,则干涉条纹在透镜的焦平面上形成莫尔条纹。干涉条纹的亮度取决于级组中各光束的振幅和位相关系。其中,$r = 1$ 或 $r = -1$ 级组干涉条纹是基波条纹,因为参加干涉的各光束能量相近,因而条纹对比度最好。基波条纹的周期与光栅周期相同。$r = 2$ 级组干涉的结果将得到莫尔条纹的二次谐波分量。依次类推,莫尔条纹是包含许多谐波分量的各级组干涉条纹的叠加。根据光栅方程可写出经双光栅衍射后各级组的干涉条纹表达式,即莫尔条纹的表达式。以上讨论的是两光栅栅线平行时的双光栅衍射问题,这仅对应于光闸莫尔条纹。对于一般使用的横向莫尔条纹,两光栅栅

线相交,因此情况接近于菱形孔的衍射。

三、莫尔条纹的种类和特点

1. 长光栅的莫尔条纹

根据上文的分析,莫尔条纹可分成三种。一种是横向莫尔条纹,它是由栅距相同且交角较小的两光栅所形成,图 7-12a 所示是横向莫尔条纹的典型形式,也是计量常用的一种条纹形式。另一种是纵向莫尔条纹,一般是由 $w_1 \neq w_2$ 及 $\theta = 0$ 的两光栅所形成,如图 7-12b 所示,这种条纹在计量中的应用价值不大。若 $w_1 = w_2$,则成为光闸莫尔条纹,这是纵向条纹的特例,在计量中的应用日益增多。还有一种是斜向莫尔条纹,它是由 $w_1 \neq w_2$ 且 $\theta \neq 0$,且不满足式(7-17)的两光栅叠加而成,如图 7-12c 所示,这种条纹在计量中也无实用价值。

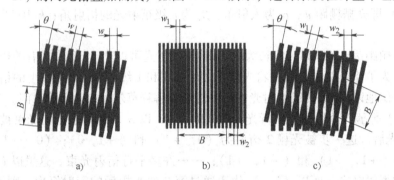

图 7-12 长光栅对应的三种莫尔条纹
a) 横向莫尔条纹 b) 纵向莫尔条纹 c) 斜向莫尔条纹

2. 长光栅莫尔条纹的特点

从上述对莫尔条纹形成原因和条纹方程的分析可以看出,莫尔条纹具有下述三个重要特点:

1) 莫尔条纹运动与光栅运动具有对应关系:当光栅副中任一光栅沿着垂直于刻线方向移动时,莫尔条纹就沿着近似垂直于光栅的方向移动。当光栅移过一个栅距,莫尔条纹就移动一个条纹;当光栅改变移动方向,莫尔条纹的移动方向也随之改变。两者运动关系是对应的,可以通过测量莫尔条纹的运动来判别光栅的运动。

2) 莫尔条纹具有位移放大作用:结合上述分析和式(7-16)可知,对于横向莫尔条纹来说

$$k = \frac{B}{w} \approx \frac{1}{\theta} \tag{7-19}$$

式中,k 为莫尔条纹的放大倍数。

实际应用中由于 θ 都很小,因此 k 值很大。例如,令 $\theta = 20'$,则有 $k \approx 172$。利用一般的光学和机械方法都很难达到这么大的位移放大倍数。因此莫尔条纹被广泛应用于高灵敏度的位移测量。

3) 莫尔条纹具有平均光栅误差的作用:从图 7-12a 可以看出,莫尔条纹是由一系列刻线的交点组成的,如果光栅栅距有误差,则各交点的连线将不是直线,由光电元件接收到的是指示光栅整个刻线区域中所包含的所有刻线的综合结果。这个综合结果对各栅距误差起了

平均作用，其定量分析如下：

由于光栅栅距误差一般遵循随机分布规律，假设单个栅距误差为 δ，形成莫尔条纹区域内有 N 条刻线，则综合栅距误差可以近似用下式来计算：

$$\Delta = \pm \frac{\delta}{\sqrt{N}} \tag{7-20}$$

例如，对于 50 线/mm 的光栅，假设单线误差 $\delta = 1\mu m$，若用 $10mm \times 10mm$ 的光电池接收，则 $N = 500$ 线，由式 (7-20) 可求出 $\Delta = \pm \delta / \sqrt{N} \approx \pm 0.04 \mu m$。这就是说，由于莫尔条纹对误差的平均作用，使得实际误差减小为原来的约 1/22。根据莫尔条纹的这一特点，一方面可以比较容易的实现高精度测量；另一方面还可以利用光栅来制造光栅，使得后一代比前一代光栅的精度更高。

3. 圆光栅的莫尔条纹

对圆光栅莫尔条纹形成原理的分析方法与长光栅的类似。由于圆光栅莫尔条纹的图案比较复杂，而且种类繁多，下面仅对常用的两种加以讨论。

（1）径向光栅所形成的莫尔条纹

径向光栅是指所有刻线均通过圆盘中心的光栅，如图 7-13a 所示，其中 ψ 为栅距角，R 是光栅刻线圆的平均半径。当两块栅距角相同的径向光栅叠合，并保持一个不大的偏心量 e 时，就形成如图 7-13b 所示的圆弧形莫尔条纹。条纹由一系列圆弧曲线构成。在沿偏心距的方向上，两光栅因偏心而栅距不等，产生近似平行于栅线的纵向莫尔条纹。位于垂直于偏心距方向位置上的莫尔条纹，因与横向莫尔条纹产生的条件相似，故产生近似垂直于栅线的横向莫尔条纹。而其他位置上的莫尔条纹，介于横向与纵向之间，形成斜向莫尔条纹。

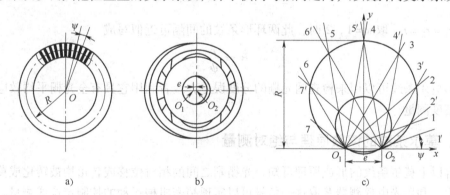

图 7-13　径向光栅的圆弧莫尔条纹形状
a) 径向光栅栅线示意图　b) 圆弧莫尔条纹　c) 条纹形成原理

圆弧莫尔条纹的形成可用以下原理解释。如图 7-13c 所示，设两光栅的中心分别为 O_1、O_2，栅距角为 ψ，偏心量为 e。又设两光栅的栅线序列按逆时针方向排列，且令 $i = 1$，$2, \cdots, n$，$j = 1, 2, \cdots, n$，分别为 O_1、O_2 两光栅的刻线序号。可以看出，圆弧莫尔条纹实质上是两栅线序列交点的轨迹。令 $k = i - j$，可以得到第 k 条圆弧莫尔条纹的方程为

$$x^2 + \left(y - \frac{e}{2\tan k\psi}\right)^2 = \left(\frac{e}{2\sin k\psi}\right)^2 \tag{7-21}$$

因此，圆弧莫尔条纹是以 $\left(0, \frac{e}{2\tan k\psi}\right)$ 为圆心、半径为 $\frac{e}{2\sin k\psi}$ 的圆。

不难证明，径向光栅所形成的圆弧条纹是关于 x 轴对称的两簇圆，它们的圆心均位于两光栅中心连线的垂直平分线上，并且两簇圆与 x 轴的交点都通过 O_1 和 O_2。根据方程式 (7-20)，圆弧莫尔条纹的间隔不是一个定值，在图示情况下，取 $k=1, 2$，此时条纹间隔可近似地用下式计算：

$$B_{12} \approx \frac{e(2+\sin\psi)}{2\sin\psi} \approx \frac{e}{\sin\psi} \tag{7-22}$$

以上讨论的是两光栅偏心放置时构成的径向莫尔条纹，这是最常用的情况。在某些情况下，也应用同心重叠得到的光闸莫尔条纹。

(2) 切向光栅的环形莫尔条纹

切向光栅是指光栅刻线相切于一个小圆所构成的圆光栅。当两块刻线数相同，切向相反，而切线圆半径分别为 r_1 和 r_2 的切向圆光栅同心重叠时，就得到切向光栅莫尔条纹。因为莫尔条纹的形状是一个圆环，因此也叫环形莫尔条纹。如图 7-14 所示，环形莫尔条纹的方程同样可通过求取刻线交点坐标的方法获得

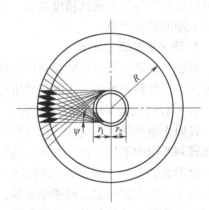

$$x^2 + y^2 = \frac{r_1^2 + r_2^2 + 2r_1 r_2 \cos k\psi}{\sin^2 k\psi} \tag{7-23}$$

式中，r_1、r_2 分别是两切向光栅的切圆半径；ψ 为两切向光栅的栅距角；k 为两光栅栅线交点序号之差。

图 7-14 切向光栅的环形莫尔条纹形状

当 $r_1 = r_2 = r$，取 $k=1, 2$ 时，此两环形条纹的间隔可近似写成

$$B \approx \frac{r}{\psi} \tag{7-24}$$

环形莫尔条纹可以用来检查圆光栅的分度误差，或者利用它具有全光栅平均效应的优点进行高精度测量。

四、莫尔条纹的读数原理与绝对测量

综合以上莫尔条纹的形成原理可知，光栅副之间的相对位移或转角均被转化成莫尔条纹明暗变化，利用光电探测器获取这一信号可以实现精密机械运动的控制定位或测量。

1. 莫尔条纹读数系统

莫尔条纹读数系统（又称为光栅读数头）由光源照明系统、莫尔条纹形成系统和光电接收系统组成。与莫尔条纹的形成原理相对应，光栅读数头的基本类型有振幅型和相位型；按照明结构布局的特点光栅读数头可分为直读式等四类；按光栅的工作条件光栅读数头又可分为透射式和反射式等。光栅读数头的分类如图 7-15 所示。

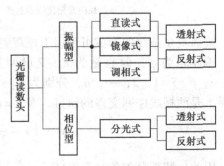

图 7-15 光栅读数头的分类

1) 直读式光栅读数头：利用接近垂直的照明光路系统获得莫尔条纹信号，如图 7 - 16 所示。其中，图 7 - 16a 为透射式，图 7 - 16b 为反射式。直读式光栅读数头适用于栅距大于 0.01mm 的振幅光栅，对 25 ~ 100 线/mm 的黑白光栅，标尺光栅和指示光栅的间隙 d 可取 $d = 3 \sim 5$mm。反射式光栅用钢材料制成，坚固耐用，线膨胀系数与工件相近。

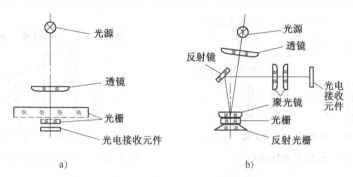

图 7 - 16　直读式光栅读数头
a) 透射式　b) 反射式

2) 镜像式光栅读数头：镜像式光栅读数头是利用主光栅和它的镜像产生莫尔条纹信号。其优点是可获得无间隙的莫尔条纹信号，无指示光栅；可获得倍频信号输出，提高灵敏度。以镜像式二倍频光栅读数头为例，如图 7 - 17 所示，光源发出的光经透镜 1 变成平行光照明主光栅，经透镜 2、反射镜使主光栅的镜像成在主光栅上，形成光闸莫尔条纹，再经透镜 1 和分光镜，被光电接收元件接收后产生光电信号。该系统光电信号的频率增加 1 倍，故其分辨率也提高 1 倍。

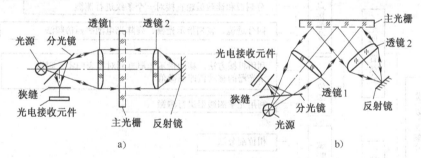

图 7 - 17　镜像式二倍频光栅读数头
a) 透射式　b) 反射式

除了二倍频系统以外，还可以借助凹面镜反射形成四倍频，或者使用高级次衍射形成多倍频光栅读数头，提高系统灵敏度和精度。

3) 调相式光栅读数头：调相式光栅读数头如图 7 - 18 所示，旋转圆柱光栅经光源照明后，其处于运动状态的栅线被投影到静止的基准光栅上，在光电接收元件 1 上形成基准莫尔条纹，同时圆柱光栅的栅线投影到被测的主光栅上，光电接收元件 2 产生的是被调制的被测莫尔条纹信号。通过比较基准信号和被测信号的相位进行测量，提高分辨率。

4) 分光式光栅读数头：分光式光栅读数头适用于相位光栅。分光式有透射式和反射式两种，其中，透射式如图 7 - 19 所示，其光路从点光源发出的光经准直镜变成平行光照明主光栅和指示光栅，由于两光栅衍射的结果将产生多级衍射光谱，如果采用双级闪耀光栅，则主光栅出射的是0级和1级衍射光束，再经指示光栅衍射，得到（0，1）、（0，0）和（1，0）、（1，1）四个级次的光。经聚光镜汇聚在光电接收元件上，狭缝挡住（0，1）和（1，0）以外的其他各级光，以提高输出信号的反差。

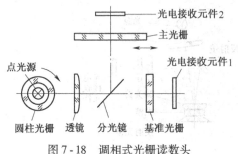
图7-18 调相式光栅读数头

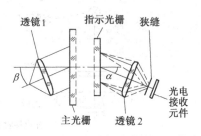
图7-19 分光式光栅读数头（透射式）

利用光栅读数头可将待测件的位移或转角转化为光电信号。为了提高系统分辨率，可以使用栅距更小的光栅，但提高的幅度有限。近年来，莫尔条纹细分技术日益成熟，细分方法越来越完善，对一个栅距对应的信号进行几十到几百等份的细分已不困难，为光栅在高精度仪器中的应用提供了广阔前景。

2. 莫尔条纹细分

莫尔条纹细分可分为空间位置细分和时间域相位细分两类，可采用机械、光学和电子学的方法实现，也可以使用三者结合的方法，具体描述如图7-20所示。

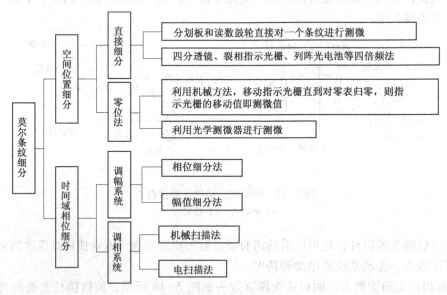
图7-20 莫尔条纹细分方法

电子细分适用于莫尔条纹转化成正弦性较好的电信号的情况，一般通过在时间域上测量相位实现细分，广泛应用于干涉和衍射条纹信号的处理，是数字技术中的普遍方法。高质量的原始信号是高精度电子细分的前提，信号的正弦性、等幅性及全行程幅值的一致性、正弦信号与余弦信号的正交性、共模电压的大小等都是信号质量的重要评价指标。电子细分的原理包括幅值分割、周期测量、倍频、移相、函数变换等。详细方法可以参阅条纹信号处理的相关资料。

3. 零位光栅

普通的计量光栅都是以增量形式反映位移量，无确定的零位。零位光栅是一组线条间距排列不规则的光栅。通过光电转换、数显技术可获得测量的绝对零位。零位光栅的作用是满足停电记忆、工作过程中寻找基准点、重复测量、修正误差等的需要。

最简单的零位光栅是一条宽度为 a 的矩形透光狭缝，作为绝对零点标记。标尺光栅上的零光栅刻线与指示光栅上的零光栅刻线互相平行，相对于主光栅刻线的位置相同，与主光栅刻线用同一光源照明。当标尺光栅与指示光栅透光刻线完全重合时，透过它们的光通量最大；当标尺光栅与指示光栅相对移动时，指示光栅的零光栅透光刻线逐渐被标尺光栅零光栅透光刻线两侧不透光部分所遮盖，透光量逐渐减小，以至完全被遮挡，光通量减至零。用光电接收元件接收，会得到一个三角形绝对零位的原始信号，这就是零位信号。不过这种零位光栅获得的绝对零位精度比较低，只适合要求不高的场合。

精密仪器中常用的零位光栅由一组非等间距、非等宽度的黑白线条组成，如图 7-21 所示。如果用一数列表示零位光栅的结构，标尺光栅为 $\{a_i\} = \{a_1, a_2, \cdots, a_n\}$，指示光栅为 $\{b_i\} = \{b_1, b_2, \cdots, b_n\}$，其中 a_i（或 b_i）$=1$ 表示亮线，a_i（或 b_i）$=0$ 表示暗线。通常使 $\{a_i\} = \{b_i\}$，则指示光栅相对标尺光栅横向运动时典型的光通量函数如图 7-22 所示。由此可以看出：

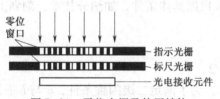

图 7-21 零位光栅及使用结构

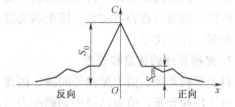

图 7-22 零位光栅典型的光通量函数

1）光通量函数以零位为原点左右对称。

2）最大峰值信号 S_0 正比于亮线总数 B，若取每个单位缝宽通过的光通量为一个单位，则 $S_0 = B$。

定义光亮比

$$K = \frac{S_{cm}}{S_0} \tag{7-25}$$

式中，S_{cm} 为最大残余信号值；S_0 为光通量函数峰值。

光亮比直接反映了零位光栅工作的有效性，是重要的质量指标。在零位光栅栅线数一定时，合理的栅线设计应使亮线总数大，而光亮比小，这样才能保证其工作的灵敏度和可靠性。

实际上，光通量函数 C 可由矩阵运算得到

$$C = \begin{pmatrix} C_1 \\ C_2 \\ \vdots \\ C_N \end{pmatrix} = \begin{pmatrix} a_N & 0 & \cdots & 0 \\ a_{N-1} & a_N & \cdots & 0 \\ \vdots & \vdots & & \vdots \\ a_1 & a_2 & \cdots & a_N \end{pmatrix} \begin{pmatrix} a_1 \\ a_2 \\ \vdots \\ a_N \end{pmatrix} \tag{7-26}$$

这时 $\{C_1, C_2, \cdots, C_N\}$ 是峰值零位一侧的函数值。由对称性可得出另一侧的函数值。利用计算机搜索法、单位线宽亮线间距值分组法、光通量 – 透光面积图解法、节点距法等，结合光通量函数可以优化设计零位光栅的结构，有效实现绝对零位的定位功能。

五、计量光栅参数的选择

计量光栅的参数主要包括光栅栅距 w、光栅刻线的宽度 b 和长度 C、光栅基体尺寸、两光栅间的间隙 d 等。

1. 光栅栅距的选择

计量光栅常用栅距为 $w = 0.004 \sim 0.5\text{mm}$，相当于 $250 \sim 20$ 线/mm。

其中，位相光栅的常用栅距范围是 $0.004 \sim 0.1\text{mm}$，黑白光栅的常用栅距范围是 $0.01 \sim 0.05\text{mm}$。

随着莫尔条纹电子细分技术的发展，粗光栅的应用引起了人们的重视。粗光栅的栅距一般取 $0.05 \sim 0.5\text{mm}$，最粗能达到 0.635mm。与粗光栅系统相反，由于光栅制造技术的日益完善，也有采用 $600 \sim 1200$ 线/mm 的极细光栅做精密测量用。

一般来说，栅距的选择由下式决定：

$$w = n\tau \tag{7-27}$$

式中，n 为细分机构或细分电路的细分数；τ 为仪器的分划值。

在最小读数值确定后，若栅距取较小值，则细分部件的负担可减轻些；反之，若取较大的栅距值，则细分数必须较大。栅距的选择，应该根据具体条件，如细分技术、刻划工艺等权衡利弊，作出决定。

2. 光栅刻线的宽度和长度

对于黑白光栅，由于黑白等间隔，因此 $b = w/2$。

对于位相光栅，前面已经提到栅距为 $(a + b)$，为了满足二级闪耀条件，a 与 b 需满足

$$\frac{a}{a+b} = 0.6 \sim 0.7 \tag{7-28}$$

遇到其他特殊情况，刻线宽度应另行设计。

光栅刻线长度 C 一般应控制在 $10 \sim 20\text{mm}$ 或以下，这是一般刻划机可以达到的长度。在工艺允许时，刻线长度应根据要求的莫尔条纹间隔来计算。

$$C = B + \Delta = kw + \Delta \tag{7-29}$$

式中，B 为要求的莫尔条纹间隔；Δ 为余量；k 为莫尔条纹的放大倍数。

决定光栅刻线长度时还应该考虑光电接收元件的尺寸。

3. 光栅基体尺寸的选择

对于玻璃基体应保证光栅有足够的刚度，长光栅的长度与厚度之比应控制在 $10:1 \sim 30:1$ 之间，圆光栅的直径与厚度之比可取 $10:1 \sim 25:1$。

4. 两光栅间的间隙的选择

为了提高莫尔条纹的反差，应取间隙小些为好。但是，为了防止两光栅相对移动时擦伤，间隙又不能太小。通常 $d = 0.02 \sim 0.05\text{mm}$，在大间隙使用时，$d = 0.5 \sim 2\text{mm}$。

影响两光栅之间间隙的因素很多，主要从衍射效应和条纹反差两方面来考虑：

1）根据衍射效应决定光栅间隙 d 的取值：从衍射观点来看，在主光栅后面符合菲涅尔

公式的各个位置上（这些位置称为菲涅尔面）都会重现光栅的表面花样。因此在这些平面上放置指示光栅都会出现莫尔条纹。菲涅尔面的位置计算公式为

$$d_i = i\frac{w^2}{\lambda} \tag{7-30}$$

式中，w 为光栅栅距；λ 为照明光的波长（若是白光，则取接收器的响应峰值波长）；i 是菲涅尔面的级数，$i=1, 2, \cdots$。

令 $i=0$，即取 0 级面，这是主光栅表面，相当于通常所说的小间隙使用。可令

$$d \approx 0.1 \times \frac{w^2}{\lambda} \tag{7-31}$$

从运动中防止擦伤光栅表面来考虑，$d<0.02$mm 是不合适的，即小间隙使用时，栅距的下限应为

$$w_{\min} = \sqrt{\frac{d\lambda}{0.1}} \approx 0.45\sqrt{\lambda} \tag{7-32}$$

若以硅光电池作为接收器，$\lambda = 0.85\mu m$，得 $w_{\min} = 0.013$mm。也就是说，只有当光栅线数小于 76 线/mm 时，才可采用小间隙工作。

大间隙相当于取第一菲涅尔面，即

$$d = \frac{w^2}{\lambda} \tag{7-33}$$

如果仍要求 $d_{\min} \geq 0.02$mm，则 $w_{\min} \geq 0.004$mm。也就是说，若采用大间隙，则光栅刻线数可以密集到 250 线/mm。

2) 根据条纹反差条件决定间隙量：莫尔条纹的反差与照明灯丝宽度、照明聚光镜的焦距、光栅栅距 w、两光栅之间的间隙 d 都有关系。在一般使用条件下，即灯丝宽度为 2mm、聚光镜焦距为 26mm 时，为了达到不低于 80% 的反差，对于栅距 0.004mm 的光栅，间隙应取 0.015mm 左右；对于栅距为 0.01mm 的光栅，间隙应取 0.04mm。根据条纹反差的变化趋势，栅距在 0.004~0.01mm 之间的光栅，其间隙也应该在 0.015~0.04mm 之间选取。

六、计量光栅误差分析

利用计量光栅产生的莫尔条纹进行位移测量的误差可能来自光栅刻度质量、扫描质量、扫描过程中的运动偏差以及信号处理电子设备的质量等。

单件光栅的误差由刻划工艺和刻划设备决定，这一刻划误差的产生规律与标尺、度盘等类似。但成对形成莫尔条纹使用时，由于其平均误差作用，可使局部刻划误差的影响大大减小。

设光电接收元件所覆盖的光栅刻线总数为 N，单个栅距误差为 δ，则可用式 (7-20) 粗略表示平均误差与单栅距误差之间的关系。常用栅距在 0.05~0.1mm 之间，若取光电池尺寸为 10mm，则刻线总数为 $N = 10/w = 100 \sim 200$，故而 $\Delta = \pm(1/20 \sim 1/45)\delta$，可见误差平均效果很显著。必须指出的是，莫尔条纹所平均的栅距误差是以 Nw 为周期的，也就是说，利用莫尔条纹的平均误差作用，只能减小光栅刻划误差中的短周期误差。

采用误差修正和多读数头的方法也能减少光栅误差对测量精度的影响。从理论上说，当采用全光栅平均测量方法时，可以完全消除圆光栅的栅距误差影响，对于长光栅则不可能做

到这一点。

长光栅栅距误差的一般水平为微米量级,圆光栅为角秒的数量级。目前国际上的先进水平大约为:长光栅栅距误差为 ±0.5μm/m,圆光栅栅距误差为 ±0.1″。

为了减小扫描过程中引入的误差,应该减小杂散光的影响。同时应注意光栅的固定,防止应力和变形。对于光栅姿态的调整环节,长光栅应该保证光栅刻线与测量方向垂直;圆光栅要保证刻划中心与转轴中心同心。对光栅副来说,长光栅副应具备间隙和交角两个调整环节;而对于圆光栅副,则应考虑间隙和两者偏心的调整机构。

总之,计量光栅是常用的高精度位移计量标准器。利用莫尔条纹可以起到位移放大作用,使用电子细分可以进一步提高位移测量精度,最高分辨率可达 0.025μm。莫尔条纹信号接近正弦,适合电路处理,可用光电转换以数字形式显示或输入计算机,实现自动化测量,稳定可靠。利用零位系统还可以完成绝对测量。因此,计量光栅已成为成熟的、商业化的位移测量用具,广泛应用于高精度加工机床、三坐标测量仪、大规模集成电路检测等仪器中。如果在仪器中需要使用光栅尺,则应研读其产品说明,选择合适的功能指标,如测量精度、测量范围、最大移动速度、输出信号等,并遵循阿贝原则等仪器设计原则,充分发挥光栅尺的测量精度。

第四节 光学编码度盘

一、光学编码度盘与编码

从信息的观点来看,标尺和度盘也是编码器,既是以增量方式编码(刻线)的编码器,又是以数字标注的绝对值式编码器。计量光栅同样是增量式编码器,当具有零位编码时,则兼具有绝对零位的性能。增量式编码器一般没有确定的零位,它以相对值的形式反映位移信息;而绝对值式编码器具有确定不变的零位,它所反映的位移信息是以零位为起点的绝对值。

光学编码度盘(简称光学码盘)是一种绝对值式编码器,它以二进制代码运算为基础,在光学圆盘上,用透光的缝隙代表"1",不透光的线条代表"0",并以每一圈码道(即圆周上黑白相间的一圈)代表二进制数的一个数位,这样就可以得到一个包含多个码道的、按二进制规律组合起来的图案,配以一定电路就可以实现角度量与数字量的转换。光学圆盘连同编码图案一起,总称为光学编码度盘。图 7-23 所示是一个由五个码道组成的二进制码盘。图 7-24 所示是五位码盘的编码表和展开图,其中黑色代表 0。

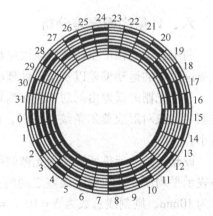

图 7-23 五位二进制码盘

二进制码盘的码道数 n 和码盘的编码容量 M 之间的关系为

$$M = 2^n \tag{7-34}$$

当 $n=5$ 时,$M=32$,就是说五码道码盘可以将一个圆周分成 32 等分。因此,它的角度

分辨率 τ 与码道数 n 之间存在下面的关系：

$$\tau = \frac{360°}{2^n} \quad (7\text{-}35)$$

以 $n=5$ 代入式（7-35），可得 $\tau = 11.25°$。如果有 21 码道，则 $\tau = 0.618''$。

从编码表上可以看出，二进制码进位时常常是多个位数上的代码同时发生转换。例如，二进制数从 $(0111)_2$ 向 $(1000)_2$（相当于十进制从 7 到 8）进位时，四个码道都同时发生代码转换。而码盘的制作和安装不可避免地存在误差，因而造成四个码道转换时有可能不同步，这就产生错码。如果高位上延迟转换，则得数 $(0000)_2$，就是说产生的误差为十进制的"8"。对五码道码盘来说，最大误差发生在从 15 到 16 的转换过程中，产生的最大误差只可能达到 16。这是普通二进制编码的重大缺陷。为了克服这个缺点，发展了一种循环码。

表 7-3 给出的是循环码与二进制、十进制码之间的关系。由此可以看出，循环码从任何数转变到相邻数时，代码的各位中仅有一位发生变化，而且，循环码除最高位码道外，每一码道的周期比普通二进制码增加了一倍，当循环码发生进位或退位时，只有一个二进位数字发生变化，因此，产生的误差不会超过读数的最低位的单位量。例如，循环码从"0100"向"1100"进位时（相当于十进制从 7 到

十进制	二进制码					码道展开
0	0	0	0	0	0	
1	0	0	0	0	1	
2	0	0	0	1	0	
3	0	0	0	1	1	
4	0	0	1	0	0	
5	0	0	1	0	1	
6	0	0	1	1	0	
7	0	0	1	1	1	
8	0	1	0	0	0	
9	0	1	0	0	1	
10	0	1	0	1	0	
11	0	1	0	1	1	
12	0	1	1	0	0	
13	0	1	1	0	1	
14	0	1	1	1	0	
15	0	1	1	1	1	
16	1	0	0	0	0	
17	1	0	0	0	1	
18	1	0	0	1	0	
19	1	0	0	1	1	
20	1	0	1	0	0	
21	1	0	1	0	1	
22	1	0	1	1	0	
23	1	0	1	1	1	
24	1	1	0	0	0	
25	1	1	0	0	1	
26	1	1	0	1	0	
27	1	1	0	1	1	
28	1	1	1	0	0	
29	1	1	1	0	1	
30	1	1	1	1	0	
31	1	1	1	1	1	

图 7-24 二进制码盘的编码表和展开图

8），只有高位上发生转换，即使高位上因码盘制作或安装等原因而产生延迟或提前进位，误差也只可能是"1"，比起普通二进制码来，循环码优越得多。

表 7-3 循环码与二进制、十进制码之间的关系

十进制	二进制	循环码	十进制	二进制	循环码
0	0000	0000	8	1000	1100
1	0001	0001	9	1001	1101
2	0010	0011	10	1010	1111
3	0011	0010	11	1011	1110
4	0100	0110	12	1100	1010
5	0101	0111	13	1101	1011
6	0110	0101	14	1110	1001
7	0111	0100	15	1111	1000

不过，循环码的各位数没有固定的权，因此很难阅读和计算，这是其不及普通二进制码的地方。两者之间的转换关系可以通过按位加运算法则或逻辑运算法则建立。此外，光学码

盘中还应用十周期码和二十周期码，详细可参考有关资料。

二、光学编码度盘的参数选择

码盘有码道位数 n、测角分辨率 τ、黑白线对总数（编码容量）M、刻线周期（栅角）ψ、最小内圈直径 $\varphi_{\min}$、刻线宽度 b、刻线长度 l 以及码道间隔 ΔR 八个主要参数。

对于普通二进制码盘，编码容量 M、分辨率 τ 与码道位数 n 之间的关系在式（7-34）、式（7-35）中已给出。当码盘分辨率 τ 由仪器的分划值（即最小读数值）决定时，利用式（7-34）、式（7-35）即可求出 M 和 n。

码盘的刻线周期 ψ 指的是每线对（黑白两线）对应的中心角度，对于最低位码道，刻线周期等于分辨率的两倍。

最小内圈直径 $\varphi_{\min}$，即最高位码道的刻划直径，一般取决于结构设计的要求。从保证码盘精度及工艺考虑，以取大值为好；但从仪器外形尺寸考虑，则以小值为佳。应该权衡两者综合考虑。

刻线长度 l，是指沿直径方向量度的数值，通常取为 1～1.5mm。

码道间隔 ΔR，按经验值可取 $\Delta R \approx (1 \sim 2)l$，此值选择不严格。一般取 1～2mm 即可。

码道的刻线宽度 b 应该结合刻划半径 R_i（对应第 i 码道）和刻线周期 ψ_i 决定

$$b_i = \frac{R_i \psi_i}{2} \tag{7-36}$$

式中，R_i 为刻划半径，$R_i = (l + \Delta R)i + \varphi_{\min}/2$；$\psi_i$ 为刻线周期，$\psi_i = 2i\tau$。

总之，与同为角度计量标准器的度盘相比，光电编码度盘能将待测角位移转换为数字信号，方便仪器后续系统的采集、处理和保存。与此同时，其测量误差除了码盘本身加工的分度刻划误差、度盘的安装偏心误差等之外，还包括电子细分引入的误差。光电编码度盘的分辨能力强、测量精度高和工作可靠等优点，使其在转角位置测量中得到广泛应用。

第五节 光波长

上述长度测量用标准器均为实物标准器，存在易破坏、相对精度较低、需定期比对溯源等问题，采用光波长这一物理量作为标准则具有精度高、易复现、易比对的优点。

实际上，在现有米定义之前，1960年国际计量大会通过的以 [86]Kr（氪86同位素）波长为基准的米定义同样是自然基准，它克服了实物米原器的所有缺点，使得各国复现米定义变得相对容易，复现精度也有所提高。然而 [86]Kr 原子辐射谱线不够窄，相对谱线宽度为 8×10^{-7}，亮度低（输出功率约 $0.1\mu W$），相干长度仅为 800mm，在所推荐的使用条件下，波长准确度仅为 1×10^{-8}。随着科学技术的迅猛发展，[86]Kr 波长基准已不能满足要求，米定义又一次到了非更改不可的时候。

1960年激光的诞生引起物理学家和计量学家们的兴趣，因为激光具有高亮度和很好的单色性，从1961年起，激光应用于计量的研究工作便着手进行了。经研究，激光的性能远比 [86]Kr 灯优越，采取特殊稳频措施，某些激光频率的稳定性和复现性已经达到 1×10^{-11}，比 [86]Kr 作为米定义的精度还高100倍以上。在实际精密测量中，激光早已取代 [86]Kr，获得广泛的应用。

在此基础之上，1967 年时间"秒"的定义由"地球自转一周的八万六千四百分之一"改为"秒是^{133}Cs（铯133）原子基态的两个超精细能级之间跃迁所对应辐射的 9192631770 个周期的持续时间"。1969 年以后，科学家们成功地测定了甲烷稳频 3.39μm 激光器输出频率的绝对值，又以 ^{86}Kr 波长为基准测定了该激光的真空波长值。再经过国际间平均与核对，得到新的真空光速值 $c = 299792458 m/s$，此值不受精度限制。1983 年第 17 届国际计量大会上正式通过了新的米定义。这一定义把真空中的光速值作为一个固定不变的物理常数确定下来，光速值从此不再是一个物理学中可测量的量，而成为一个换算常数；长度测量可通过时间或频率测量导出，从而使长度单位和时间单位结合起来。

新的米定义具有三个实现途径：

1）利用光在真空中的飞行时间测量长度，即飞行时间法。只要精确测出光在真空中行进的时间 t，就可利用关系式 $l = ct$ 求出长度 l，式中 c 是已定义的真空光速值，$c = 299792458 m/s$。在天文与大地测量中，飞行时间法早已普遍采用。

2）用频率为 f 的平面电磁波的真空波长来复现米，即真空波长法。这个波长 λ 是通过测量平面电磁波的频率 f，然后应用关系式 $\lambda = c/f$ 得到的。用真空波长法复现米，在实际使用中仍可应用传统的光波干涉法，即通过对干涉条纹数目或数目变化的统计，获得以光的波长为单位的对光程差的测量，通过折射率、光波长等参数换算到长度测量上。具体原理将在本书第九章中描述。

3）直接应用米定义咨询委员会推荐的八种稳频激光器的频率和波长值。这八种稳频激光器是：甲烷稳频 3.39m 氦氖激光器、碘稳频 576nm 染料激光器、碘稳频 633nm 氦氖激光器、碘稳频 612nm 氦氖激光器、碘稳频 515nm 氩离子激光器、碘稳频 543nm 氦氖激光器、碘稳频 640nm 氦氖激光器、钙束稳频 657nm 染料激光器。

根据上述实现途径，利用稳频激光搭建干涉仪，则可实现可溯源的高精度长度测量。需要注意的是，只有上述八种稳频激光器的波长和频率是可查的参考值，使用其他类型的激光时，需要进行波长的校准。同时，由于在地球表面实施上述途径时总存在不符合理想条件的因素，所以还需要对测量结果进行修正。

波长的校准主要通过干涉法实现，即利用迈克尔逊扫描干涉仪或法布里 – 珀罗干涉仪测量待测激光与标准激光的波长比，之后确定待测激光的真实波长。这一过程往往需要在计量院等具有标准激光器的研究单位进行。而对测量结果的修正主要从以下三个影响因素来考虑：

1）折射率的修正：在地球表面，光总是在一定气压下行进的，并非真空条件，所以必须进行折射率的修正。修正量在 $\pm 10^{-7}$ 数量级范围内。

2）衍射效应的修正：理想的激光干涉测量都是建立在光波为平面电磁波的基础上，但在实际工作中，光波总是受到光学元件几何尺寸的限制，需要进行衍射修正。修正量在 $\pm 10^{-9}$ 数量级范围内。

3）引力场效应修正：新的米定义适用于没有引力场的空间或在恒定的引力场空间，但这样的空间是难以找到的，所以要进行引力场或相对论效应的修正。修正量在 $\pm 10^{-12}$ 数量级范围内。

理论上说，上述三项修正都是必不可少的，但在实际操作中，由于精度要求的限制，第 2）、3）项效应的影响是可以忽略不计的。所以，利用激光干涉测量长度是最常用的以光波长为基准的长度测量，而保持激光波长（频率）的稳定性，对激光波长进行比对和测定，并对测量结果进行折射率、衍射效应、引力场效应修正，是保持测量结果高精度、可溯源性的重要手段。

光波长除了直接作为基准进行长度测量以外，也广泛应用于其他标准器的校准中。

标准器是计量类光电仪器不可或缺的组成部分，为实现国际单位制规定的计量标准到工厂、实验室等计量现场的传递，各种不同精度的标准器发挥着重要的作用。标尺和度盘是最常用、最基础的长度和角度计量标准器，其工作原理简单，技术成熟，合理选择工作参数并避免各类读数误差是正确使用这两样标准器的前提。计量光栅和光电编码度盘适用于自动化程度、精度要求较高的仪器，其将位移或角位移转化为光电信号之后，利用电子细分可以极大地提高测量分辨率。计量光栅及光电编码度盘同样已经商品化，可以在了解其工作原理基础上选择合适的产品，完成标准器的单元设计。光波长是精度最高的标准器，利用干涉原理进行长度测量是应用光波长复现米定义的有效手段。

参 考 文 献

[1] 殷纯永. 光电精密仪器设计 [M]. 北京：机械工业出版社，1996.
[2] 李庆祥，王东生，李玉和. 现代精密仪器设计 [M]. 北京：清华大学出版社，2004.
[3] 萧泽新. 现代光电仪器共性技术与系统集成 [M]. 北京：电子工业出版社，2008.
[4] 王桂芳. 现代数控机床的测量系统——光栅尺的测量原理和选择标准 [J]. 现代制造，2002（259）：66–68.
[5] 孙洁，杨立新. 光波长计量标准的建立 [J]. 现代电信科技，2007（9）：45–48.
[6] 殷纯永. 现代干涉测量技术 [M]. 天津：天津大学出版社，1999.
[7] Sirohi R S, Mahendra P Kothiyal. Optical Components, Systems and Measurement Techniques [M]. New York: Marcel Dekker Inc., 1990.

第八章 运动与对准

在完成光电仪器总体设计及单元选型之后,需要将各单元有机结合,形成功能完善、性能稳定的光电仪器。为了有利于提高仪器的机械稳定性及保证设计精度,人们在仪器设计过程中,总结了若干结构设计的基本原则。本章将首先介绍这些设计原则。

精密位移控制是诸多光电仪器实现功能所需的手段之一。观测类光电仪器需要通过精密位移控制来完成调焦工作,保证清晰成像;计量类光电仪器更是需要精密位移控制来完成大多数的测量工作。对于精密的光电仪器来说,无论是大行程的精密定位,还是小范围内的光学对准,都离不开精密位移控制,为了设计、实现及评估高精度的位移,微位移技术应运而生。本章在简要介绍微位移技术的应用领域和主要研究内容后,将重点介绍机械式的微动机构和压电、电致伸缩器件,并给出这两类常用微位移机构的工作原理、实现方法及主要技术指标和应用范围。

瞄准与对准同样是光电仪器实现其功能的重要过程。计量类光电仪器准确获得待测物与标准器的相对位置关系、完成瞄准工作,是实现高精度测量的基础;观测类光电仪器对于成像清晰的判断属于轴向对准问题,这一对准的质量也直接关系到成像质量。本章将从横向的瞄准与轴向对准(即自动调焦)两方面介绍常用的瞄准与对准装置或方法,这些装置或方法各有优缺点,可根据系统需求合理选用。

总之,本章的内容既包括光电仪器的设计原则,也包含实现精密位移控制或瞄准对准的元件,这些内容多与仪器各部分的组合及相对运动有关,也是仪器设计过程中重要的部分。

第一节 结构设计的基本原则

第三章仪器精度分析与设计部分给出了提高光电仪器精度的基本设计原则,这些原则利用合理的布局设计(阿贝原则)、特殊的光路设计或补偿装置(光学自适应原则)、特殊的数据处理办法(圆周封闭原则),可有效地提高仪器的精度,消除环境干扰或制造和运行误差的影响。实际上,光电仪器的机械结构设计是否合理同样会影响到最终的精度,尤其是有运动部件的仪器,更应遵循结构设计方面的基本原则,避免运行过程中因为力变形等原因引入误差。

运动学原则和变形最小原则是结构设计较重要的基本原则,前者主要关注单元或元件的约束及定位方法,后者主要考虑仪器的支承方法。以下分别进行说明。

一、运动学原则

空间物体具有六个独立的自由度,因此原则上可以用六个适当配置的约束加以限制。自由度 S 与约束 R 有如下关系:

$$S = 6 - R \tag{8-1}$$

所谓运动学原则,是指根据物体要求的运动方式(即要求自由度)按式(8-1)确定施加的约束数。对约束的安排不是任意的，一个平面上最多安置三个约束，一条直线上最多安置两个约束；约束应是点接触，并且同一平面（或直线）上的约束点应尽量分散；约束面应垂直于需要限制的自由度的方向。

之所以提倡满足运动学设计原则的设计，是因为应用该原则具有如下优点：

1）每个元件都是用最少的接触点来约束的，每个接触点位置不变，这样作用在物体上的力可以预先进行计算，因此能加以控制。可采用合理的设计，避免材料受力过大引起变形而干扰机构正常工作，且定位精确可靠。

2）工作表面的磨损及尺寸加工精度对约束的影响很小，用大公差可以达到高精度，因而降低了对加工精度的要求。即使接触面磨损了，稍加调整就可以补偿磨损造成的位移。

3）若结构要求能拆卸，则拆卸后能方便而精确地复位。

运动学设计原则要求施加的约束是点接触，但理想的"点"在实际中是不存在的。当零件较重、载荷较大时，接触处的应力很大，材料发生形变，接触处实际上就变成一小块"面"了；另外，"点"接触容易磨损，这就限制了运动学设计原则的应用。若将约束处适当地扩大成为一有限大的面积，而运动学设计原则不变，则称为半运动学设计。半运动学设计可以有效扩大运动学设计原则的应用范围。

半运动学设计是介于运动学设计与偏离运动学设计之间的折中方法。它以线接触或微小的面接触代替点接触。例如，用滚柱代替滚珠，既提高了承载能力，精度损失又不大。又例如，V形导轨和球之间，按运动学设计是两点接触，承载能力很差，为了保持原有的导向精度而又提高承载能力，可以用直径与球相同的圆棒与V形导轨对研一下，这样既可以略微增加接触面积而又很少损失精度。归纳起来，符合半运动学设计的过程是：首先按运动学原则设计正确的定位点，然后把理论的点接触适当地扩大到面接触以便承受所要求的载荷。

二、变形最小原则

在仪器工作过程中，无论是受力引起的变形，还是因温度变化或其他原因引起的变形，都是不可避免的。因此仪器设计者的任务是在设计中采取各种措施，使变形为最小。减小变形有若干种有效手段，以下列举三种方法：

1）合理安排布置：对于长度超出宽高很多的元件，例如第七章提到的标尺，在自重或外力作用下容易发生弯曲，仅有中性面不会因为变形发生长度变化，因此，如有刻度应刻划在中性面上。另一方面，合理选择标尺的支撑点也很重要。根据力学原理，如果支点对称安装在贝塞尔点上，即两支点相距全尺长度的5/9，则标尺受力变形时，对精度的影响最小。

2）避免经过变形环节：如果系统中出现了变形的元件，那么在安装其他元件时，应该尽量回避与变形元件发生接触或量值传递，尽可能将变形的影响减到最小。

3）提高系统的刚度：仪器的规模及功能决定了系统刚度的设计依据。在重型测量仪器中，由于仪器自重及工件的重量引起变形而带来的测量误差是相当大的，所以需要根据许用变形量来确定系统的刚度、构件截面形状和尺寸。在一般的仪器系统中，可以根据运动部件不出现爬行的条件来确定传动系统刚度。对于有微量进给要求的精密机械，其传动系统刚度应根据微动量进给的灵敏度来确定。

由于机械支承是光电仪器各组件有效组合并工作的基础，因此机械结构设计对任何光电仪器系统都是至关重要的，只有合理的机械机构设计才能有效实现和保证光电仪器的高精度。

第二节 微位移机构

一、微位移技术简介

微位移技术是指为保证位移在微米量级及以下所采取的一系列方法和措施。微位移系统是精密位移控制的执行机构，也是微位移技术实现的平台，其在精密光电仪器中主要用于提高整机的精度。随着科学技术的发展，光电仪器的精度越来越高，微位移技术的应用就越来越广泛。目前，微位移技术的应用范围大致可分为以下四个方面：

1）微调：精密光电仪器中的微调是经常遇到的问题，如图 8-1a 所示，左图表示磁头与磁盘之间的浮动间隙的调整，右图表示照相物镜与被照干版之间焦距的调整。

2）精度补偿：精密工作台是高精度光电仪器的核心，它的精度优劣直接影响整机的精度。目前精密工作台向高速度、高精度方向发展，其运动速度一般在 20~50mm/s，最高的可达 100mm/s 以上，而定位精度则要求达到 $0.1\mu m$ 以下。由于高速度带来的惯性很大，因此一般运动精度比较低，为解决高速度和高精度的矛盾，通常采用粗精相结合的两个工作台来实现，如图 8-1b 所示。粗工作台完成高速度大行程，而高精度由微动工作台来实现，通过微动工作台对粗动工作台运动中带来的误差进行精度补偿，以达到预定的精度。

3）微执行机构：主要用于生物工程、医疗、微型机电系统、微型机器人等，用于夹持微小物体。

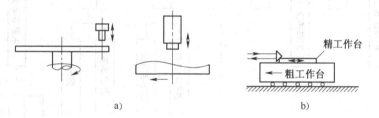

图 8-1 微位移机构的应用
a) 微调 b) 精度补偿

为了实现上述领域的应用需求，微位移系统一般包括微位移机构、检测装置和控制系统三部分。微位移机构是微位移系统的核心机构，是指行程小（一般小于毫米级）、灵敏度和精度高（亚微米、纳米级）的机构。微位移机构（或称微动工作台）由微位移器和导轨两部分组成，根据导轨形式和驱动方式可分成五类：

1）柔性支承：压电或电致伸缩微位移器驱动。柔性支承微动机构是近年来发展起来的一种新型的微位移机构。它的特点是结构紧凑、体积很小，可以做到无机械摩擦、无间隙，具有较高的位移分辨率，可达 1nm。使用压电或电致伸缩器件驱动，不仅控制简单（只需控制外加电压），而且可以很容易实现亚微米甚至是纳米量级的精度，同时不产生噪声和发热，适用于各种介质环境。

2）滚动导轨：压电或电致伸缩微位移器驱动。滚动导轨是精密仪器中的一种常见的导轨形式，具有行程大、运动灵活、结构简单、工艺性好、易实现较高定位精度的优点。

3）滑动导轨：机械式驱动。比较传统的微位移机构形式。

4）平行弹性导轨：机械式或电磁、压电、电致伸缩微位移器驱动。平行弹性导轨常与机械式驱动结合形成位移缩小机构。例如将微动台串联在两个刚度不同的弹簧之间，一个弹簧自由端固定，另一个自由端施加一定位移，那么当两个弹簧刚度相差较大时，输入位移将依照刚度比例大大缩小。这类机构的定位精度易受工作台外力或导轨摩擦力影响，且对输入位移容易产生过渡性振荡，因此不适于动态响应条件下，可用于光学零件的精密调整机构中。

5）气浮导轨：伺服电动机或直线电动机驱动。气浮导轨主要用于解决大行程和中等分辨率（亚微米级）的矛盾，具有误差均化作用，可用比较低的制造精度来获得较高的导向精度。

微位移器根据形成微位移的机理可分成两大类：机械式和机电式，其分类如图 8-2 所示。

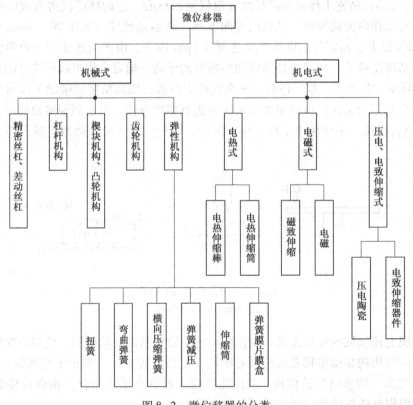

图 8-2 微位移器的分类

二、机械式微位移机构

机械式微位移机构是一种传统而经典的机构，在精密机械与仪器中应用广泛，结构形式比较多，主要有螺旋机构、杠杆机构、楔块凸轮机构、弹性机构以及它们之间的组合机构。由于机械式微位移机构中存在机械间隙、摩擦磨损以及爬行等，所以运动灵敏度、精度很难达到高精度，故只适于中等精度。

螺旋式微位移机构是一种基本而常用的机械式微位移机构，可以获得微小直线位移，也可以获得大行程的位移，其结构简单，制造方便。螺旋式微位移机构的基本结构为手轮转动经螺杆使工作台移动，工作台位移 s 与手轮的转角 φ 之间的关系为

$$s = \pm \frac{t}{2\pi}\varphi \tag{8-2}$$

其灵敏度为

$$\Delta s = t\frac{\Delta\varphi}{2\pi} \tag{8-3}$$

式中，t 为螺旋的螺距；φ、$\Delta\varphi$ 分别为手动转角及其增量。

由式（8-2）、式（8-3）可见，为提高微动灵敏度可增大手轮的直径或减小螺距。但手轮直径增大，不仅使空间体积增大，而且由于操作不灵便反而使微动灵敏度降低。螺距太小，造成加工困难，同时易磨损使精度下降。

为了提高微动灵敏度常常采用差动螺旋，它是由两个螺距不等（t_1，t_2）、旋向相同的螺旋副组成的，转动螺杆，使螺母获得位移 s，其关系为

$$s = (t_1 - t_2)\frac{\varphi}{2\pi} \tag{8-4}$$

由式（8-4）可见，当 t_1 与 t_2 相接近时，可获得较高的微动灵敏度。

利用不同的机械位移系统可以形成组合式微位移机构，包括螺旋-斜面微位移机构、蜗轮-凸轮式微位移机构、齿轮-杠杆式微位移机构和齿轮-摩擦式微位移机构等。这些机构的传动关系可以通过机械结构推导出来。机械式微位移机构种类繁多，也比较成熟，不一一赘述。

三、压电、电致伸缩器件

压电、电致伸缩器件是近年来发展起来的新型微位移器件。压电、电致伸缩器件具有结构紧凑、体积小、分辨率高、控制简单等优点，同时它没有发热问题，因此对精密工作台不会引起由于热量产生的微位移误差，在精密机械中得到了广泛的应用。

1. 压电与电致伸缩效应——机电耦合效应

电介质在电场的作用下，有两种效应：压电效应和电致伸缩效应，统称机电耦合效应。电介质在电场的作用下，由于感应极化作用而引起应变，应变与电场方向无关，应变的大小与电场的二次方成正比，这个现象称为电致伸缩效应。压电效应是指电介质在机械应力作用下产生电极化，电极化的大小与应力成正比，电极化的方向随应力的方向而改变。在微位移器件中所应用的是逆压电效应，即电介质在外界电场作用下产生应变，应变的大小与电场大小成正比，应变的方向与电场的方向有关，电场反向时应变也改变方向。电介质在外电场作用下应变 s 与电场的关系为

$$s = dE + ME^2 \tag{8-5}$$

式中，dE 为逆压电效应，其中，d 为压电系数，单位为 m/V，E 为电场，单位为 V/m；ME^2 为电致伸缩效应，其中 M 为电致伸缩系数，单位为 m^2/V^2。

逆压电效应仅在无对称中心晶体中才有，而电致伸缩效应则所有的电介质晶体都有，不过一般来说都是很微弱的。压电单晶如石英、罗息盐等的压电系数比电致伸缩系数大几个数量级，结果在低于 1mV/m 的电场作用下只有第一项，即逆压电效应。

在一般的铁电陶瓷中，电致伸缩系数比压电系数大，在没有极化前，虽然单个晶粒具有自发极化，但它们总体不表现静的压电性。在极化过程中，静的极化强度被冻结（即剩余极化）并产生一个很强的内电场（如 $BaTiO_3$ 陶瓷静的剩余极化产生 27mV/m 的内电场），这样高的内电场起到了电致伸缩效应的偏压作用，因此在极化后，在弱外电场的作用下会产生宏观线性压电效应。一般铁电陶瓷的电场—应变曲线是呈蝴蝶形而不是表现出电致伸缩效应的二次方曲线，如图 8-3 所示。铁电陶瓷的晶体结构与温度有着密切的关系，它随温度变化会产生质的变化，称为相变。产生相变的这一温度数值 TC 称为相变温度（或称居里温度）。压电陶瓷在温度高于或等于相变温度时，不存在压电效应，在低于相变温度时才存在压电效应。不同的材料制成的压电陶瓷相变温度是不同的。有这样一些铁电陶瓷，室温刚好高于它的相变温度，在室温下没有压电效应，介电常数又很高，因此在外界电场作用下，能被强烈地感应极化并伴随着产生相当大的形变，使电致伸缩效应的电场—应变曲线呈抛物线形。

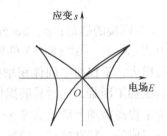

图 8-3　一般铁电陶瓷的电场—应变曲线

2. 压电、电致伸缩器件

（1）压电微位移器件

用压电陶瓷作微位移器件目前已得到广泛的应用，如激光稳频、精密工作台的补偿、精密机械加工中的微进给以及微调等。用于精密微位移器件的压电陶瓷应满足下列要求：

1）压电灵敏度高，即单位电压变形大。
2）行程大，电场—应变曲线线性好。
3）体积小，稳定性好，不老化，重复性好。

根据式 (8-5)，当无电致伸缩效应时，$ME^2 = 0$，那么压电系数为

$$d = \frac{s}{E} = \frac{\Delta l}{l} \frac{b}{U} \tag{8-6}$$

式中，U 为外界施加的电压，单位为 V；b 为压电陶瓷的厚度，单位为 m；l、Δl 分别为压电陶瓷所用方向的长度和施加电压后的变形量，单位为 m。

所以

$$\Delta l = \frac{1}{b} Ud \tag{8-7}$$

压电陶瓷的主要缺点是变形量小，即压电微位移器件在施加较高电压时，行程仍很小，所以在设计微位移器时，应尽量提高压电陶瓷的变形量，由式 (8-7) 可见，提高微位移行程的措施可从以下几个方面考虑：

1）增加压电陶瓷的长度 l 和提高施加的电压 U，这是实际中常用的方法。但增加长度会使结构增大，提高电压会造成使用不便。例如壁厚 2mm 的圆筒压电陶瓷，$U = 1000$V 时，欲使变形大于 $4\mu m$，则压电陶瓷的长度应大于 30mm。

2）减小压电陶瓷的厚度 b，可使变形量增加，厚度与变形量的关系如图 8-4 所示。但

厚度减小会使强度下降，如果是承受较大的轴向压力，可能会使器件破坏，故应兼顾机械强度。

3）不同的材料压电系数不同，可根据需要选择不同的材料。

4）压电晶体在不同的方向上有不同的压电系数，d_{31}是在与极化方向垂直的方向上产生的应变与在极化方向上所加电场强度之比，而d_{33}是在极化方向上产生的应变与在该方向上所加电场强度之比。从各种压电陶瓷的数据来看，一般d_{33}是d_{31}的$2\sim3$倍，因此可以利用压电晶体极化方向的变形来驱动位移。

5）采用压电堆，提高变形量。

由式（8-7）可知，当$b=l$时，有

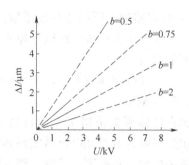

图8-4 不同壁厚的压电陶瓷变形量曲线
（材料：锆钛酸铅，长度$l=15\mathrm{mm}$，圆筒形）

$$\Delta l = U d_{33} \tag{8-8}$$

可见压电陶瓷的变形量与厚度无关，故可以选取较小的厚度。为得到大的变形量，可用多块压电陶瓷组成压电堆，其正负极并联连接，则总的变形量为

$$\Delta L = n\Delta l \tag{8-9}$$

式中，n为压电堆包含单块压电晶体的块数。

图8-5所示外形尺寸相同的圆筒，其中A是单块，B是压电堆，壁厚b是相同的，当施加相同电压时，在轴向的变形量B是A的$2\sim3$倍。压电堆变形曲线如图8-6所示。

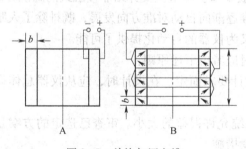

图8-5 单块与压电堆

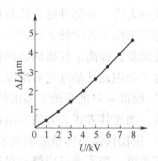

图8-6 压电堆变形曲线
（锆钛酸铅，$b=1\mathrm{mm}$，$n=7$）

（2）电致伸缩器件

电致伸缩器件最早是1977由Cross等人研制的，把PZT_5或PMN材料制成$\phi 25.4\mathrm{mm}$、厚2mm的圆片，十片叠加起来，外加2.9kV电压，得到了13μm的位移，其分辨率为1nm。

电致伸缩弛豫型铁电体具有电致伸缩应变大、位置重复性（再现性）好、不需要极化、不老化、热膨胀系数很低等优点，性能比普通的压电陶瓷更优越。

由于电致伸缩微位移器有电容量（约2μF），因此加电压达到稳态会产生过渡过程。图8-7所示为其简化模型，C为微位移器的等效电容，R为电压放大电路的等效充放电电阻，

K_m 是微位移器的电压位移转换系数。根据图 8-7 中的关系，可推导出在单位阶跃电压输入作用下，微位移器的位移输出为

$$y(t) = K_m(1 - 2e^{-t/T'_m} + e^{-2t/T'_m}) \qquad (8-10)$$

式中，$T'_m = RC$。

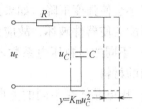

图 8-7 电致伸缩微位移器的简化模型

精密位移调整是诸多光电仪器正常工作的必要手段，也是多数计量类光电仪器实现其精度的保证，应该结合系统的微位移范围、精度、频率要求，负载情况，噪声要求等选择合适的微位移机构。

第三节 光学与光电瞄准

瞄准与对准系统是光电精密仪器中的一个重要组成部分。精密仪器的核心问题是精度问题，瞄准与对准是精密机械与仪器的基准，瞄准与对准精度将直接影响仪器的精度，特别是对高精度的仪器影响更大。在一般精密机械与仪器中，一次性的瞄准与对准误差在仪器的测量误差中占的比重较小，约为 1/5~1/10；而在高精度的仪器中，瞄准与对准精度在仪器的总体精度中所占的比重将增大到 1/3~1/5。可见，在设计精密机械与仪器时，寻求新的瞄准与对准方法以提高总体精度，是设计者的重要任务之一。

瞄准与对准精度是指标志物体与被瞄（对）准物体或其轮廓重合的程度。瞄（对）准精度主要是由两个部分组成的：一部分为瞄准器标志部分的对准精度；另一部分，对于接触式为瞄准器与被测工件的接触变形，对于非接触式为光电转换及电路等的误差。

瞄准的方法有机械、光学、电学、光电及气动五种。概括起来，它们可分为接触式和非接触式两大类，其部件综合比较见表 8-1 和表 8-2。本节主要介绍非接触式的瞄准方法。

近年来由于科学技术的进步，由人眼瞄准逐渐向自动对准方向发展，既排除了人眼的主观瞄准误差，提高了仪器的瞄准精度，同时又为仪器的自动化提供了可能。

为了合理设计瞄准与对准系统，在设计时应考虑下述原则：

1) 瞄准与对准系统主要由仪器的总体设计要求而定。在设计时，应从仪器总体设计角度出发，确定其方式、方法及结构。

2) 根据仪器总体精度的要求，确定该系统允许误差的大小。审查已选定的方案是否满足精度要求，如不满足应修改设计或采取补偿措施。

表 8-1 接触式瞄准部件综合比较

瞄准原理	工作状态	瞄准方法	对准精度/μm	接触误差	重复性/μm	应用范围
机械	静态	测量刀口	1	与工作表面有关	—	工具显微镜
		机械测头	1~2	有	<1	三坐标测量机及实验室
光、机		光学灵敏杠杆	0.3	较小	<0.2	工具显微镜
光、机、电		光电灵敏杠杆	0.1	较小	—	高精度三坐标测量
电学	静、动态	电触式测头	2	较小	<1	三坐标"飞越"测量及自动测量

表 8-2 非接触式瞄准部件综合比较

瞄准原理	工作状态	瞄准方法	对准精度 /μm	转换误差	应用范围
光学	静态	显微镜与投影装置	0.3~1	有	各种零件及微小零件的影像瞄准（透射、反射）
		双像（互补色）瞄准	0.5	—	图像快速瞄准
		斜光束瞄准	0.2	—	透射式轮廓边缘瞄准
		反射式瞄准	0.1~0.2	—	透射式轮廓边缘瞄准及不同截面瞄准
		光学点位瞄准	1~3	—	复杂形面、轮廓及三坐标测量
光电	静动态	定位瞄准器	2		定位与准直系统
	静态	光电显微镜	0.01~0.02		线纹瞄准（透射、反射）
	动态	轮廓瞄准头	0.03		线纹动态及自动对准（透射、反射）
	静态	自准直光管	0.2~0.3	有	影像快速瞄准（透射、反射）
气动	静动态	气动测头	0.1″	有	角度、平直度
			0.5	有（气流干扰）	一般测量及自动化测量（接触式与非接触式均可）

3) 根据仪器要求，确定静、动态及自动化程度。

4) 除考虑瞄准与对准的零位外，是否需要测微机构，应统筹考虑。

一、光学瞄准

光学法是利用光学原理进行瞄准的。光学方法根据原理不同又分为对线法、重合法、反射法、光学点位法、双像重合法、互补色法等。

1. 对线法

对线法是直接利用分划板上的刻线对物体（刻线或轮廓）进行瞄准，其瞄准精度随物体的形状和刻线方式而异。

瞄准精度受人眼分辨率的限制，同时还与被瞄准物体的形状、亮暗、背景衬度等有关。所谓人眼分辨率是指人眼本身能分开两个点的最小距离，这个距离是由人眼本身的特性所决定的。人眼的对准精度是指一物体重叠到另一物体的叠合精度。图 8-8 所示是仪器中常见的对准方式。其中，图 8-8a 为二实线叠合，人眼的对准精度 $\alpha \approx 60''$；图 8-8b 为二直线端部对准，$\alpha \approx 10'' \sim 20''$；图 8-8c 为双线对称跨单线，$\alpha \approx 5'' \sim 10''$；图 8-8d 为虚线对实线，$\alpha \approx 20''$。若将上述角度值化成线值，则人眼的对准精度可用 δ 来表示

$$\delta = \frac{\alpha \times 250}{2 \times 10^5} \tag{8-11}$$

当使用显微镜后，则仪器的对准精度 δ' 为

$$\delta' = \frac{\delta}{M} = \frac{\alpha \times 250}{2 \times 10^5 M} \tag{8-12}$$

式中，M 为显微镜的放大倍数。可见放大倍数 M 越大，仪器的对准精度就越高。实际上，由于受物镜分辨率的限制，用式（8-12）计算结果往往高于实际值。

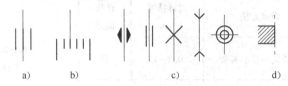

图 8-8 仪器中常见的对准方式

2. 重合法

利用对径读数方法可以消除偏心误差，但对径读数法需要两套装置，而且工作不方便。采用重合读数法可以克服上述的缺点。重合法的原理如图 8-9 所示，入射光照明 A 点，经 1 倍转向物镜和屋脊棱镜，成像在 B 点，实现重合法读数。其优点是：一次读数可得到对径的两个数，使用方便，消除了偏心的影响；由于采用屋脊棱镜两个像移动方向相反，因此灵敏度和瞄准精度均可提高 1 倍。

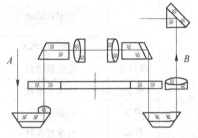

图 8-9 重合法的原理

重合法可采用 1 倍转向或特殊照明棱镜来实现；1 倍转向物镜的放大率要求十分准确。

3. 反射法

反射法瞄准显微镜中，由于采用表面反射成像的原理，使投射到测量表面的光束相当于一个"光刀"接触工件的表面，因此可以消除被测物体轮廓影像边缘的影响，从而提高了测量精度。

图 8-10 所示为端面反射法瞄准显微镜的光学系统。光源 1 经过聚光镜 2 将十字分划板 3 照明，A 是十字分划板的中心点，物镜 5 使 A 点经反射镜 4 成像于瞄准物镜 7 的物平面上 A' 点。A' 点再经物镜 7、棱镜 8 成像在目镜 10 的分划板 9 上。分划板 9 上有一双刻线，A' 点的像 A'' 位于双刻线之间。6 为被测工件。

图 8-11 所示为反射法瞄准原理。在图 8-11a 中，当被测表面从左边逐步移近光轴，这时有部分光线经被测表面反射而成像在 A''_r 处，这样在视场内可看见两个十字线的像 A'' 与 A''_r，且 A''_r 在 A'' 右方。当被测表面移至光轴与光轴重合时，A''_r 与 A'' 在双刻线中心重合，这就是正确瞄准位置，如图 8-11b 所示。当被测表面从右边移近光轴时，其视场与图 8-11a 相反，如图 8-11c 所示。A'_r 是 A' 的镜像，$A'A'_r$ 是被测表面与光轴偏离的两倍，因此它的瞄准精度可提高 1 倍，其精度可达 $0.2\mu m$。

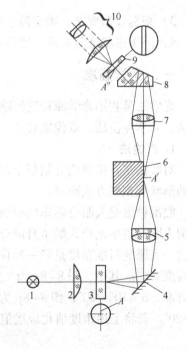

图 8-10 反射法瞄准显微镜光学系统
1—光源 2—聚光镜 3、9—分划板
4—反射镜 5、7—物镜 6—被测工件
8—棱镜 10—目镜

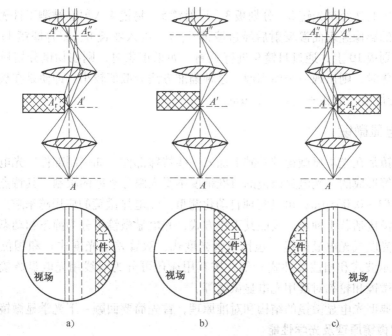

图 8-11 反射法瞄准原理

4. 光学点位法

光学点位瞄准器可以用于空间型面，如涡轮叶片、曲面、软质表面等作为瞄准部件，其原理如图 8-12 所示。

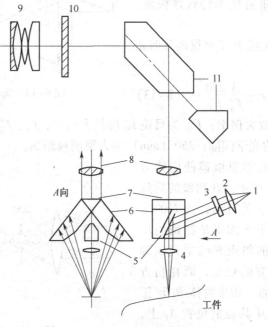

图 8-12 光学点位瞄准器原理
1—光源　2—聚光镜　3、10—分划板　4、8—物镜　5—反射镜
6、7—棱镜　9—目镜　11—屋脊棱镜

光源1发出的光经聚光镜2、分划板3、反射镜5、物镜4入射在被测工件表面上,分划板上的十字线的影像经表面漫反射后经过棱镜6、7,进入物镜8、屋脊棱镜11,成像在有可调网线的分划板10上,通过目镜9进行观测。如果正焦时,则在物镜分划板上只出现一个像;如果离焦时,则出现一个模糊像。这种瞄准方法分散值较小,即使是在被测表面倾斜70°条件下,分散值一般在±(1~3)μm。

二、光电显微镜

光电显微镜是在光学显微镜的基础上加入一些特殊部件,如调制部件、光电接收部件及电路处理部件等形成的。光电显微镜的对准精度不受人眼分辨率的限制,其特点是,对准精度高,可达 $0.01\sim0.005\mu m$;可以实现自动化测量。光电显微镜的应用越来越广泛。

光电显微镜包括若干种类。按照其工作方式,光电显微镜可分为静态和动态两类;按工作原理可分为光度式光电显微镜(包括单管光度式,双管差动光度式)和相位式光电显微镜(包括相位示波式和相位脉冲式)等;按其用途还可分为对线用光电显微镜,对线、读数两用光电显微镜和轮廓对准用光电显微镜等。

为了介绍典型光电显微镜的结构和对准原理,首先简要回顾一下光学显微镜。

1. 光学显微镜原理及光学性能

光学显微镜的原理如图 8-13 所示,由物镜 L_1、目镜 L_2 和照明系统组成。物体 AB 处于物镜两倍焦距以内,一倍焦距以外,经物镜后成像于目镜焦点附近,经目镜放大后被观察。有的显微镜带有斯米特转像棱镜,可观察到正像。

光学显微镜的放大倍率 M 可根据几何光学得出

$$M = \beta\varGamma_目 = -\frac{\Delta}{f'_1}\frac{250}{f'_2} \qquad (8-13)$$

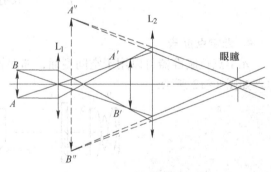

图 8-13 光学显微镜的原理

式中,β 为物镜 L_1 的放大倍率;$\varGamma_目$ 为目镜 L_2 的放大倍率;f'_1、f'_2 分别为物镜 L_1 和目镜 L_2 的焦距;Δ 为显微镜的光学间隔;250(mm)为人眼明视距离。

在计量仪器中,光学显微镜使用物方远心光路,如图 8-14 所示。在物镜的后焦面加光阑,使入瞳处于无穷远,物方的主光线与光轴平行。由于光阑也是物镜的出瞳,此时由物镜射出的每束光的主光线都通过光阑中心所在像方的焦点,而在物方主光线是平行于光轴的。如果物体 B_1B_1 正确地位于与刻尺平面 M 共轭的位置 A_1 上,那么它的像在刻尺平面上的长度为 M_1M_2;如果由于调焦不准物体 B_1B_1 不在位置 A_1 而在位置 A_2,那么它的像 $B'_2B'_2$ 则偏离刻尺,在刻尺平面上得到的将是由弥散斑所构成的投

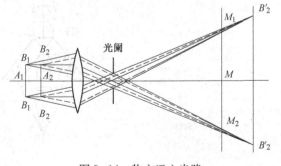

图 8-14 物方远心光路

影像。但由于物体上同一点发出的光束的主光线并不随物体位置移动而发生变化,因此通过刻尺平面上投影像两端的弥散圆中心的主光线仍通过 M_1 和 M_2 点,以此投影像读出的长度仍是 M_1M_2。故上述调焦不准并不影响测量结果。

物镜是光电显微镜中的主要部件之一,其光学性能的优劣对光电显微镜的特性有重要影响。对物镜的要求应主要考虑分辨率和视场大小。显微镜的物方视场为

$$2y = \frac{2y'}{\beta} \tag{8-14}$$

式中,β 为物镜的放大率;$2y'$ 为像方视场。

(1) 物镜的分辨率 ε (鉴别率)

$$\varepsilon = \frac{0.61\lambda}{NA} \tag{8-15}$$

式中,λ 为光波波长;NA 为物镜的数值孔径。

由式(8-15)可知,提高物镜分辨率的方法是加大物镜的数值孔径或采用短波长照明。

(2) 物镜的景深

景深是指光学系统能同时清晰成像的物空间沿光轴方向的深度范围。它包括物理景深、几何景深和调节景深。

物理景深与衍射图像有关,如果衍射图像的能量分布变化在允许的范围内,则定义系统的物理景深 $\Delta l_{物}$ 为

$$\Delta l_{物} = \frac{\lambda}{2n\sin^2 u} = \frac{n\lambda}{2(NA)^2} \tag{8-16}$$

当在空气中时,$n=1$,$\Delta l_{物} = \lambda/2(NA)^2$。

几何景深是指对准物面前后(沿光轴方向)范围内,在像面上所成的弥散斑在人眼所能分辨的限度内的范围。几何景深 $\Delta l_{几}$ 定义为

$$\Delta l_{几} = \frac{nZ}{NA} \tag{8-17}$$

式中,Z 为物方允许的弥散圆直径。

由于人眼具有调节功能,通过人眼自身调节,可以看清不同距离的目标。眼睛放在仪器的出瞳处,若观察距离为 P',相当于人眼的近点距,其视度为 $P = -1/P'$,则调节景深为

$$\Delta l_{调} = \frac{250^2 P}{1000 M^2} = \frac{62.5P}{M^2} \tag{8-18}$$

对目视观察显微系统,总的景深为

$$\Delta l = \frac{\lambda}{2(NA)^2} + \frac{1}{7M(NA)} + \frac{62.5P}{M^2} \tag{8-19}$$

在精密测量系统中,物镜像面有分划板,目镜可作视度调节,$\Delta l_{调} = 0$;对照相系统,$\Delta l_{调} = 0$;对光电显微镜 $\Delta l_{几} = \Delta l_{调} = 0$。

(3) 像面的亮度

像面的亮度取决于光源的亮度和达到像面光束的立体角。像面的亮度 E 为

$$E = 2\pi B \frac{1}{M^2} \sin^2\alpha \tag{8-20}$$

式中,B 为光源的亮度;M 为总放大倍率;α 为物方的孔径角。

由式(8-20)可见,光源的亮度 B 一定,像面的亮度与 $\sin^2\alpha/M^2$ 成正比,显微镜倍数越高,成像的光能越少。光度式显微镜像面亮度的均匀性是很重要的。

2. 光电显微镜的对准原理

下面在光学显微镜的基础上介绍光电显微镜,重点为光度式和相位式光电显微镜。

(1) 光度式光电显微镜

光度式光电显微镜的工作原理如图 8-15 所示。光源 1 照明标尺 2,显微物镜 3 将标尺的像经分光镜 4 分别成像于两个狭缝 5 上。如果刻线像相对狭缝的位置有变化,则透过狭缝达到光电元件 6 上的光通量有变化,产生光电流也发生变化,经放大、比较,由表头 7 指示,电表指针指零表示对准刻线。

光度式光电显微镜包括单管式和双管差动式。单管式中光电接收元件放在狭缝的后面,被测刻线成像在狭缝处。由于刻线质量不一致,成像质量也有差异,同时离焦情况不同,光源亮度随电压波动也在变化,以及光电元件老化和电路放大倍数也随时间有波动,故造成仪器的灵敏度不稳定,仪器的"零点"也往往有变化。所以,单管光度式光电显微镜很难达到较高的对准精度。

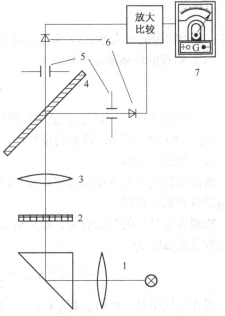

图 8-15 光度式光电显微镜的工作原理
1—光源 2—标尺 3—物镜 4—分光镜
5—狭缝 6—光电元件 7—表头

双管差动式光电显微镜采用两个相互错开等宽狭缝,且等于刻线像的宽度。用两个光电元件进行接收,获得两个光电信号,将两个信号进行差分放大,以差信号的中央零点作为对准的依据。与单管相比,零点的稳定性好,因为同一条刻线的像经过两个狭缝,即使是线纹宽度变化、离焦、电源电压波动等因素使光通量和位移曲线发生变化,对信号的输出零点都不会有影响。这种光电显微镜的对准精度可达 $\pm(0.01 \sim 0.02)\mu m$。

光度式光电显微镜的优点是机械结构简单,连续工作稳定性好,但对两支路的光电元件的灵敏度和一致性要求较高,否则会影响对准精度。

(2) 相位式光电显微镜

相位式光电显微镜是在单管式光电显微镜中加入一个光学调制系统,如图 8-16 所示。在显微物镜 4 和狭缝 2 之间放入一个以一定频率 f 振动的反射镜 3,则刻线像也以频率 ν 在狭缝前振动,因此进入狭缝的光通量也随着频率 ν 不断变化。设狭缝宽度与刻线像的宽度相等,则刻线像的振幅等于两倍的狭缝宽,振动中心与狭缝中心重合。由于振动镜按正弦规律变化,则进入狭缝的光通量也按正弦规律变化,经光电元件转换后得到一个正弦信号。如图 8-17 所示,狭缝中心与振动中心重合(见图 8-17a),输出信号的上半周期与下半周期的时间相等,经微分及触发电路后,输出方波正负两部分的持续时间也相等,正负方波相比较并求差,则差值为零。若振动中心与狭缝中心不重合(见图 8-17b),上半周期与下半周期的时间不相等,输出信号不对称,则两部分求差之后有一正(或负)电压,可由电表指示出来,即未对准。

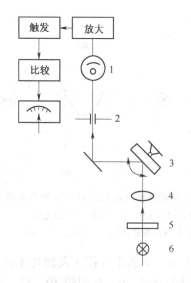

图 8-16 相位式光电显微镜的工作原理
1—光电元件 2—狭缝 3—反射镜
4—物镜 5—标尺 6—光源

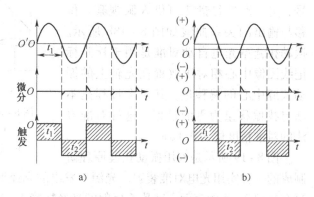

图 8-17 相位式光电显微镜的输出波形

相位式光电显微镜对光电元件没有对称性要求,对被测刻线质量要求低,但振动镜在连续工作时易产生振动中心漂移,所以稳定性较差。

三、光电自动对准系统

随着科技的进步,尤其是光学微细工程的发展,对精密机械与仪器的自动化程度要求日益迫切。目前大规模和超大规模集成电路的线宽已经达到亚微米量级,这对于半导体制作的精密机械设备和检测提出了更高的要求,光电自动对准技术的发展将有利于提高成品率,提高生产效率,减轻人的繁重劳动,实现光刻操作的全自动化。自动对准方法虽然是从半导体技术中发展起来的,但其原理、方法在其他精密光电仪器中也有广泛应用前景。

根据光学信息的传递及光电信号的转换方式,光电自动对准方法可分为扫描式、光栅衍射式、光度式、波带片式、X射线电子束光电自动对准等。一个完整的对准系统应该包括以下几个部分:高质量的光学图像传递系统;信噪比高的光电转换系统;能提供高反差的对准标记;实现 x、y、θ 三个自由度的微位移机构;高效率、高灵敏度的电子处理、控制系统等。以下主要介绍扫描式和光栅衍射式光电自动对准方法和装置。

1. 扫描式光电自动对准

扫描式光电自动对准主要包括机械狭缝扫描式和激光扫描式。

(1) 机械狭缝扫描式光电自动对准

这类方法的特点是用机械狭缝来扫描掩模及硅片上的对准标记或它们的放大图像,经光电转换来获得 x、y、θ 三个方向位置的控制信息。

振动狭缝型光电自动对准的基本原理如图 8-18 所示。照明光源 3 经聚光镜、分光镜 4 和物镜 2 照明工件上十字标记线，十字标记线反射后经物镜 2、分光镜 4 后，一路成像于振动狭缝 6 上，被光电元件 5 接收后转换成光电对准信号；另一路经目镜 7 可供人眼观察。位移与输出的关系曲线如图 8-18b 所示。振动狭缝型光电自动对准是用于检测标记线图像中心相对于放置在光轴上的振动狭缝中心的偏移量，其对准过程是不断寻找偏移量为零的过程。这种对准方法的对准精度优于 $0.1\mu m$。

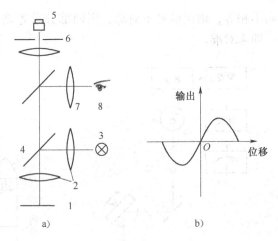

图 8-18　振动狭缝型光电自动对准的基本原理
1—工件　2—物镜　3—光源　4—分光镜
5—光电元件　6—振动狭缝　7—目镜　8—人眼

图 8-19 所示是利用振动狭缝原理研制成的一种实用光电对准装置。光源 1 发出的光经聚光镜 2、半透半反镜 3 及物镜 4 后，会聚在标记 7、8 的表面，硅片 6 反射的光经物镜 4、半透半反镜 3、9，反射镜 10、11、12 及转像装置 13、14，狭缝 16、17、18、19 后，在光电探测器 20～23 的受光面上得到齐焦的 x、y 方向的图像。

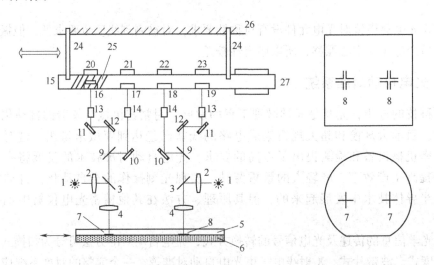

图 8-19　振动狭缝实用光电对准装置
1—光源　2—聚光镜　3、9—半透半反镜　4—物镜
5—掩膜　6—硅片　7、8—标记　10～12—反射镜　13、14—转像装置
15—支板　16～19—狭缝　20～23—光电探测器　24～27—辅助装置

该装置有下述特点：

1）光电探测器与扫描狭缝固定在同一振动基板上，同时扫描，而且用了转像装置 13、14，使得方向的信号仅由单方向扫描的狭缝光电转换装置获得，不必判别信号是从哪一个狭缝来的，大大简化了计算机处理过程，减少了出错率，从而大大提高了系统的信噪比及探测

精度。

2）即使扫描速度不太稳定，也可获得较高的对准精度。

3）扫描范围较宽，可达 10mm。

转动狭缝型与振动狭缝型的区别是将往复位移的振动狭缝改变为旋转转鼓上的狭缝，对准标记也随之不同，这里不再详述。这种对准方法的对准精度达 ±0.25μm。

（2）激光扫描式光电自动对准

激光扫描式光电自动对准特点如下：用暗视场检测对准标记，可以消除来自掩模及硅片上的有害闪耀光斑，从而获得信噪比很高的检测信号；用旋转镜扫描可实现高速、高精度自动对准，其对准精度在 ±0.3μm 以内。

激光扫描光电自动对准原理如图 8-20 所示。采用输出功率为 2mW、波长为 632.8nm 的氦氖激光器，激光器 1 发出的激光，经聚光镜 2 后由八面体旋转反射镜 3 扫描。扫描光束通过 $f-\theta$ 透镜 4，再经分光镜 9 分成左右两束，又经半透半反镜 7 分别进入左、右物镜 8，以均匀速度垂直扫描掩模和硅片上的对准标记 10、11。衍射和反射的光经物镜 8、半透半反镜 7、透镜和反射镜后到达光电探测器 6，被光电探测器接收转换为光电对准信号。滤波器 5 滤掉垂直反射光，仅让衍射和漫反射光达到光电探测器 6。若掩模和硅片表面上无标记图形，激光就沿原路垂直反射到达滤波器上而全部被滤除，探测的输出电平为零；若有标记，扫描激光就产生衍射和漫反射，而达到探测器输出对准信号形成暗视场检测。八面体旋转反射镜 3 的转速为 1500r/min，扫描一次的时间为 5ms，在标记上扫描速度为 6.2m/s，扫描激光点的直径约为 10μm，物镜的数值孔径为 $NA=0.05$，故光学系统的焦深较长，即使是产生 20~30μm 的离焦，对对准精度影响也较小。

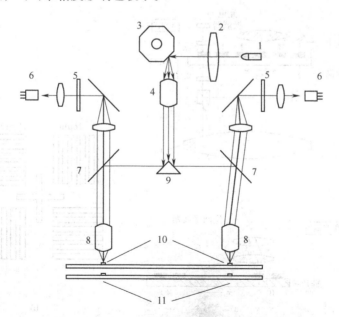

图 8-20　激光扫描光电自动对准原理

1—激光器　2—聚光镜　3—八面体旋转反射镜　4—$f-\theta$ 透镜
5—滤波器　6—光电探测器　7—半透半反镜　8—物镜　9—分光镜　10、11—对准标记

2. 光栅衍射式光电自动对准

光栅衍射式光电自动对准是将硅片和掩模上的对准标记做成周期性的栅格结构，在单色光（如激光）的垂直照射下，由于衍射效应，两标记之间产生莫尔条纹或衍射光斑，用光电探测器检测莫尔条纹或衍射光斑的输出信号进行自动对准。

（1）莫尔条纹法

莫尔条纹法自动对准原理如图 8-21 所示。图中，M_1、M_2 及 W_1、W_2 分别表示掩模硅片上左、右对准标记，它们是由代表 x、y 方向的栅格组成。硅片上的标记如图 8-21b 中所示，为了扩大对准范围，x、y 方向上每个标记都由两组周期稍有不同的光栅组成。当氦氖激光器 2 发出的光束经半透半反镜及物镜 L_2 照射在硅片上栅格标记时，栅格标记将产生衍射和反射光，通过物镜 L_2 和 L_1 成像于掩模栅格标记表面。位于物镜 L_2 后焦面上的空间滤波器只允许第 1 级衍射光参加成像。光电探测器用来接收图像信号，其输出信号经放大送入逻辑控制系统，作为驱动掩模及硅片工作台的控制信号。为提高对准精度，光电信号采用动态检测系统即光学调制系统（M.O）来检测。对准过程如下：在激光束 1 的照射下，先由掩模上栅格状对准标记 M_1、M_2 使掩模定位。M_1 包含 x、y 方向排列的栅格，而 M_2 只包含 y 方向的栅格，1 倍物镜及棱镜系统使 M_2 成像于 M_1 上。M_1、M_2 之间只做旋转对准，对掩模侧向位移不起对准作用。掩模定好位后，再使硅片标记 W_1 与掩模标记 M_1 对准。最后再移动硅片使 W_2 也与 M_1 对准，以校正硅片角度误差。这些过程全部是在计算机控制下自动完成的。往往一次很难对准，如有偏差，则计算机将发出指令，重复上述过程，直到对准误差达到规定要求为止。这种对准方法的对准精度可达 ±0.1μm，而且在工艺过程中能保持这一精度的稳定性。

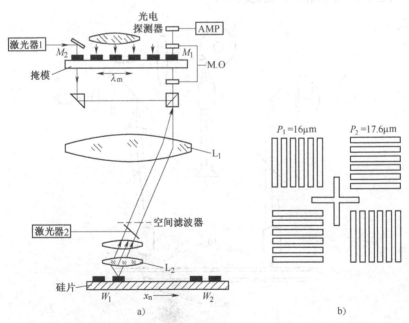

图 8-21 莫尔条纹法自动对准原理

（2）衍射光斑法

衍射光斑自动对准原理如图 8-22 所示。其中，掩模和硅片上的对准标记均做成光栅结构，如图 8-22a 所示。当激光束通过掩模的对准标记后，被硅片上的相应对准标记反射，产生标号为 (1, 0)、(0, 1) 和 (-1, 2) 三束衍射光。它们的传播方向相同，从而彼此干涉，而产生 0、±1、±2 级衍射群，其中，(1, 0) 光束由掩模光栅 +1 级衍射与硅片的 0 级衍射组成；(0, 1) 光束由掩模光栅的 0 级衍射与硅片光栅的 +1 级衍射组成；(-1, 2) 光束由掩模光栅的 -1 级衍射和硅片光栅的 +2 级衍射组成。这三束光以及其他沿同一方向传播的衍射光束便形成了 +1 级衍射群。如果激光垂直入射，则还会出现一个对称 -1 级衍射群，以及 ±2、±3 级衍射群。

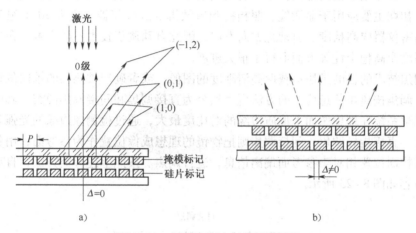

图 8-22 衍射光斑法自动对准原理

衍射群的表达式为

$$n\lambda = P(\sin\theta_n - \sin\theta_i) \tag{8-21}$$

式中，n 为衍射群序号；λ 为入射光波波长；P 为光栅周期；θ_i 为光束入射方向与垂直方向夹角；θ_n 为光束衍射方向与垂直方向夹角。

当光栅作侧向移动时，衍射光的相位变化为

$$\Delta\varphi_m = (2\pi m/P)\Delta x \tag{8-22}$$

式中，m 为衍射级；Δx 为光栅侧向位移量；P 为光栅周期。

当图 8-22b 中掩模标记的一根光栅相对硅片上标记的一根光栅错开时，相位的变化将导致相互干涉形成的衍射群强度的变化。由于掩模和硅片对准标记都是非闪耀光栅，所以，对准与否（$\Delta x = 0$）仅取决于级衍射群的强度是否相等。如果掩模和硅片上的光栅不平行，即存在转角误差，则可以通过旋转掩模或硅片来校正直至角度误差小于 α 值。α 值由下式给出：

$$\alpha = P/(nl) = \lambda/(l\sin\theta_n) \tag{8-23}$$

式中，l 为受激光照明的光栅长度。

总之，周期为 P 的光栅所形成衍射群光强度，是 x 轴方向位移量 Δx 的周期函数。使用光电接收器分别接收 ±1 级衍射群的强度，并加以比较，若它们相等，则表示已经对准；若不相等，则由微处理器发出调整控制信号，控制微位移机构达到对准。

衍射光斑法自动对准具有很高的对准精度，可优于 ±0.1μm，理论上可达 10nm。

第四节 轴向对准

上节主要介绍了光学及光电瞄准对准方法，或者称为横向对准方法，是光电仪器进行测量的必要步骤之一。本节主要介绍在光电仪器中有同样广泛应用的轴向对准方法，或称轴向定位方法。

轴向对准主要应用于各种高度测量。一般来说，在三维测量头中，如电感测头、电触测头等中，都广泛应用了轴向定位技术。利用光电方法完成非接触式测量时，轴向对准也称为自动调焦，初期主要应用于显微镜、照相机和摄像机等成像仪器。进入20世纪70年代后，由于光电精密仪器向高精度、自动化方向发展，因此自动调焦技术不断完善，在自动化、快速化、高精度及高稳定性等方面取得了很大进展。

自动调焦技术的目的是快速获取高清晰度的图像，或者确定被测物的轴向位置，便于下一步测量。调焦按离焦信息检测的方法可大致分为直接调焦和间接调焦两类。其中，直接调焦是利用光学系统在理想像面上像质边缘的对比度最大，通过检测像边缘的光强分布，来获取离焦信息，直接指导调焦；间接调焦则把物镜的理想成像位置作为参考面，用各种传感器检测像面或物面位置相对于参考面偏离信息，进行调焦。按照上述分类方法，自动调焦技术主要包含内容如图8-23所示。

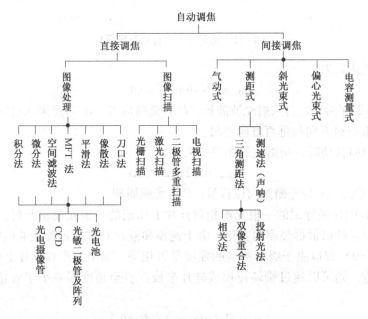

图8-23 自动调焦技术主要包含内容

本节主要以直接调焦法的像散法和间接调焦法的斜光束法、偏心光束法、临界角法为例，介绍纵向对准的主要技术原理，并给出基于像散法的精密自动定位器的设计实例。

一、像散法

像散法是利用光学系统中像散光束的形状随离焦变化来进行调焦的，其原理如图8-24

所示。氦氖激光器发出的偏振光经扩束镜,通过偏振分光棱镜,四分之一波片和物镜入射在被测物平面 B 上,经被测物平面 B 反射光束再经物镜、四分之一波片后,线偏振光的偏振方向转 180°,被偏振光棱镜反射,由柱面透镜会聚到四象限光电接收器上。由于像散元件柱面镜的作用,物面在 A、B、C 三个位置时其四象限光电接收器上的光斑形状不同,如图 8 - 24 所示。其中,B 位置处于正焦位置,光斑为圆形;A、C 分别为焦前和焦后位置,其光斑分别为长轴方向相反的椭圆。由四象限光电接收器接收到光信号转换成电信号如下:

A 位置:$\Delta I_A = (I_1 + I_3) - (I_2 + I_4) > 0$;

B 位置:$\Delta I_B = (I_1 + I_3) - (I_2 + I_4) = 0$;

C 位置:$\Delta I_C = (I_1 + I_3) - (I_2 + I_4) < 0$。

调焦电流 ΔI 反映了被测物面离焦的情况,驱动执行元件寻找调焦电流为零的点即可完成自动调焦。像散法自动调焦广泛用于非接触轴向测量、仿形测量以及仿形加工等。

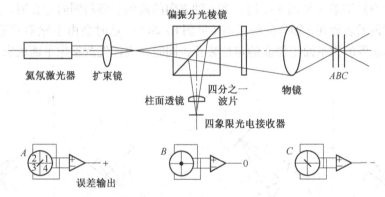

图 8 - 24 像散法自动调焦原理

二、斜光束法

斜光束法自动调焦原理如图 8 - 25 所示。根据反射定律,以 α 角入射的光线,在离焦量为 Δz 时有一侧向位移 $\Delta z'$,满足

$$\Delta z = \Delta z' \cos\alpha \qquad (8-24)$$

式(8 - 24)是在理想状态下离焦,即物面不发生倾斜。实际情况物面可能同时存在绕 y 轴和绕 x 轴的倾斜,若倾斜角分别为 θ_x 和 θ_y,则反射光相应地产生一个附加转角 γ,其分量满足

$$\gamma_x = 2\theta_x, \gamma_y = 2\theta_y \qquad (8-25)$$

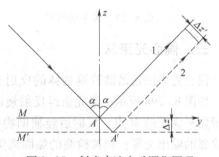

图 8 - 25 斜光束法自动调焦原理

在三维直角坐标系中,出射光斑在光探测器的像面做平面运动,因此可以靠四象限接收器获得离焦和倾斜的信息,从而驱动伺服系统对像表面进行调焦。

为克服由于像平面表面微观不平而造成反射光不规则变化、强度分布不规律带来的自动调焦的附加误差,应采用显微镜二次成像系统,其原理如图 8 - 26 所示。光源照明分划板 C,在分划板 C 上刻有垂直于纸面的不透明标记线,透镜 L_1 将标记成像在理想像面 M 的 A 点上,这个标记被显微物镜 L_2 二次成像在光电探测器 N 平面上,当像面 M 有离焦量 Δz 而移

动到 M' 位置时，标记成像在 A' 点（透镜 L_1 有足够的焦深），显微物镜二次成像的位置偏移 $\Delta z'$，则

$$\Delta z = \Delta z' \frac{\cos\alpha}{\beta} \qquad (8-26)$$

式中，β 为显微物镜 L_2 的放大倍率。

将式（8-26）改写成

$$\Delta z' = K\Delta z \qquad (8-27)$$

式中，K 为系统常数，$K=\beta/\cos\alpha$，通常 $K>1$。

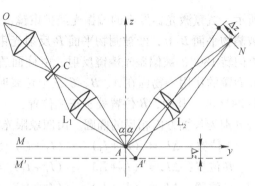

图 8-26 标记投影——显微镜二次成像原理

由于采用二次成像原理，故该系统只对 z 轴方向上的偏离反应灵敏；当像面在 z 轴方向无偏离时，虽存在倾斜，但由于像点 A 的位置不变而不影响测量结果（见图 8-27），当 z 轴方向的离焦和倾斜同时存在时，光电信号仅表示像点中心附近的表面在 z 轴方向的偏离（见图 8-28），这时会由于倾斜而造成调焦误差，此时应采取高精度的像平面工作面的定位装置，同时，应预先调整像平面的宏观倾斜，以减小调焦误差。

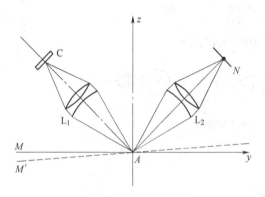

图 8-27 像平面倾斜

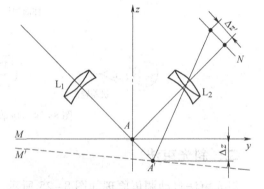

图 8-28 倾斜与离焦同时存在的情况

三、偏心光束法

偏心光束法是借助被测物体的反射光束，离焦后位置变化通过光电系统来实现自动调焦。如图 8-29a 所示，激光束经反射镜以偏心 s 射向物镜，光束与物镜的光轴平行，成像于物镜焦平面上的 M 点，反射后经辅助物镜成像于接收面二象限硅光电池的中心，此时光电接收器的输出为零；当被检测的焦面离焦时，如图中 A、B 所示的位置，则成像后在光电池上偏离中心的量为 $\pm\Delta$，如激光束偏离物镜光轴的量为 s，则

$$\tan u = \frac{s}{f_1} \qquad (8-28)$$

式中，u 为孔径角；f_1 为物镜焦距。

当离焦为 $\pm\delta$ 时，则在接收面上的偏离量为

$$\Delta = \pm\beta \frac{2s\delta}{f_1} \qquad (8-29)$$

式中，β 为光学系统放大倍数，$\beta=f_2/f_1$；s 为入射光束的偏离量；δ 为离焦量。

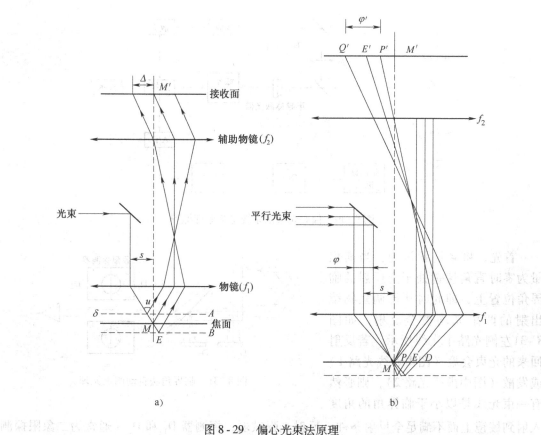

图 8-29 偏心光束法原理

实际激光束不是理想的几何直线,总具有一定的直径,如图 8-29b 所示。设光束直径为 φ,即光束以一束平行光入射,在后焦面上成像为一点,但是离焦后成像为一个光斑 PQ。由几何关系可知 $PQ = (MQ - MP)$,且有

$$MQ = \frac{2\left(s + \frac{\varphi}{2}\right)\delta}{f_1}, MP = \frac{2\left(s - \frac{\varphi}{2}\right)\delta}{f_2}$$

因此

$$PQ = \frac{2\varphi\delta}{f_1} \tag{8-30}$$

在接收面的光斑直径为

$$\varphi' = P'Q' = \beta\frac{2\varphi\delta}{f_1} \tag{8-31}$$

根据接收面光斑变化所产生的光电流变化来对离焦量进行检测,实现自动调焦。系统检测原理框图如图 8-30 所示。

四、临界角法

临界角法自动调焦原理如图 8-31 所示。

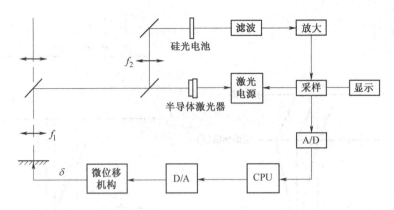

图 8-30 偏心光束法系统检测原理框图

首先，将系统预设为，当离焦量为零时直角棱镜处于全反射的临界角位置上，即此时从待调焦物镜出射的两束光均被全反射，如图 8-31 左侧光路中实线所示。若反射回来的光束会聚（图中点线光路 1）或发散（图中虚线光路 2），则必然有一束光线是以小于临界角的角度

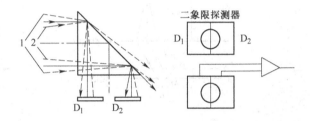

图 8-31 临界角法自动调焦原理

入射到棱镜上而不满足全反射条件，反射光强减弱，探测器 D_1 和 D_2（通常为二象限探测器）获得此光束的光强变化信号，二者比较后即输出或正或负的误差信号提交给控制器做后续处理。这种采用临界角法原理的系统通常适用于改善由于物倾斜和光束不均匀所造成的误差。

五、精密自动定位器设计实例

下面介绍一种根据像散法设计的精密自动定位器，希望读者能从中得到更多整体设计的概念。

例 8-1 精密自动定位器设计。

该定位器由采用像散法的非接触式光学传感头、位移控制驱动器以及定位执行机构三部分组成，已成功地用于非接触式纳米级光外差轮廓测量仪的调焦系统中，其定位精度可达 $\pm 0.1\mu m$。

1. 光学传感头

光学传感头安装在运动部件上，可用来连续测量运动部件至安装在固定目标上的反射镜之间的距离。其测量结果用来控制运动部件的前进、后退及停止。光学传感头按像散法原理设计，其光路如图 8-32 所示。由半导体激光器发出的激光束经光阑、透镜至反射镜反射。反射光通过分光镜、显微物镜会聚在固定目标反射镜上，形成目标光点。由目标反射镜反射的光束再次通过显微物镜，由分光镜反射，然后经凸透镜、凹透镜聚集在柱面镜上。反射光经过柱面镜后产生像散效应，由四象限光电池所接收。

呈现在四象限光电池光敏面上的光斑形状随显微物镜至目标反射镜之间的距离 x 的变化而变化。设 $x = d$ 时目标反射镜处在焦平面上时，光电接收器上的光斑形状如图 8-33a 所示，每个象限上所获得的光能量相等。当 $x > d$ 或 $x < d$，即目标反射镜过远或过近时，光电接收器上的光斑形状分别如图 8-33b 和图 8-33c 所示，一、三象限所接收的光能量小于或大于二、四象限所接收的光能量。

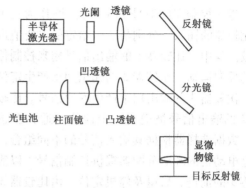

图 8-32 精密自动定位器的光路

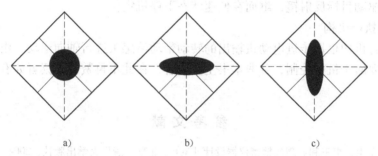

a)   b)   c)

图 8-33 光电接收器的光斑形状

测量信号的处理流程如图 8-34 所示。从光电池四个象限输出的光电流首先分别经过各自的电流—电压（I—V）放大器放大，然后经过 RC 低通滤波器滤波。滤波后的信号，一方面由加法器求和，以获得 $V_1 + V_2 + V_3 + V_4$；另一方面由两个差动放大器分别求差，以获得 $V_1 - V_2$ 和 $V_3 - V_4$。为了消除或减小光强的变化对测量结果的影响，分别用两个除法器实现 $(V_1 - V_2)/(V_1 + V_2 + V_3 + V_4)$ 和 $(V_3 - V_4)/(V_1 + V_2 + V_3 + V_4)$ 的比值运算并加以适当的放大。最后一级加法器的输出 $V(x_1)$ 与 $(V_1 + V_3 - V_2 - V_4)/(V_1 + V_2 + V_3 + V_4)$ 成比例。

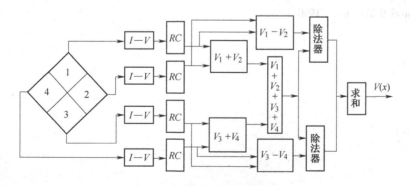

图 8-34 测量信号的处理流程

2. 位移控制驱动器

位移控制驱动器是根据 $V(x)$ 曲线专门设计的，它由迟滞比较器、数据选择器、环形分配器、步进电动机、电源以及压频变换器所组成，其控制驱动原理如图 8-35 所示。

进入控制器的信号 $V(x)$ 分三路作为三个迟滞比较器的输入，分别与三个给定的电压值进行比较。其中，比较器 1 的输出信号用来控制传感头的反向运动；比较器 2 的输出用来产生定位信号；比较器 3 的输出用来产生变速信号。比较器 1、2 的输出信号被送入一个四位二通数据选择器，数据选择器根据其输入信号的不同组合，为步进电动机的环形分配器提供控制信号，以实现

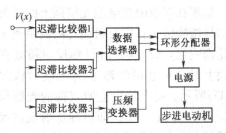

图 8-35　位移控制驱动器原理

传感头的前进、后退及停机定位。由比较器 3 输出的信号送压频变换器，使压频变换器根据传感头的运动位置，为环形分配器提供两种时钟频率，从而控制传感头的运动速度，实现传感头先以高速驱动目标反射镜，继而在低速状态下停机定位。

3. 定位器执行机构

定位器执行机构根据步进电动机输出的转动带动传感头进行轴向运动。由于定位器执行机构的原理主要属于机械控制，并非本书主要内容，在此不再赘述，读者如有兴趣可自行查阅相关资料。

参 考 文 献

[1] 李庆祥，王东生，李玉和. 现代精密仪器设计 [M]. 北京：清华大学出版社，2004.

[2] 殷纯永. 光电精密仪器设计 [M]. 北京：机械工业出版社，1996.

[3] 马平，周绍林，胡松等. 莫尔条纹分析及其在光刻对准中的应用 [J]. 光电工程，2010，37（7）：102 – 106.

[4] 李庆祥，薛实福，王伯雄，等. 用于显微测量的自动调焦系统 [J]. 仪器仪表学报，1991，12（1）：76 – 83.

[5] 郝贤鹏，任建岳，邹振书. 临界角法检焦系统的设计 [J]. 光学精密工程，2009，17（3）：537 – 541.

[6] 徐振高，杨曙年. 一种精密自动定位器的研制 [J]. 机械与电子，1998（1）：33 – 34.

[7] Sirohi R S, Mahendra P Kothiyal. Optical Components, Systems and Measurement Techniques [M]. New York：Marcel Dekker Inc.，1990.

第九章 典型仪器的原理与分析

本章介绍激光干涉仪、光学轮廓仪、投影仪、共焦显微镜和光谱仪等典型光电仪器，关注其发展历史、工作原理、系统基本组成、总体设计方法和重要的单元设计。由于这些仪器大都历史悠久，随着科技的发展具有多种新颖的结构形式，本章难以全面介绍上述仪器发展的全貌，仅从共性技术作一些探讨，力求在实用仪器的框架下回顾本书前文所述总体设计及单元设计的内容，让读者对光电仪器的原理和设计有一个全面的感性认识，为仪器原理的学习和仪器设计工作奠定基础。

第一节 激光干涉仪

一般来说，只要是利用光干涉的原理来测量的仪器都可以称为干涉仪。光干涉测量可以追溯到17世纪下半叶，那时的牛顿环干涉测量就是最早的干涉仪。但是直到19世纪波动理论被广泛接受以后，干涉测量技术才得到真正发展。1883年，物理学家迈克尔逊与莫雷合作设计制造了第一台用于精密测量的干涉仪——迈克尔逊干涉仪；1896年，瑞利为测量氩和氦的折射率，利用杨氏双缝干涉原理设计制作了瑞利干涉仪。在干涉测量中，被测信息是以光学条纹的形式表征的，相干光光程差的任何变化会非常灵敏地导致干涉条纹的移动，干涉仪是以光波波长为单位测量光程差的，其测量精度之高是任何其他测量方法所无法比拟的。20世纪中期，激光器的发明和微电子技术的发展为干涉测量技术提供了新的物质基础，使其进入一个新的发展时期。激光的高度相干性使它一经发明就成为绝对光波干涉仪的首选光源，经过多年的发展，激光干涉仪已经走出实验室，成为可以在生产车间使用的测量检定标准。常用的干涉仪有迈克尔逊干涉仪、马赫-曾德尔干涉仪、斐索干涉仪、泰曼-格林干涉仪等；20世纪70年代以后，具有良好抗环境干扰能力的外差干涉仪，如双频干涉仪、光纤干涉仪也很快发展起来了。

一、干涉测长的基本原理

迈克尔逊干涉仪的基本结构如图9-1所示。它的工作原理如下：由氦氖激光器发出的激光束经迈克尔逊型光路产生干涉，即入射光到达分光镜后被分成两束，光束1经参考镜反射、光束2经测量镜反射后，两束光再次经过分光镜后汇合产生干涉。两束光的光程相差激光半波长的偶数倍时，干涉相长，形成亮条纹；两束光的光程相差激光半波长的奇数倍时，干涉相消，形成暗条纹。在测量过程中，光束1的光程不变，而光束2的光程随着与平台一起移动的测量镜的移动而改变，当测量镜沿光束2的方向移动半波长长度时，光束2的光程改变一个波长，于是干涉条纹出现一个周期的明、暗变化。这个变化通过光电转换、可逆计数等过程，由显示记录装置加以显示和记录。通过干涉条纹变化的周期数 N 就可以得到被测长度 L

$$L = N\frac{\lambda}{2} \tag{9-1}$$

式中，λ 为激光波长。

式(9-1)就是激光干涉测长的基本测量方程。

二、单元部件分析

激光干涉仪包括：激光光源，迈克尔逊型或其他形式的干涉光学系统，光电转换器件为主的信号接收系统，可逆计数器、显示记录装置组成的信号处理系统，以及可移动平台、光电显微镜组成的运动与对准系统等部件。

1. 光源

激光光源与普通光源相比具有很大优势，激光是靠介质内的受激辐射向外发出大量的光子而形成的，具有高单色性、高亮度的特点。良好的单色性可使其相干距离达到几十公里，大大增加了可测的长度范围；极高的亮度使接收器产生较强的光电信号，提高计数速度，缩短测量时间。稳定连续的激光使干涉仪的测量精度达到了前所未有的高度。现在常用的激光器根据其工作物质不同可分为固体激光器、气体激光器、染料激光器和半导体激光器等，在激光干涉仪中，激光光源一般采用单模氦氖气体激光器。氦氖激光器以连续激励的方式运转，输出波长为632.8nm 的连续稳定的红光，是相当合适的相干光源。

2. 干涉光学系统

迈克尔逊型干涉光学系统是激光干涉测量系统的核心部分，根据需求，其分光元件，反光元件及总体布局有多种形式。分光元件根据分光原理不同可分为分波振面法、分振幅法和分偏振法，图9-1所示的迈克尔逊型采用的就是分振幅平行平板分光器。对于反光元件，平面镜是最简单的一种，但在多次反射系统或长光程测量中，由于其他元件折射等原因将引入较明显的误差，并且在反射过程中会有大量能量损失；利用全反射原理制造的反射棱镜可以很好地克服平面镜的缺点，是干涉仪中的常用光学元件。干涉仪光路的总体布局也有多种选择，在光路设计时，要根据不同的特点及应用加以合理排布，但一般都遵循共路原则，使测量光与参考光尽量走同一路径，减少大气环境引起的误差。同时为了提高仪器的分辨率，

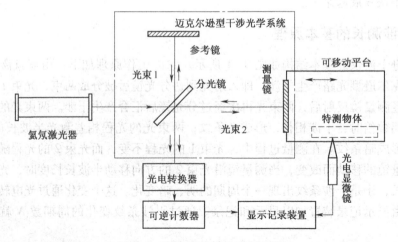

图9-1　激光干涉仪的基本结构

需要适当调整光路，对干涉条纹进行细化，激光光源的高亮度特性使得细化后的条纹的亮度仍然可以达到光电转换的标准，产生需要的电信号，从而可以大大提高测量精度。

3. 运动与对准、信号接收与处理系统

可移动平台与迈克尔逊干涉仪的测量镜相连，平台移动时，光束2的光程发生变化从而使干涉仪条纹发生周期性变化。光电显微镜是一固定部件，用于对准待测物体，随着平台移动给出起始与终止信号，传入显示记录装置，帮助处理测量结果，其瞄准精度对整个仪器的测量精度有很大影响。

计数、显示记录装置也是激光干涉测量系统的一个重要组成部分。信号接收系统将入射的光信号转化为电信号，光电转换一般使用点探测的光电转换器即可，如光敏二极管、光电倍增管等，然后传入计数装置。由于干涉仪在测量移动过程中可能存在正反两个方向上的移动，因此干涉仪在计数之前需要对方向进行判别而产生两种不同的计数脉冲。当平台正向移动时所产生的脉冲为正脉冲，当平台反向移动时所产生的脉冲为负脉冲，将这两种脉冲送入可逆计数器进行可逆计数就可以获得真正的位移量。若没有判向装置，则计数器记录的是正反两个方向位移的总和，并不是真正的位移量。显示记录装置是测量结果的输出设备，由其显示和记录计数器记下干涉条纹移动的周期以及对应计算出位移量，该装置通常使用的是计算机或单片机等。

三、干涉仪的发展及应用领域

激光的发明和应用使干涉测量技术提高了精度，扩大了量程，扩展了适用范围。为了进一步使干涉仪投入到生产生活中，成为生产过程中质量控制设备，激光外差干涉仪，具体来说就是双频激光干涉仪应运而生。

单频激光干涉仪有一个根本弱点就是受环境影响严重，在测试环境恶劣、测量距离较长时，这一缺点十分突出。因为单频激光干涉仪的测量系统是一种直流系统，必然具有直流光平和电平零点漂移的弊端。在外界环境的干扰下，由于速度的影响，干涉条纹的平均亮度会发生较大变化，从而造成计数错误。这限制了单频干涉仪的应用范围。双频激光干涉仪正好克服这一弱点，它是在单频激光干涉仪的基础上发展的一种外差式干涉仪，使用的干涉信号是一个频率为几兆赫的交流信号，当可动反射镜移动时，干涉信号根据多普勒效应原理，原有的交流信号频率增加或减少了Δf，结果依然是一个交流信号。这样，即使光强大幅度衰减，仍可得到合适的电信号。这一特点使它可以在普通车间进行应用，具有更强的环境适应能力，同时可进行动态高速测量，配以相应元件后还可以测量角度、线速度、平面度、振动幅度及速度等。

干涉仪的应用极为广泛，主要有如下几方面：

1) 长度的精密测量：在双光束干涉仪中，若介质折射率均匀且保持恒定，则干涉条纹的移动是由两相干光几何路程之差发生变化所造成，根据条纹的移动数可进行长度的精确比较或绝对测量。迈克尔逊干涉仪就是在这一方面的应用。

2) 折射率的测定：两光束的几何路程保持不变，介质折射率变化也可导致光程差的改变，从而引起条纹移动。瑞利干涉仪就是通过条纹移动来对折射率进行相对测量的典型干涉仪。

3) 波长的测量：干涉仪是一个以波长为单位的测量仪器，以标准米尺为标准具来进行长度测量,通过干涉条纹的变化可精确测定光波波长。

4)检验光学元件的质量:干涉仪被普遍用来检验平板、棱镜和透镜等光学元件的质量。在泰曼干涉仪的一个光路中放置待检查的平板或棱镜,平板或棱镜的折射率或几何尺寸的任何不均匀性必将反映到干涉图样上。若在光路中放置透镜,可根据干涉图样了解由透镜造成的波面畸变,从而评估透镜的波像差。

5)干涉传感器:除了位移、折射率、波长的直接变化等,物质其他性质的变化也能间接引起光波的相位发生变化,因此,利用干涉还能完成许多物理量的传感,包括运动学参数(速度、加速度等)、角度和角速度、应力应变、磁场、直线度和同轴度等。干涉传感器因其高精度得到了广泛的应用。

随着科技的发展,逐渐出现了许多新的波源应用于干涉测量。20世纪90年代,出现了以物质波干涉为基础的原子干涉仪,开辟了计量学和基础物理学领域精确测量的全新办法。1991年,两个小组几乎同时报道了分别采用杨式双缝和三光栅构成的原子干涉仪。此后,各种类型和用途的原子干涉仪相继出现,目前应用最广泛的原子干涉仪是采用脉冲激光的拉曼干涉仪。原子干涉仪的超高精度测量在空间导航、地学测量等方面有许多应用。

第二节 光学轮廓仪

轮廓仪是从功能的角度来划分的一类仪器,具体指能描绘工件表面波度与粗糙度,并给出其数值的仪器。从字面意思上说,物体的轮廓既包括宏观的几何形状,也包括微观的粗糙度以及介于两者之间的波度,轮廓仪主要关注的一般是毫米量级以下的物体表面起伏。从工业应用及科学研究的角度上说,样品表面微观三维轮廓是样品的重要特性之一,如抛光、磨削等机加工金属产品的粗糙度是衡量加工质量的重要指标;而光学元件、薄膜、MEMS微机电加工先进材料的微观形貌也将直接决定其工作性能,如VCD、DVD数据读写头的测量、半导体线宽间距分析等。因此,随着科学技术的发展,不同材料微米以至纳米量级的表面形貌测量越来越引起人们的关注和研究。

从原理上说,轮廓仪既可以通过接触式的机电测量方法实现,也可以使用非接触的光学方法,还可以通过扫描电子显微镜及扫描隧道显微镜来实现。不过显微镜虽然测量精度高、达到原子量级,但测量范围有限,对环境要求较高,因此,接触式的机电测量与非接触式的光学方法的应用更为广泛。

接触式的电动轮廓仪一般通过触针与被测表面的滑移进行测量。电动轮廓仪按传感器的工作原理分为电感式、感应式以及压电式多种。以电感式为例,仪器由传感器、驱动箱、电器箱等三个基本部件组成。传感器的触针由金刚石制成,针尖圆弧半径为$2\mu m$。在触针的后端镶有导块,形成一条相对于工件表面宏观起伏的测量的基准。导块使触针的位移仅相对于传感器壳体上下运动,所以能起到消除宏观几何形状误差和减小纹波度对表面粗糙度测量结果的影响的作用。传感器以铰链形式和驱动箱连接,能自由下落,从而保证导块始终与被测表面接触。当传感器以匀速水平移动时,被测表面的峰谷使探针产生上下位移,使敏感元件的电感发生变化,从而引起交流载波波形发生变化。此变化经由电器箱中放大、滤波、检波、积分运算等部分处理以后,可以直接由仪器电器箱的读数表上指示出来,也可以传递到计算机上进行处理。电动轮廓仪的主要优点是,可以直接测量某些难以测量到的零件表面,如孔、槽等的表面粗糙度,又能直接按某种评定标准读数或是描绘出表面轮廓曲线的形状,且测量速度快、结果可靠、对被测表面反射率等无特殊要求。不过,由于采用接触式测量,被测表面容易被触针划伤,对于光学元件或精密电路板等样品来说,电动式轮廓仪不太适用,此时需要具有快速、非接触、无破坏等特点的光学轮廓仪。

光学轮廓仪以光学成像的方式测量物体表面形貌,大多为从物体表面轮廓信息载体中提取物面轮廓资料,该信息载体可以是散斑图、相片、全息图、波面、条纹图等。光学轮廓仪普遍能实现表面轮廓的非接触和全场同时测量,常见方法有结构光三角测量法,傅里叶变换轮廓技术,相位干涉测量法等。其中,前两种方法一般针对毫米量级的轮廓,而干涉方法的分辨率能达到微米甚至纳米量级。相位干涉测量法包括外差干涉法、偏振光干涉法、移相干涉术等,本节主要介绍基于干涉原理的光学轮廓仪。

一、光学轮廓仪的基本原理

目前基于干涉原理的光学轮廓仪一般包括移相干涉仪和白光纵向扫描干涉仪两类功能互补的仪器。与前文介绍的激光干涉仪不完全相同的是:光学轮廓仪是采用粗光束的面形测量干涉仪,一般工作在静态下,而激光干涉仪多用于样品位移的单点测量。以下分别介绍移相干涉仪和白光纵向扫描干涉仪的基本原理。

光学轮廓仪的典型光路结构如图9-2所示。白光光源1发出的光经准直镜2准直、扩束镜4扩束后由主分光镜8反射至测量端,调节孔径光阑3的通光孔径可调节测量光束的口径,滤光片5的作用是调节测量光的光谱分量,详见后文介绍。检测光束经显微物镜10、参考镜11、次分光镜12透射后入射被测表面13,反射光再经12、11、10、8透射及成像物镜7成像至阵列探测器6上,这是测量光。检测光束经10、11透射后,再由12、11、12反射形成的是参考光。测量光与参考光在次分光镜12汇合后发生干涉。这种在显微物镜内部设置分光镜和参考镜的干涉光路称为米劳(Mirau)显微干涉仪。

根据本书之前章节对干涉仪的分析可知,图9-2输出的干涉信号表征的是参考镜11和被测表面13分别到次分光镜12之间的光程差。为了定量测量这一光程差,可采用移相干涉和纵向扫描干涉两种原理。

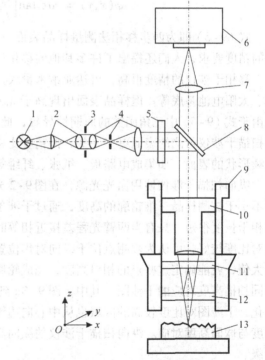

图9-2 光学轮廓仪的典型光路结构
1—光源 2—准直镜 3—孔径光阑 4—扩束镜 5—滤光片
6—阵列探测器 7—成像物镜 8—主分光镜 9—纵向扫描器
10—显微物镜 11—参考镜 12—次分光镜 13—被测表面

移相干涉仪采用单色激光光源,在图9-2所示光路中,通过滤光片5滤除光源发出白光的其他光谱成分,保留单色谱线λ_0。使用固体阵列探测器6,如CCD、CMOS等拍摄干涉图送至计算机。设初始状态时被测面积内由

于样品表面三维轮廓引起的相位差分布为 $\varphi(x,y)$,则此时干涉图光强分布满足

$$I(x,y) = I_b + I_a\cos[\varphi(x,y)], \qquad (9-2)$$

式中,I_b 为背景光强;I_a 为光强调制度。

样品表面 (x,y) 点的干涉光强可通过阵列探测器件获得,而相位差与样品表面起伏 $h(x,y)$ 之间存在如下关系:

$$h(x,y) = \frac{\varphi(x,y)}{2\pi}\frac{\lambda_0}{2} \qquad (9-3)$$

若能由 $I(x,y)$ 求得 $\varphi(x,y)$ 则可以复原样品表面高度,结合成像系统放大比即可求得样品表面三维形貌。此时可通过纵向扫描器 9 推动显微物镜 10 以及次分光镜 12、参考镜 11 发生纵向位移,改变次分光镜 12 与被测表面之间的距离,即被测臂的长度,进而改变光程差和相位差分布,这一过程被称为移相。移相量与纵向扫描距离之间也存在与式(9-3)类似的关系。取一系列移相量 δ_i,则移相后得到的一系列干涉图光强分布满足

$$I_i(x,y) = I_b + I_a\cos[\varphi(x,y) + \delta_i] \qquad (9-4)$$

控制扫描距离得到确定的移相量,如 $\delta_1 = 0$、$\delta_2 = \pi/2$、$\delta_3 = \pi$、$\delta_4 = 3\pi/2$,得到四幅移相干涉图,则原始相位差可由干涉图的光强求得

$$\varphi(x,y) = \arctan\left[\frac{I_4(x,y) - I_2(x,y)}{I_1(x,y) - I_3(x,y)}\right] \qquad (9-5)$$

式(9-5)即为四步移相法测量样品表面三维起伏引起反射光相位分布的公式。根据不同的精度要求,人们还提出了许多其他的移相计算方法,具体可参考其他书籍文献。

移相干涉仪的精度很高,可达亚纳米量级,适用于测量光滑连续表面,如镜面、塑料薄膜、太阳电池基底等。但样品表面出现高于 $\lambda_0/4$ 的台阶时将无法准确测量台阶高,这主要是由于式(9-5)中三角函数的周期性导致,此时需要与之功能互补的纵向扫描干涉仪。纵向扫描干涉仪可测的表面更多一些,但精度比移相干涉仪略低,适用于粗糙或具有台阶等非连续形状的表面,如集成电路板、纸张、纤维等。

纵向扫描干涉仪使用白光光源,在图 9-2 光路中撤去滤光片 5 即可。样品纵向扫描高度应不小于被测样品三维轮廓的高度,通过干涉条纹的对比度来进行测量。这是因为白光光源的相干长度很短,只有当两臂光程差接近相等时才能看到明显的干涉现象,此时白光干涉条纹对比度较好,可认为被测点位于纵向对焦位置上。如果寻找到沿横向每个被测点的对比度最大值,就能确定这些点的相对高度,完成轮廓测量。图 9-3 给出的是当被测面是球面时,不同扫描高度对应的干涉图。其中,图 9-3a 到图 9-3d 表示,对焦位置从球面顶端向底端变化,干涉图对比度较高的区域也从中心向边缘移动,此时,从图 a 位置到图 d 位置扫过的高度与球面高度对应。纵向扫描干涉仪的纵向高度测量范围可达毫米量级,分辨率可达纳米量级。

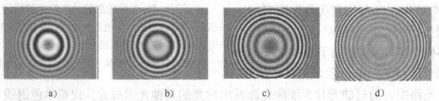

图 9-3 纵向扫描干涉仪得到的白光干涉图

二、单元部件分析

由基本原理介绍可知，光学轮廓仪的主体也是干涉仪，其特点在于所用光源及扫描器件。

1. 白光光源

移相干涉与白光干涉结合具有精度高、可测不连续面、测量范围大的优点，因此光学轮廓仪需要同时实现这两种原理的干涉测量，白光光源必不可少。从白光干涉的角度来说，光源包含的光谱范围越宽，相干长度越短，高度分辨率越高；从移相干涉的角度来说，光源单色性越好、谱线越窄测量精度越高。这一点主要是通过控制滤光片的光谱带宽来实现的。白光光源可采用卤钨灯、白光二极管等。

2. 扫描器件

在纵向扫描干涉仪中，显微物镜及米劳干涉仪光路需纵向扫描被测表面的整个高度，纵向分辨率由扫描速度及阵列探测器的采集帧频决定；在移相干涉仪中，移相量对应的纵向扫描量一般在几百纳米量级。扫描器一般采用压电陶瓷等微位移器件来实现。

三、光学轮廓仪的发展及应用领域

用非接触光学方法来测量物体表面轮廓形貌的光学轮廓仪正向着速度更快、分辨力更高、测量范围更大、适应范围更广的方向不断发展。而其非接触、高精度、自动化程度高等优点已使其应用在 IT 制品形貌检测、计算机辅助设计、数控加工技术、工业快速成型、产品质量检测、人体测量以及生物技术和医学诊断等诸多领域。尤其是近几年来，随着机械、电子及光学工业的飞速发展，对加工表面的质量要求日益提高，如对磁盘、X 射线光学元件、激光陀螺反射镜等表面的轮廓方均根值已提出了纳米级的要求，为了在生产过程中控制和保证加工表面的质量，必须有相应的高精度表面检测仪器。由于传统的触针式轮廓仪在测量过程中，坚硬的金刚石触针要与被测表面始终接触，往往容易划伤被测表面，这不仅会产生较大的测量误差，而且也影响到被测表面的质量，因此，在金刚石刀具切削、光学元件的加工和镀膜以及磁盘和半导体加工等领域，高精度的非接触表面光学轮廓仪正得到广泛的应用。

第三节 共焦显微镜

激光扫描共焦显微镜（LSCM）是 20 世纪 80 年代发展起来的一项具有划时代意义的高科技新技术，它是以激光为光源，在传统光学显微镜基础上采用共轭聚焦原理和装置，并利用计算机对所观察的对象进行数字图像处理的一套观察、分析和输出系统。1971 年，美国 Davidovits 和 Egger 发明了以激光为光源的透镜扫描系统，1978 年，Sheppard 等推出了载物台扫描装置，1979 年，有了样品扫描装置，1980 年，Koestert 等介绍了振镜扫描系统，1983 到 1986 年，Aslund 和 Carlsson 等介绍了双镜扫描系统和共轭聚焦成像系统，1984 年，第一台激光扫描共焦显微镜实用产品问世，十多年来激光扫描共焦显微镜的应用有了飞速发展。我国在 1990 年引进五台激光扫描共焦显微镜，到了 1997 年已有了三十多台设备。产品以德国的蔡司（Zeiss）和莱卡（Leica）的产品为主，常用的也有日本的尼康（Nikon）或奥林巴斯（Olympus）产品。

激光扫描共焦显微镜主要系统包括激光光源、自动显微镜、扫描模块（包括共聚焦光路通道和针孔、扫描镜、检测器）、数字信号处理器、计算机以及图像输出设备（显示器、彩色打印机）等。通过激光扫描共聚焦显微镜，可以对观察样品进行断层扫描和成像。因此，可以无损伤地观察和分析细胞的三维空间结构。同时，激光扫描共焦显微镜也是活细胞的动态观察、多重免疫荧光标记和离子荧光标记观察的有力工具。

一、基本原理

普通光学显微镜使用的卤素灯光源为混合光，光谱范围宽，成像时样品上每个光照点均会受到色差影响以及由照射光引起的散射和衍射的干扰，影响成像质量。而激光扫描共焦显微镜原理结构如图9-4所示，采用针孔装置，在探测器前与焦平面共轭的位置上放置共焦针孔光阑4，形成了物像共轭的独特设计。光源1发出的激光经准直镜2准直、主二色光束分离器5反射、显微物镜6会聚后在物镜焦平面上形成点光源对样品照明，样品反射光或发射光经光阑4后才能被探测，有效抑制了同焦平面上非测量光点形成的杂散光和样品不同焦平面发射来的干扰光。这是因为光学系统物像共轭，只有物镜焦点附件的点经针孔空间滤波才能被探测器所接收，而如图9-4中虚线所示，焦前焦后的点均不能清晰成像。若沿纵向扫描即可得到信噪比极高的光学横断面，且横向分辨率比普通光学显微镜提高1.4倍。激光扫描共焦显微镜的光源为激光，单色性好，基本消色差，

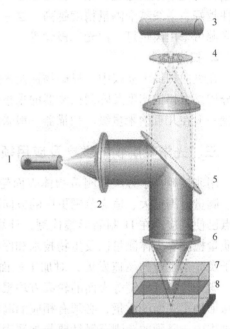

图9-4 共焦显微镜原理结构
1—光源 2—准直镜 3—探测器
4—共焦针孔光阑 5—主二色光束分离器
6—显微物镜 7—样品 8—焦平面

成像聚焦后焦深小，纵向分辨率高，可无损伤地对样品作不同深度的层扫描和荧光强度测量，不同焦平面的光学切片经三维重建后能得到样品的三维立体结构，这种功能被形象的称为"显微CT"。

所谓共聚焦，即在样品表面反射进入显微镜的光线需经过微小的针孔才能成像的光学系统，通过阻断干涉和杂散光来提高图像清晰度。一般显微镜采用场光源，光线属散射型。在观察的视野内，样品所有点均被同时照射成像。入射光线既照射了焦平面，又照射了上下左右相邻点，并同时成像，因此信噪比低。共聚焦方式则采用点照明方式，入射光线和发射光线对于物镜焦平面是共轭的，这样来自焦平面上下的光线均被针孔阻挡。当针孔大小合适时，便可获得高清晰高分辨的图像。

激光扫描共焦显微的重要优势在于，它提供了仅从单平面收集光波的可能性。与聚焦平面共轭的针孔定位（即共焦）可避免来自检测器之外的光，即从聚焦平面以外的其他地方反射/发射过来的光。激光扫描显微镜可以按点和按线依次扫描样本，然后将像素信息组合

成一个图像，同时得到被测物体的图像信息和三维轮廓信息。

二、单元部件分析

1. 激光模块

激光扫描共焦显微镜使用的激光光源有单激光和多激光系统。氦氖离子激光器是可见光范围内使用的多光谱激光，发射波长为488nm、568nm 和647nm，分别为蓝光、绿光和红光。大功率氩离子激光器是紫外和可见光混合激光器，发射波长为351～364nm、488nm 和514nm，分别为紫外光、蓝光和绿光。单个激光优点是安装方便，光路简单，但价格较贵并存在不同激光之间的光谱竞争和色差校正问题。多激光器系统在可见光范围使用氩离子激光器，发射波长为488nm 和514nm 的蓝绿光，氦氖激光器发射波长为633nm 的红光，紫外光选用氩离子激光器，波长为351～364nm。其优点是各谱线激光单独发射，不存在谱线竞争的干扰，调节方便；缺点是光路复杂，光学系统共轴准直调试要求高。1996 年，新型双光子激光器问世，利用双光子倍频效应，使用可见光激光来代替紫外激光作激发光源达到检测紫外探针的目的。双光子激光能使活体细胞荧光损伤减少，成像质量改善，增强对样品深层的观察能力。通过计算机控制的声光调制器可进行各波长光谱之间高速切换以及迅速改变激光光斑、强度和照明时间。

2. 显微光学系统

显微镜是激光扫描共焦显微镜的主要组件，它关系到系统的成像质量。通常有倒置和正置两种形式，前者在活细胞检测等生物医学领域中使用更广泛。显微镜光路以无限远光学系统为佳，可方便地在其中插入光学选件而不影响成像质量和测量精度。物镜应选取大数值孔径平场复消色差物镜为好，有利于荧光的采集和成像的清晰。物镜组的转换，滤色片组的选取，载物台的移动调节，焦平面的记忆锁定都应由计算机自动控制。

3. 扫描模块

激光扫描共焦显微镜扫描模块结构如图9-5 所示。从激光模件引出的可见的紫外线或红外线激光谱线通过单独的光纤1 被引到扫描模件。经过可调节的电动准直镜2 后，不同波长激光束被光束合并镜3 合光，并被主二色光束分离器4 反射到扫描镜5 上。镜子控制光束偏转、从 x 和 y 轴方向扫描样品；由扫描镜头6 和显微物镜7 形成达到衍射极限的检测斑点入射到样品8 上。接着被样品反射的光或样品散发的荧光辐射通过主二色光束分离器4 后，被三块次级二色光束分离器9 加以光谱分离。四个共焦通道（Ⅰ～Ⅳ）每一个都有自己的共焦针孔光阑10，其直径和位置可以单独调节。部分通道包含适应于相关光谱范围的滤光镜11 保证光电倍增管12 只探测到所需要波长的光子，部分通道通过META 光谱探测器13 进行光谱分析或利用光纤头16 进行输出。另外，一小部分入射激光在光束合并镜3 后可以被反射到监测二极管15 上，必要时可用中性密度滤光片14 衰减光强。

德国蔡司（Zeiss）出品的LSM510，最多有四个共焦荧光/反射通道，采用高敏感度光电倍增管探测，每个共焦通道均有可调针孔，直径可变，扫描分辨率可达2048×2048 像素。扫描变焦为0.7×至40×数码变焦，按每档0.1 可变。扫描旋转为360°自由旋转，每档1°可变，x-y 自由偏移。扫描场在中间图像平面中，18mm 对角线场（最大）。扫描速度最大5 帧/s，512×512 像素（最大77 帧/s，512×32 像素）；对于512 像素的谱线，最小为0.38ms。在同类产品中指标较为先进。

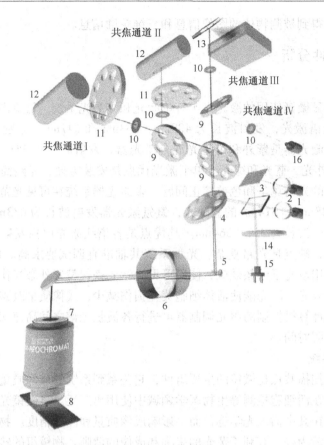

图 9-5 共焦显微镜扫描模块结构

1—光纤　2—电动准直镜　3—光束合并镜　4—主二色光束分离器　5—扫描镜　6—扫描镜头
7—显微物镜　8—样品　9—次级二色光束分离器　10—共焦针孔光阑　11—滤光镜　12—光电倍增管
13—META 光谱探测器　14—中性密度滤光片　15—监测二极管　16—光纤头

4. 信号接收、处理与显示系统

图像由光电倍增管接收以后，采用数字信号处理器（DSP）对数据获取和同步化进行监控，并通过小型计算机系统接口（Small Computer System Interface，SCSI），在 DSP 和计算机之间进行数据交换。高端的激光扫描共焦显微镜系统一般都带有与之相匹配的图像显示、分析、处理软件。以德国蔡司 Zeiss 出品的 LSM510 系列为例：可显示观察图像的直角视图、截面图（在自由定义的空间角度下作三维截面）、线扫描时间序列的 2.5 维、单帧及系列（动画）投影（立体的、最大的、透明的）、深度编码（高度数据的伪彩色表现）；采用单独参数和选择项进行本地化和统计图分析、直线和各种形状曲线的截面测量，及长度、角度、面积、各种强度等的测量；采用"LSM 三维"软件将具有高性能自动测量功能的蔡司 LSM 升级对三维图像数据进行数量分析，可以用来将图像顺序数据改变成一个总的三维图像，并可以从任何所要求的角度进行观察等。

三、共焦显微镜的应用领域

激光扫描共焦显微镜由于其高分辨率、高灵敏度、高放大率等特点，在细胞水平上可作多种功能测量和分析，成为分析细胞学的一项重要研究手段。目前激光扫描共焦显微镜价格一般报价为 150 万~300 万元，用户基本集中在科学院系统和高等院校。随着激光扫描共焦显微镜设备和应用技术的不断完善，其应用前景非常广泛，在生物医学和生命科学、制造科学、材料科学等领域里都将起到重要的作用：

1) MEMS：微米和亚微米级部件的尺寸测量，各种工艺（显影、刻蚀、金属化、CVD、PVD、CMP 等）后表面形貌观察，缺陷分析。

2) 半导体/LCD：各种工艺（显影、刻蚀、金属化、CVD、PVD、CMP 等）后表面形貌观察，缺陷分析。非接触型的线宽、台阶深度等测量。

3) 精密机械部件、电子器件：微米和亚微米级部件的尺寸测量，各种表面处理工艺、焊接工艺后的表面形貌观察，缺陷分析，颗粒分析。

4) 摩擦学、腐蚀等表面工程：磨痕的体积测量，粗糙度测量，表面形貌，腐蚀以及亚微米表面工程后的表面形貌。

5) 材料科学：新材料研发，缺陷分析，失效分析。

6) 分子生物学分析：通过细胞或组织内部微细结构的荧光图像，观察细胞的形态变化或生理功能的改变，成为形态学、分子细胞生物学、神经科学、药理学和遗传学等领域中新的有力研究工具。

第四节 投影仪

随着科技的发展，目前投影仪泛指两类仪器：一类是工业、科技用计量类投影仪，指将产品零件的几何尺寸及形状位置等轮廓以精确的放大率放大，并对长度、角度、表面相对位置等几何量进行测量的非接触式综合光电计量仪器；另一类是显示类投影仪，是利用光学系统将显示芯片携带的图像文字信息放大，供用户观察或欣赏的光电仪器。虽然投影放大的对象不一样，但投影仪的基本光学系统是相同的，都包括照明光源和放大成像系统。本节主要介绍计量投影仪的基本原理，以及投影仪的单元部件分析和显示类投影仪的关键部件——显示芯片。

一、计量投影仪的基本原理

计量投影仪由照明系统、投影物镜系统、转像系统、工作台及读数装置等组成。照明系统照明被测工件，通过物镜将工件的放大像投影在投影屏上，利用投影屏上的基准线可对影像进行瞄准以便进行坐标测量；或在投影屏上安置标准图样对影像进行轮廓测量。利用计量投影仪可以同时测量长度、角度和表面相对位置，故可广泛应用于各领域，如国防工业、精密机械工业、汽车制造业、矿山机械、石油工业、钟表工业、电子工业、医疗或食品检验等。它具有直观性强，检测稳定、操作简便、非接触测量、快速高效等优点，且对环境条件要求较低，能在车间使用，尤其适用于量大、面广、品种繁多的计量部门。在某些计量工作中，投影仪甚至是唯一的检测手段，在计量类光电仪器中占有重要的地位。

从信息传递的过程来说，投影仪中图像信息传递流程框图如图 9-6 所示。光源发出的光经照明系统的聚光器和滤光器（主要是调节色温）照射工件，经物镜和转像系统形成某一放大率的正立实像在投影屏上供用户观察、瞄准和测量，为了获得清晰准确的信息，用户利用工作台进行瞄准和调焦调整,并将测量结果进行输出。为了适应工件的尺寸,获得最好的照明效果,可利用光圈调节聚光器的参数。

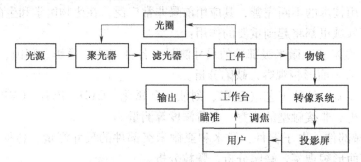

图 9-6　计量投影仪图像信息传递流程框图

尽管投影仪的种类很多,但其光学结构都由光源、聚光镜、工作台、物镜、反射镜及投影屏等组成,经简化后的光学系统原理如图 9-7 所示。光源 S 发出的光束,经聚光系统 C 会聚后,将被测件 AB 照明。AB 的成像光束,经投影物镜 P 成一实像于投影屏 G（承像面）上,光线经投影屏在一定角度内被散射而为人眼所见。图中,$A'B'$ 是 AB 通过物镜 P 在投影屏 G 上的像,x 为由前焦点 F 到物点 B 的距离,x' 为后焦点 F' 到像点 B' 的距离。由物面到像面的距离 L_0 称为物像共轭距离。

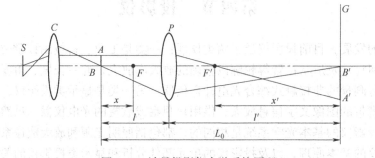

图 9-7　计量投影仪光学系统原理

对投影仪来说,物镜是特别重要的。为了满足共轭距 L_0 的要求,放大倍率 β 及物镜焦距 f' 必须满足下列关系式:

$$L_0 = \left(\alpha + \beta + \frac{1}{\beta}\right)f' + HH' \tag{9-6}$$

式中,HH' 为物镜前后两主平面之间的距离,它与物镜具体结构有关,可由正反向光路计算求出,也可用光具座测出。由式（9-6）,若已知 L_0 及 β 就可求出 f'

$$f' = \frac{L_0 - HH'}{\alpha + \beta + 1/\beta} \tag{9-7}$$

投影仪的光学系统必须满足以下几个基本要求:①有足够大的投影屏;②成像清晰;③放大率准确,畸变小;④照度合适;⑤有较大的物空间。以上要求对光学设计来说是相当严格的,而且它们之间有的是互相矛盾的。为此,设计者必须从实用的观点出发进行协调,而便于操作是需考虑的主要问题。关于投影仪光学系统设计的具体内容可以查阅其他相关书籍资料。

二、单元部件分析

1. 光源及照明系统

投影仪用光源的主要指标包括额定光通量、额定发光效率和点燃寿命等,传统多为卤素灯等白炽灯,某些大型仪器也有采用高压汞灯的。投影仪对光源的要求包括:发光强度高,发光面积合适,寿命长,发热量小等。而随着科技的发展,卤素灯由于散热大、寿命短、亮度低已经被市场所淘汰,目前在显示类投影仪中主流光源为 UHE(Ultra High Efficiency)灯泡、UHP(Ultra High Performance)灯泡,均为高压汞灯。其中,UHE 利用光学原理滤除了红外线,发出冷光,热量比较小,能有效降低投影机功耗。这种采用超高压汞填充技术的灯泡通常被称为冷光源灯泡,最突出的特点是寿命长,不仅正常使用时间比金属卤素灯泡高一倍,而且这种灯泡的性能曲线平滑,亮度高、长时间使用亮度下降不明显。在新兴的微型投影仪中也有采用发光二极管和激光作为光源的。

照明系统的作用是保证光束通过物镜后在投影屏上得到比较均匀而适中的照度和保证物镜的成像质量,一般需要满足以下几个要求:

1)保证在照明范围内充满全部视场,且有足够的比较均匀的照度,光束色调适合人眼在投影屏上较长时间的观测。

2)照明光束应有足够大的孔径角,以便能充分利用物镜的孔径角,因此一般的投影仪对不同物镜有不同的聚光系统,需一一对应更换。而且孔径角在一定范围内可以变更,以便消除和控制由于光束孔径角引入的测量误差。

3)当物镜是远心系统时,照明系统也应采用远心照明方式。

4)应具有足够的工作距离。

5)光源位置适当,尽量避免由于温度升高而增大仪器的测量误差。

照明系统按照明方式可分为透射照明和反射照明。透射照明按照明原理可分为临界照明、柯勒照明和远心照明。临界照明相当于在物面上放置光源,当光源表面亮度不均匀时会引起屏上照度不匀,为了消除这一缺点,可在光源前安置毛玻璃,或采用柯勒照明。而远心照明光路有助于提高零件的测量精度。反射照明主要用于非透明物体的表面成像系统。反射照明可分为倾斜照明与垂直照明两类。总的来说,反射照明成像的照度低且分辨率低。

2. 物镜

物镜的质量在很大程度上决定了投影仪的使用,而物镜的设计、制造和调整是保证物镜质量的关键,应选取具有适当结构形式和参数的物镜,以满足成像的要求。目前国内生产的投影仪所带的物镜,多为双高斯型物镜及三片组变形远心物镜,以尽量减少各类像差;并结合物方远心光路避免调焦不准引入测量误差。为了获得尽可能大的工作距离,投影仪光学系统中也有采用中继物镜(场镜)。

3. 显示芯片

由于显示类投影仪的功能不再是将工件等实物放大,而是将数字图像信号投影显示,因此将数字信号还原为可投影图像信号的显示芯片成为显示类投影仪的核心器件。目前主流的显示芯片可分为数字光处理(DLP)技术以及硅基液晶 LCoS(Liquid Crystal on Silicon)技术。其中,DLP 技术在第五章微镜阵列 DMD 的简介中已有提及。采用 DLP 芯片的投影仪采用反射式原理，对比度高，黑白图像清晰锐利，暗部层次丰富，细节表现丰富。黑色和白色更纯正，灰度层次更加丰富，文本清晰，尤其是一些小字号文本非常清晰。大多数 DLP 投影仪采用单片结构，光学结构简单，可以实现更小的体积和更轻的重量；不过，在彩色图像还原上色彩不够鲜艳生动，稍逊一筹。LCoS 属于新型的反射式微型液晶显示（microLCD）投影技术，其结构是在硅晶片上的光电晶体，利用半导体工艺制作成驱动面板（又称为 CMOS - LCD），然后在电晶体上通过研磨技术磨平，并镀上铝反射涂层，形成 CMOS 基板，最后将 CMOS 基板与透明电极及其上的玻璃盖板贴合，注入液晶，进行封装测试。与透射式 LCD 和 DLP 相比，LCoS 具有利用光效率高、体积小、开口率高、制造技术较成熟等特点，它可以很容易地实现高分辨率和充分的色彩表现。由于 LCoS 尺寸一般为 0.7in（非法定计量单位，1in = 0.0254m），所以相关的光学仪器尺寸也大大缩小，适用于整体尺寸仅手机大小的微型投影仪。

三、投影仪的发展趋势

1. 计量投影仪的发展趋势

投影仪是一种很早就出现了的光学计量仪器，其发展大多集中在以下几个方面：

1）投影屏尺寸增大。早期产品的投影屏多为 200 ~ 300mm，后来出现大到 1000mm 左右的投影屏。随着其尺寸增大，对于同样的放大率而言可增大测量范围，对于同一工件而言可提高测量精度。但投影屏尺寸的增大带来了光学系统整体结构尺寸加大，提高了加工的难度和成本。

2）数字化，自动化。为了减轻操作者的工作强度，克服仪器大型化带来的操作问题，提高可靠性，投影仪厂商纷纷将仪器工作台读数数字化，例如结合光纤和光敏电池做自动瞄准、用计算机控制工作台的行程并控制坐标仪绘制实物图形等。

3）万能型与专用两极化。大多数大型投影仪有多种附件，以扩大仪器使用范围，因而价格昂贵。在某些特殊场合，只需做某种单一性质的测量，或为了在生产线上使用降低价格，因此出现了多种专用投影仪。

2. 显示投影仪的发展趋势

近年来，与计算机技术、电子技术相结合的现代显示投影仪得到了大力发展，在许多显示领域大有取代平板显示器之势，其主要发展趋势包括投影距离的缩短、投影仪尺寸的缩小以及多功能的出现。常规投影仪投射大画面需要较长的距离，这也成为影响很多消费者购买的一个重要原因。为了从技术上解决这一问题，主要从光学系统的设计着手，目前主要的方法包括采用短焦鱼眼镜头，以及采用反射式光路设计。利用短焦技术，在 1.3m 左右的距离就可以投射出 2.5m 左右的画面，比传统投影机缩短了 2m 以上的距离；而反射式短焦投影仪已从 50cm 投射 80in 发展到几乎"零距离"投射。随着新光源、新显示芯片技术的发展，固体激光器或发光二极管与 LCoS 芯片相结合的微型投影仪已使手持投影仪成为市场焦点，甚至开始进驻手机、笔记本电脑。多功能是现代光电仪器的一大特点，除了投影仪必备的二维显示，现代投影仪还具备人机交互操作、三维显示等功能。为了延长仪器寿命，自动节能功能也成为其追求目标。总之，显示类投影仪正从传统的教学、展示舞台走向娱乐、休闲等更日常更普遍的场合，成为人们生活中不可或缺的光电仪器。

第五节 光谱仪

光谱仪,又称分光仪,是能进行光谱研究和物质光谱分析的光学仪器,它能将混合光按照不同的波长分成谱,并获得目标的光谱信息(包括波长、强度、轮廓等),为判断目标的属性提供更好的依据。1666 年,牛顿采用玻璃三棱镜研究光的色散时,首次观察到光谱(分开的彩色光带),这一实验成为光谱分析的基础。1859 年,物理学家基尔霍夫研制了人类第一台有实用价值的分光镜,开创了人们利用光谱仪研究物质结构和化学组成的新时代。20 世纪 30 年代中期,光电倍增管的发明和发展使得单色器输出的红外光、可见光和紫外光可直接转化为光电流或电压,红外光谱仪与紫外光谱仪在此情况下诞生,并很快在光谱技术研究中得到应用。20 世纪 70 年代中期,电子计算机快速发展,光谱技术与计算机技术有机结合,配有计算机的光谱仪开始出现,光谱仪发展进入一个全新时代。现在光谱仪已经成为人们研究物质结构与化学组成、原子能级、空间探测、海洋探测等方面的重要工具和手段,在冶金、铸造、机械、金属加工、汽车制造、有色、航空航天、兵器、化工等领域的生产过程得到广泛应用。

光谱仪有很多种类,根据采用分解光谱的工作原理可分为经典光谱仪和新型光谱仪。经典光谱仪是建立在空间色散原理上,而新型光谱仪是建立在调制原理上。根据其工作光谱范围可分为红外光谱仪、可见光光谱仪和紫外光谱仪;根据分光技术原理不同可分为棱镜光谱仪、光栅光谱仪和干涉光谱仪;根据仪器功能和结构不同可分为单色仪、摄谱仪、分光光度计调制光谱仪、成像光谱仪等。

一、光谱仪的基本组成

光谱仪是用于测定光谱组成的,它是利用光的色散原理,将光波按照一定顺序排列成光谱,再加以记录和分析的。光谱仪的基本组成部分如图 9-8 所示,共计分为下面几个部分。

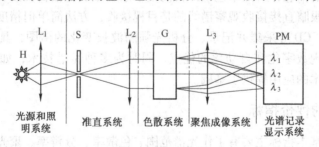

图 9-8 光谱仪的基本组成部分

1. 光源和照明系统

光源 H 可以是研究对象,也可以用来照射和激发被研究物质。当研究物质本身的发射谱时(物质本身自己向外辐射光波),光源是被研究对象;当研究物质的吸收、喇曼散射和荧光效应时,光源作为研究的工具照射被研究物质。

聚光镜 L_1 用来会聚光辐射能量并传递给准直系统。所有光谱仪的照明系统要求聚光透镜会聚能力强,并与仪器的相对孔径相匹配。

2. 准直系统

由入射狭缝 S 和准直物镜 L_2 组成。入射狭缝位于准直物镜的焦平面上，它限制了进入仪器的光束，使 S 处的线光源成为实际的光源。由狭缝处发出的光束经过准直物镜后变成平行光束投向色散系统。

3. 色散系统

色散系统是光谱仪的核心部分，色散元件 G 将入射平行光束色散成按波长排列的光谱。常用的色散元件有棱镜、平面光栅、干涉仪等，相应的光谱仪称为棱镜光谱仪、光栅光谱仪、干涉光谱仪。其对应作用原理如下：

1）物质色散：不同波长的辐射在同一介质中传播的速度不同，因而折射率不同，如光谱棱镜。

2）多缝衍射：不同波长的辐射在同一入射角条件下射到多缝上，经衍射后其衍射主极大的方向不同，如光栅。

3）多光束干涉：一束包含各种波长的辐射在平板上被分割成多支相干光束，根据干涉光束互相加强的条件，各波长的干涉极大值位于空间上的不同点，如法布里－珀罗干涉仪。

另外，光学光谱区的滤光片（吸收滤光片、干涉滤光片、反射滤光片等）也起到辅助色散作用，如消除衍射光栅的光谱级的重叠等。

4. 聚焦成像系统

成像物镜 L_3 将空间中色散开来的各波长的光束会聚或成像在物镜的焦平面上，形成一系列按波长排列的单色狭缝像。

5. 光谱记录显示系统

PM 为显示记录装置，将成像的光谱信号记录下来，并显示成光谱图或其他形式的数据输出。记录的光谱信号中包括波长、强度、轮廓宽度等信息。若一次将全部光谱信息都记录下来，此光谱仪就是摄谱仪；若装置的一个出射狭缝，只能记录一种波长，通过转动色散元件来获得不同波长的信息，就是单色仪。目前记录系统主要包括目视接收系统和光电接收系统两大类。其中，眼睛直接接收观察谱线的是目视接收，方法简单但精度较低；利用光电元件，如线阵或面阵 CCD 等采集并记录、分析光强随波长变化的谱图，具有精度高、灵敏度高、速度快、可实现数字化和自动化的优点，同时为多种光谱技术，如干涉调制、相关光谱、光声光谱等技术的应用提供了基础。

二、光谱仪的评价指标

评价光谱仪的基本指标主要有工作光谱范围、色散率、分辨率、聚光本领等。

1）工作光谱范围：是光谱仪所能记录的光谱范围。它的大小取决于色散系统和色散元件的光谱透射率或反射率，以及采用的探测系统的测量精度。根据工作光谱范围，除了在可见光波段使用的光谱仪外，还有红外光谱仪和紫外光谱仪。工作光谱范围也决定了光谱仪使用的光学元件和探测器材料。例如，玻璃棱镜光谱仪的工作光谱范围为 400～1000nm，大于 1000nm 的波长范围要用红外晶体材料制造光学元件，小于 400nm 的要用石英或者萤石来制造光学零件。光电倍增管的光谱响应范围只到 850nm 左右，红外波段一般采用热电元件作为接收器。

2）色散率：是表明不同波长的光束经色散系统后出射光彼此分开的程度，可以用角色散率或线色散率来表述。

角色散率表示两不同波长的光束彼此分开的角距离,用 $d\theta/d\lambda$ 表示,单位为 rad/nm。角色散率主要取决于色散元件的几何参数、个数和在仪器中安放的位置。不同的色散元件其角色散率是不同的。光栅的角色散率表示为

$$\frac{d\theta}{d\lambda} = \frac{m}{b\cos\theta} \tag{9-8}$$

式中,m 为衍射级次;θ 为衍射角;b 为光栅间距。

棱镜在最小偏向角的角色散率为

$$\frac{d\theta}{d\lambda} = \frac{2\sin\frac{A}{2}}{\sqrt{1 - n^2\sin^2\frac{A}{2}}} \frac{dn}{d\lambda} \tag{9-9}$$

式中,A 为棱镜的顶角;n 为棱镜的折射率。

线色散率表明两不同波长的光束在成像系统焦平面上彼此分开的距离,用 $dl/d\lambda$ 表示,单位为 mm/nm。线色散率除了与色散元件有关外,还与成像透镜的焦距和像面的倾斜角度有关。在实用中为了表示方便,还常用线色散率倒数 $d\lambda/dl$ 来表示。

角色散率与线色散率的关系如图 9-9 所示。

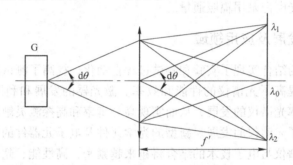

图 9-9 角色散率与线色散率的关系

角色散率与线色散率之间的关系如下:

$$\frac{dl}{d\lambda} = f' \frac{d\theta}{d\lambda} \tag{9-10}$$

式中,f' 为成像物镜的焦距。

对应的光栅的线色散率为

$$\frac{dl}{d\lambda} = \frac{mf'}{b\cos\theta} \tag{9-11}$$

棱镜的线色散率为

$$\frac{dl}{d\lambda} = f' \frac{2\sin\frac{A}{2}}{\sqrt{1 - n^2\sin^2\frac{A}{2}}} \frac{dn}{d\lambda} \tag{9-12}$$

目前各国生产的小型和中型光谱仪的线色散率倒数约为 1~10nm/mm,大型光谱仪的线色散率倒数约为 0.1~1nm/mm,法布里-珀罗干涉光谱仪的线色散率倒数可达 0.001~

0.01nm/mm，甚至更大。

3）分辨率是表示光谱仪分开两条极为靠近的光谱线的能力，是光谱仪器极为重要的指标。分辨率的大小首先决定于仪器的色散率，同时还与仪器的狭缝宽度、衍射、像差、两条谱线强度分布及相对位置、记录显示装置的探测灵敏度有关。

两条谱线能否被分辨，可采用瑞利判据进行判定。即分辨率 R 为

$$R = \frac{\bar{\lambda}}{\delta\lambda} \qquad (9\text{-}13)$$

式中，$\delta\lambda$ 是被分辨的两谱线的最小分辨间隔；$\bar{\lambda}$ 为二谱线的平均波长。

在光栅光谱仪或棱镜光谱仪中，棱镜与光栅都可看作矩形孔径光阑，仪器的理论分辨率

$$R = D'\frac{d\theta}{d\lambda} \qquad (9\text{-}14)$$

式中，D' 为孔径光阑的有效孔径宽度。

一般中小型棱镜光谱仪的分辨率为 $10^3 \sim 10^5$，特大型棱镜光谱仪可达 1.4×10^5。衍射光栅光谱仪的分辨率可达 5×10^5，干涉光谱仪的分辨率最高可达 5×10^7。

4）聚光本领是表征光谱仪收集和传递光能量的本领，即辐射光源的亮度与光谱仪测得的亮度之间的关系。不同的测量方法有不同的表示值，因接收器的性质不同可分为两类：对感光板用辐照度；对光电记录用辐照通量。

三、光谱仪的发展及应用领域

光谱仪与计算机的结合实现了实验和测试过程自动化，提高了测试精度和效率，可全面获得光谱信息，全面提高了光谱仪的性能和效率。激光器的发展和利用提高了光谱分析能力，促进了超高分辨率光谱仪的发展，从而实现高分辨率和高探测灵敏度，而一些新光源的开发则更进一步促进了光谱仪的发展。新型的光学元件及电子元器件的应用大大提高了光谱仪的功能。未来，光谱仪与电子技术的结合将越来越紧密，高性能、超高分辨率将是光谱技术的主要发展方向。可以预料，光谱技术会成为一项重要的前沿技术，并在军事、国防、民用和国民经济建设中得到广泛的应用。

1. 单色仪

单色仪可以从具有复杂光谱组成的光源或连续光谱中分离出不同波长的单色光。通过调节色散系统，从出射狭缝中得到需要的单色光，通常应用于单色光的产生、光谱分析和光谱特性测量等方面。

2. 分光光度计

分光光度计是利用单色仪或特殊光源提供的特定波长的单色光通过标样和被分析样品，比较两者的发光强度来分析物质成分的光谱仪器。按工作光谱原理不同，分光光度计可分为研究物质分子吸收光谱的分光光度计、研究物质中原子吸收的原子吸收分光光度计、研究物质荧光发射的荧光分光光度计等。以研究物质分子吸收光谱的分光光度计为例，其工作原理是利用一定频率的光波照射被分析的有机物质，引起分子中价电子的跃迁，照射光波将被有选择地吸收从而产生一组吸收随波长而变化的光谱，通过对测量光谱进行分析，得到被测物质中各成分的浓度。由于其分析精度高、测试范围广的特点，通常用作物质鉴定、纯度检查、有机分子结构的研究等，在工农业生产、生物医学、生命科学及环保等方面有着广泛的

应用。

3. 成像光谱仪

光既是信息载体，又是能量载体。成像仪可得到目标的形影信息，而光谱仪可根据光谱获得其物质结构信息，成像光谱仪则是成像仪和光谱仪两者的有机结合。从原理上成像光谱仪可分为色散型成像光谱仪和干涉型成像光谱仪两大类。成像光谱仪通过将获得的物质的连续光谱信息与已知物质的多光谱序列图进行比对，可以得出探测目标的具体信息，它可以完成对地面军事目标的观察和对各种民用目标的勘测，在军事、民用方面具有很高的利用价值。在军事上，它可以发现隐藏在树林中的车辆、井下发射架发射的火箭、水下航行的潜艇等；在民用上，它可以用于天文物理研究、矿物资源勘测，以及农业、水体、环境的定量研究等。目前，成像光谱仪主要应用于航空遥感领域。

参 考 文 献

[1] 殷纯永. 现代干涉测量技术 [M]. 天津：天津大学出版社，1999.
[2] 陈家璧. 激光原理及应用 [M]. 北京：电子工业出版社，2004.
[3] 邱元武. 激光技术和应用 [M]. 上海：同济大学出版社，1997.
[4] 金国藩，李景镇. 激光测量学 [M]. 北京：科学出版社，1998.
[5] 朱若谷. 激光应用技术 [M]. 北京：国防工业出版社，2006.
[6] 吴晃. 原子干涉仪和原子光学研究的新进展 [J]. 物理，1994（03）.
[7] 李全臣，蒋月娟. 光谱仪器原理 [M]. 北京：北京理工大学出版社，1999.
[8] 刘卿卿，李海燕，浦昭邦. 光学法表面形貌测量技术 [J]. 光电技术应用，2008，23（2）：33 – 40.
[9] 高宏，薛实福，李庆祥，等. 光学轮廓仪测量原理及其误差分析 [J]. 清华大学学报：自然科学版，1992，32（2）：42 – 48.
[10] 张淳民. 干涉成像光谱技术 [M]. 北京：科学出版社，2010.
[11] 邓开发，陈洪，是度芳，等. 激光技术与应用 [M]. 长沙：国防科技大学出版社，2002.